高等学校工科专业基础化学实验系列教材

Organic Chemistry Experiment

有机化学实验

滕巧巧　姜 艳　主编
周伟友　孙 松　副主编

第三版

化学工业出版社

·北京·

《有机化学实验》(第三版)是大学基础化学实验课适用教材,以有机合成为主线,强化基础知识、基本操作和基本技能训练,将有机化合物物性测定、定性分析和分离方法融于其中。实验内容包括实验基本技能、经典有机实验、综合与应用性实验、研究性实验等。有机化学实验中最典型的实验技能和操作还附有视频,通过扫描书上的二维码观看。

《有机化学实验》(第三版)可作为工科院校或综合性大学化工、材料、医药、轻工、环境、纺织等各相关专业本科学生的基础化学实验教材,对于相关行业从事化学工作的实验技术人员也有一定参考意义。

图书在版编目(CIP)数据

有机化学实验/滕巧巧,姜艳主编. —3版. —北京:化学工业出版社,2020.7(2024.2重印)
高等学校工科专业基础化学实验系列教材
ISBN 978-7-122-36672-6

Ⅰ.①有⋯ Ⅱ.①滕⋯②姜⋯ Ⅲ.①有机化学-化学实验-高等学校-教材 Ⅳ.①O62-33

中国版本图书馆CIP数据核字(2020)第078702号

责任编辑:刘俊之　　　　　　　　　　装帧设计:韩　飞
责任校对:王素芹

出版发行:化学工业出版社(北京市东城区青年湖南街13号　邮政编码100011)
印　　装:北京科印技术咨询服务有限公司数码印刷分部
787mm×1092mm　1/16　印张12¾　字数331千字　2024年2月北京第3版第4次印刷

购书咨询:010-64518888　　　　　　　售后服务:010-64518899
网　　址:http://www.cip.com.cn
凡购买本书,如有缺损质量问题,本社销售中心负责调换。

定　价:29.00元　　　　　　　　　　　　　　　　　版权所有　违者必究

前　言

"高等院校工科专业基础化学实验系列教材"是高等院校工科类专业基础化学实验的适用教材，分为《无机与分析化学实验》《有机化学实验》和《物理化学实验》3 册。

本系列教材旨在通过精选实验内容、强化实验操作，使学生熟悉一般化合物的制备、分离和分析方法，加深对化学基本理论、化合物性质及反应性能的理解，掌握化学中的基本实验方法和操作技能，培养学生严谨的科学态度和分析解决实际问题的能力，也为学生学习后续课程打下较为扎实的实验技能基础。

本系列教材尝试突破以往无机化学、分析化学、有机化学和物理化学等四门实验课各成一体的模式，根据教育部"高等学校基础课实验教学示范中心建设标准"中化学实验教学基本内容，结合"培养工程应用型人才"的目标，以实验基本知识和基本技能为核心，对基础化学实验内容进行了整合、优化与更新。体系上以无机化合物和有机化合物的合成为主线，将各种实验技术和方法融于其中；内容上注意汲取传统实验的精华，注重体现现代实验教学改革的新内容；编排上依照循序渐进的原则，既重视基本训练的重复性，又考虑到学科间的交叉和综合；教材还增加了设计性、研究性实验和双语教学内容，介绍了化学工具书、实验技术参考书、数据库、网上化学信息资源的检索和使用，以期对培养学生的综合能力和创造能力提供帮助。

《有机化学实验》以有机化合物的合成为主线，强调有机化学基本操作和基本技能训练，并将有机物物性测定、结构分析和分离方法融于其中，精选了经典的有机合成实验，增加了综合性实验、研究性实验和双语实验等内容，旨在提高学生的综合能力，培养学生的创新能力，发掘学生的发展潜力，并为有机化学实验的教学改革提供素材。

常州大学有机化学教研室姜艳、滕巧巧、何光裕、缪春宝、邵莺等教师参与了本书的编写工作，杨海涛、周伟友、孙松等老师负责部分实验视频的录制，常州大学孟启为本书的编写提供了有益的建议。全书由姜艳统稿。

本次修订对一些基本的有机化学实验操作录制了视频，学生可以通过扫描书中的二维码观看学习。

本书编写过程中参考了国内外出版的相关教材，化学工业出版社的编辑也给予了大力支持，在此一并表示衷心感谢。

基础化学实验改革是一项十分艰巨的工作，编写基础化学实验教材不仅需要广泛的理论和实验知识，更需要丰富的实践经验，限于编者学识水平和经验，书中疏漏在所难免，恳请同行和读者批评指正。

编者
2020 年 3 月

目 录

第 1 章 基本知识 ... 1
1.1 实验室安全知识 ... 1
1.1.1 化学品危险类别及标志 ... 1
1.1.2 有毒化学品对人体的危害 ... 2
1.1.3 化学品的火灾与爆炸危害 ... 2
1.1.4 化学品危害预防与控制基本原则 ... 3
1.1.5 实验室安全注意事项 ... 3
1.2 常见玻璃仪器简介 ... 4
1.2.1 常见玻璃仪器简介 ... 4
1.2.2 玻璃仪器的清洗与使用 ... 6
1.2.3 仪器的安装与使用 ... 7
1.3 常用的工具书与 Internet 上的化学数据库 ... 8
1.3.1 常用的工具书 ... 8
1.3.2 主要实验参考书 ... 9
1.3.3 Internet 上的化学数据库 ... 9

第 2 章 基本技能 ... 11
2.1 有机反应基本操作 ... 11
2.1.1 加热 ... 11
2.1.2 加热仪器及注意事项 ... 13
2.1.3 冷却 ... 14
2.1.4 搅拌与搅拌装置 ... 15
2.2 分离提纯基本操作 ... 17
2.2.1 普通蒸馏 ... 17
2.2.2 精馏（分馏） ... 19
2.2.3 减压蒸馏 ... 21
2.2.4 水蒸气蒸馏 ... 25
2.2.5 共沸蒸馏 ... 27
2.2.6 重结晶和脱色 ... 27
2.2.7 萃取与洗涤 ... 30
2.2.8 升华 ... 32
2.2.9 干燥与干燥剂 ... 33
2.2.10 薄层色谱、柱色谱和纸色谱 ... 36
2.3 常用分析测试手段 ... 43
2.3.1 熔点的测定 ... 43
实验 2-1 熔点的测定 ... 43

    2.3.2 沸点的测定 ·· 47
    实验 2-2 沸点的测定 ·· 47
    2.3.3 折射率的测定 ·· 50
    实验 2-3 折射率的测定 ·· 50
    2.3.4 色谱分析 ·· 52
    实验 2-4 乙酸乙酯含量的测定 ··· 52
    2.3.5 红外光谱法 ·· 54
    实验 2-5 2-呋喃甲醇和 2-呋喃甲酸结构测定 ··· 60
    2.3.6 核磁共振谱 ·· 62

第 3 章 基础实验 ·· 69
    实验 3-1 苯甲酸的精制和乙酰苯胺熔点测定 ·· 69
    实验 3-2 乙酰苯胺的合成 ·· 70
    实验 3-3 阿司匹林的合成 ·· 71
    实验 3-4 肉桂酸的制备 ··· 74
    实验 3-5 呋喃甲醇和呋喃甲酸的合成 ·· 76
    实验 3-6 氯化三乙基苄基铵的合成 ·· 78
    实验 3-7 2,4-二氯苯氧乙酸（植物生长素）的合成 ·· 79
    实验 3-8 对溴乙酰苯胺的合成 ··· 81
    实验 3-9 2,4-二硝基氯苯的合成 ··· 82
    实验 3-10 间二硝基苯的制备及其精制 ··· 83
    实验 3-11 β-萘磺酸钠的合成 ··· 86
    实验 3-12 对甲苯磺酸的制备 ··· 88
    实验 3-13 二苯酮的合成 ··· 89
    实验 3-14 2-叔丁基对苯二酚（食用抗氧剂）的合成 ····································· 90
    实验 3-15 三苯甲醇的合成 ·· 92
    实验 3-16 己二酸的制备 ··· 93
    实验 3-17 二苯甲醇的合成 ·· 96
    实验 3-18 对甲苯胺的合成 ·· 98
    实验 3-19 间硝基苯胺的制备 ··· 100
    实验 3-20 氢化肉桂酸的合成 ··· 101
    实验 3-21 含酚环己烷的提纯 ··· 103
    实验 3-22 1-溴丁烷的合成 ·· 105
    实验 3-23 苯甲酸正丁酯的合成 ·· 107
    实验 3-24 正丁基苯基醚的合成 ·· 109
    实验 3-25 水杨酸甲酯（冬青油）的合成 ·· 110
    实验 3-26 乙酸乙酯的制备 ·· 112
    实验 3-27 正丁醚的合成 ··· 114
    实验 3-28 溴乙烷的制备（取代反应） ··· 115
    实验 3-29 溴苯的合成 ·· 117
    实验 3-30 氯苯的制备 ·· 118
    实验 3-31 对氯甲苯的合成 ·· 121
    实验 3-32 硝基苯的合成 ··· 123

实验 3-33　苯乙酮的制备 …… 125
  实验 3-34　4-苯基-3-丁烯-2-酮的合成 …… 127
  实验 3-35　环己烯的合成 …… 128
  实验 3-36　正丁醛的合成 …… 130
  实验 3-37　环己酮的合成 …… 132
  实验 3-38　正戊酸的合成 …… 134
  Experiment 3-1　Benzoic Acid Refining and Melting Point Measurement of Acetanilide …… 135
  Experiment 3-2　Synthesis of Acetanilide …… 137
  Experiment 3-3　Synthesis of Aspirin …… 138
  Experiment 3-4　Synthesis of Cinnamic Acid …… 141
  Experiment 3-21　Purification of Phenol-Containing Cyclohexane …… 144
  Experiment 3-22　Synthesis of 1-Bromobutane …… 146
  Experiment 3-23　Synthesis of n-Butyl Benzoate …… 149
  Experiment 3-24　Synthesis of n-Butyl Phenyl Ether …… 151

第 4 章　中级有机实验 …… 154
  实验 4-1　2-甲基-2-己醇的合成 …… 154
  实验 4-2　乙酰二茂铁的合成及柱色谱分离 …… 155
  实验 4-3　正丁基丙二酸二乙酯的合成 …… 156
  实验 4-4　高选择性氟离子识别受体 N-苯甲酰基-4-(4′-硝基苯基偶氮基)苯胺的合成 …… 157
  实验 4-5　二苯乙炔的合成 …… 159
  实验 4-6　磺胺吡啶的合成 …… 160
  实验 4-7　苯佐卡因的合成 …… 161
  实验 4-8　2-庚酮的合成 …… 163
  实验 4-9　咖啡因的提取 …… 164
  实验 4-10　青蒿素系列实验 …… 166
  实验 4-11　烟碱的提取 …… 168
  实验 4-12　1-溴丁烷制备中 2-溴丁烷生成机理的探讨 …… 169

附录 …… 173
  附录 1　常用有机溶剂的纯化 …… 173
  附录 2　部分二元及三元共沸混合物 …… 177
  附录 3　常见有机化合物的物理常数 …… 178
  附录 4　常用干燥剂 …… 183
  附录 5　一些有机反应的通法操作 …… 183
  附录 6　英文实验报告的参考 …… 193

参考文献 …… 197

第1章 基本知识

1.1 实验室安全知识

有机合成实验所用药品种类繁多，多数具有易燃、易爆、剧毒和腐蚀性强的特点，一旦使用不当，就有可能发生着火、中毒、烧伤、爆炸等事故。如果实验人员具有实验基本常识，掌握正确的操作规程，事故是完全可以避免的。因此，了解一些常用化学危险物品的性质、特点、防护知识和消防安全措施，对于预防和减少因没有掌握化学物品的性质而可能引起的各种火灾爆炸事故有着重要的意义。

1.1.1 化学品危险类别及标志

根据《化学品分类和危险性公示 通则》(GB 13690—2009)，化学品的危险性质可分为理化、健康或环境危险三类。理化危险包括16项，分别为：爆炸物、易燃气体、易燃气溶胶、氧化性气体、压力下气体、易燃液体、易燃固体、自反应物质或混合物、自燃液体、自燃固体、自热物质和混合物、遇水放出易燃气体的物质或混合物、氧化性液体、氧化性固体、有机过氧化物、金属腐蚀剂；健康危险分为10项：急性毒性、皮肤腐蚀/刺激、严重眼损伤/眼刺激、呼吸或皮肤过敏、生殖系统致突变性、致癌性、生殖毒性、特异性靶器官系统毒性-一次接触、特异性靶器官系统毒性-反复接触、吸入危险；环境危险涵盖：危害水生环境、急性水生毒性和慢性水生毒性三项。

该通则要求化学品的危险性根据《全球化学品统一分类和标签制度》（简称 GHS），用一组包括图形符号、信号词、危险说明的标签进行公示，附于或者印刷在产品的直接容器或外部包装上。GHS 危险性图形符号见图 1-1 所示。

图 1-1 化学品的 GHS 危险性图形符号

1.1.2 有毒化学品对人体的危害

化学品对健康的影响从轻微的皮疹到一些急、慢性伤害甚至癌症，危害更严重的是一些引人瞩目的化学灾难事故。因此，了解化学物质对人体危害的基本知识，对于加强化学品管理，防止中毒事故的发生是十分必要的。

(1) 毒物进入人体的途径

毒物可经呼吸道、消化道和皮肤进入体内。凡是以气体、蒸气、雾、烟和粉尘形式存在的毒物，均可经呼吸道侵入体内。脂溶性毒物经表皮吸收后，还需有一定的水溶性，才能进一步扩散和吸收，所以水、脂皆溶的物质（如苯胺）易被皮肤吸收。

(2) 对人体的危害

化学品对人体的危害主要为引起中毒，临床类型有：引起刺激、过敏、缺氧、昏迷和麻醉、全身中毒、致癌、致畸、肺沉着病等。例如，甲醛易被鼻咽部湿润的表面所吸收，会导致火辣辣的感觉；二氧化硫、光气等对气管有强烈的刺激，会出现咳嗽、呼吸困难、痰多等症状；环氧树脂、胺类硬化剂、偶氮染料、煤焦油衍生物和铬酸等与皮肤接触后，会引起皮肤过敏。但化学毒物引起的中毒往往是多器官、多系统的损害，例如，苯急性中毒主要表现为对中枢神经系统的麻醉作用，苯慢性中毒主要表现为对造血系统的损害；三硝基甲苯中毒可出现白内障、中毒性肝病、贫血等。

1.1.3 化学品的火灾与爆炸危害

化学品的燃烧与爆炸需要三要素：可燃物、助燃物和点火源。它们必须有正确的比例和在合适的状态下才能燃烧或爆炸。

(1) 可燃气体、可燃蒸气、可燃粉尘的爆炸危险性

可燃气体、可燃蒸气、可燃粉尘与空气组成的混合物，当遇点火源时极易发生燃烧或爆炸，但并非在任何混合比例下都能发生，而是有固定的浓度范围。在火源作用下，可燃气体、可燃蒸气或粉尘在空气中足以使火焰蔓延的最低浓度称为该气体、蒸气或粉尘的爆炸下限；同理，足以使火焰蔓延的最高浓度称为爆炸上限。例如，乙醇的爆炸范围为 4.3%～19.0%，4.3% 称为爆炸下限，19.0% 称为爆炸上限。

部分可燃气体、可燃蒸气的爆炸极限见表 1-1。

表 1-1 部分可燃气体、可燃蒸气的爆炸极限

可燃气体、蒸气	爆炸极限/%		可燃气体、蒸气	爆炸极限/%	
	下限	上限		下限	上限
甲烷	5.3	14	环氧乙烷	3.0	80
乙烷	3.0	12.5	乙醚	1.9	48
乙烯	3.1	32	乙醛	4.1	55
苯	1.4	7.5	丙酮	3.0	11
甲苯	1.4	6.7	乙酸乙酯	2.5	9

(2) 液体的燃爆危险性

液体的表面有一定数量的蒸气存在，在一定温度下，可燃液体表面上的蒸气和空气的混合物与火焰接触时能闪出火花，但随即熄灭，这种瞬间燃烧的过程叫闪燃。液体能发生闪燃的最低温度叫闪点。闪点是液体可以引起火灾危险的最低温度，液体的闪点越低，它的火灾危险性越大。常见易燃、可燃液体的闪点见表 1-2。

表 1-2 常见易燃、可燃液体的闪点

液体名称	闪点/℃	液体名称	闪点/℃	液体名称	闪点/℃
甲醇	9	辛烷	−16	石油醚	−50
乙醇	13	乙二醇	100	原油	−35
丁醇	29	甲苯	4	煤油	30～70
丙酮	−17	苯	−11	重油	80～130
乙醛	−38	氯苯	29		
乙醚	−45	乙酸乙酯	1		

(3) 固体的燃爆危险性

有些固体对摩擦、撞击特别敏感，如爆炸品、有机过氧化物，当受到外来撞击或摩擦时，很容易引起燃烧或爆炸；某些固体在常温或稍高温度下即能发生自燃，如白磷若暴露在空气中会很快燃烧，再如在合成橡胶干燥工段，若橡胶长期积聚在蒸汽加热管附近，则极易引起橡胶的自燃。

1.1.4 化学品危害预防与控制基本原则

很多化学品是有害的，但人类的生活已离不开化学品，如何预防与控制化学品的危害，防止火灾爆炸、中毒与职业病的发生，就成为必须解决的问题。

化学品危害预防与控制的基本原则一般包括两个方面：操作控制和管理控制。

(1) 操作控制

操作控制的目的是通过采取适当的措施，消除或降低工作场所的危害，防止操作人员在正常工作时受到有害物质的侵害。采取的主要措施是替代、变更工艺、隔离、通风、个体防护和卫生。

(2) 管理控制

管理控制是指按照国家法律和标准建立起来的管理程序和措施，是预防工作场所中化学品危害的一个重要方面。管理控制主要包括：危害识别、安全标签、安全技术说明书、安全贮存、安全传送、安全处理与使用、废物处理、接触监测、医学监督和培训教育。

1.1.5 实验室安全注意事项

（1）实验前要了解电源、消防栓、灭火器、紧急洗眼器的位置及正确的使用方法；了解实验室安全出口和紧急情况时的逃生路线。

（2）实验时要身着长袖、过膝的实验服，不准穿拖鞋、大开口鞋和凉鞋。不准穿底部带铁钉的鞋。

（3）长发（过衣领）必须束起或藏于帽内。做实验期间必须戴防护镜。

（4）实验室内严禁饮食、吸烟。一切化学药品严禁入口。

（5）水、电、煤气使用完毕后，应立即关闭。

（6）浓酸、浓碱具有强腐蚀性，切勿溅在皮肤和衣服上。用浓 HNO_3、HCl、$HClO_4$、H_2SO_4 等溶解样品时均应在通风橱中进行操作，不准在实验台上直接进行操作。

（7）使用乙醚、苯、丙酮、三氯甲烷等易燃有机溶剂时，要远离火焰和热源，且用后应倒入回收瓶（桶）中回收，不准倒入水槽中，以免造成污染。

（8）使用易燃、易爆气体（如氢气、乙炔等）时，要保持室内空气流通，严禁明火并应防止一切火星的发生。如由于敲击、电器的开关等所产生的火花。有些机械搅拌器的电刷极易产生火花，应避免使用，禁止在此环境内使用移动电话。

（9）开启存有挥发性药品的瓶塞和安瓿时，必须先充分冷却然后再开启（开启安瓿时需要用布包裹）；开启时瓶口须指向无人处，以免液体喷溅而遭受伤害。如遇到瓶塞不易开启时，必须注意瓶内贮物的性质，切不可贸然用火加热或乱敲瓶塞。

（10）汞盐、钡盐、铬盐、As_2O_3、氰化物以及 H_2S 气体毒性较大，使用时要特别小心。由于氰化物与酸作用，放出的 HCN 气体有剧毒，因此，严禁在酸性介质中加入氰化物！

（11）分析天平、分光光度计、酸度计等化学实验室中常用的精密仪器，使用时应严格按照规定进行操作。用后应拔去电源插头，并将仪器各部分旋钮恢复到原来位置。

（12）割伤是实验中最常见的事故之一。为了避免割伤应注意以下几点：玻璃管（棒）切断时不能用力过猛，以防破碎。截断后断面锋利，应进行熔光；清扫桌面上碎玻管（棒）及毛细管时，要仔细小心；将玻璃管（棒）或温度计插入塞子或橡皮管中时，应先检查塞孔大小是否合适；并将玻璃管（棒）或温度计上沾点水或用甘油润滑，再用布裹住后逐渐旋转插入；拿玻璃管的手应靠近塞子，否则易使玻璃管折断，从而引起严重割伤。发生割伤事故要及时处理，取出伤口内的玻璃渣，用水洗净伤口，涂以碘酒或红汞药水，或用创可贴贴紧，严重者要送医院治疗。

（13）如发生烫伤，可在烫伤处抹上黄色的苦味酸溶液或烫伤软膏。严重者应立即送医院治疗。

（14）实验室如发生火灾，应根据起火的原因有针对性地灭火。酒精及其他可溶于水的液体着火时，可用水灭火；汽油、乙醚等有机溶剂着火时，用沙土扑灭，此时绝不能用水，否则反而扩大燃烧面；导线和电器着火时，应首先切断电源，不能用水和二氧化碳灭火器，应使用 CCl_4 灭火器灭火；衣服着火时，忌奔跑，应就地躺下滚动，或用湿衣服在身上抽打灭火。

（15）使用煤气灯时应先将空气孔关闭，再点燃火柴。然后一边打开煤气开关，一边点火。不允许先打开煤气灯，再点燃火柴。点燃煤气灯后，调节好火焰，用后立即关闭。

（16）使用电器设备时，切不可用湿润的手去开启电闸和电器开关。凡是漏电的仪器不要使用，以免触电。

1.2 常见玻璃仪器简介

1.2.1 常见玻璃仪器简介

有机合成实验常用的玻璃仪器，可分为普通仪器和标准磨口仪器两大类。普通仪器有试管、烧杯、烧瓶、容量仪器、布氏漏斗、玻璃漏斗、吸滤瓶等；而标准磨口仪器有圆底烧瓶、三口烧瓶、分液漏斗、滴液漏斗、冷凝管、蒸馏头、接引管等。目前普通仪器中大部分已被标准磨口仪器所取代，因此这里主要介绍标准磨口仪器。

在有机合成实验及有机半微量分析、制备及分离中，常用带有标准磨口的玻璃仪器，总称为标准磨口仪器。常用标准磨口仪器的形状、用途与普通仪器基本相同，只是具有国际通用的标准磨口和磨塞。常用的标准磨口仪器见图 1-2。

标准磨口仪器根据容量的大小及用途有不同编号，按磨口最大端直径（mm）分为 10，14，19，24，29，34，40，50 八种。也有用两个数字表示磨口大小的，如 ϕ10/19 表示此磨口最大直径为 10mm，磨口面长度为 19mm。相同编号的磨口和磨塞可以紧密相接，因此可按需要选配和组装各种型式的配套仪器进行实验。这样既可免去配塞子及钻孔等手续，又能

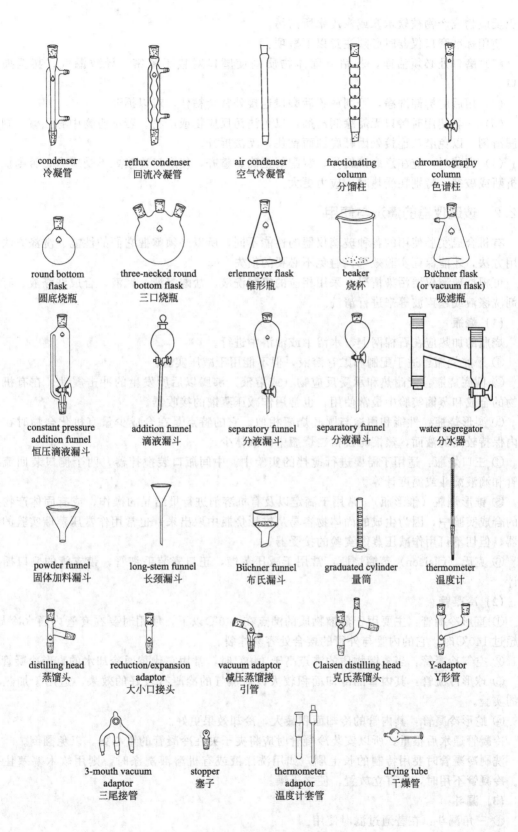

图 1-2 常用标准磨口仪器

避免反应物或产物被软木塞或橡皮塞所沾污。

使用标准磨口仪器时必须注意以下事项：

（1）磨口处必须洁净，若粘有固体物质则使磨口对接不紧密，导致漏气，甚至损坏磨口。

（2）用后应拆卸洗净，否则放置后磨口连接处常会粘住，难以拆开。

（3）一般使用时磨口无需涂润滑剂，以免沾污反应物或产物。若反应物中有强碱，则应涂润滑剂，以免磨口连接处因碱腐蚀而粘住，无法拆开。

（4）安装时，应注意磨口编号，装配要正确、整齐，使磨口连接处不受应力，否则仪器易折断或破裂，特别在受热时，应力更大。

1.2.2 玻璃仪器的清洗与使用

有机合成实验使用的各种玻璃仪器的性能不同，所以必须掌握它们的性能、洗涤方法和使用方法，才能保证实验效果，避免不必要的损失。

可根据玻璃仪器污染情况，采用相应的铬酸洗液、盐酸溶液、碱液、合成洗涤液、有机溶剂洗涤液或超声波等来进行清洗。

(1) 烧瓶

烧瓶的加热应在石棉网上、水浴中或油浴中进行。

① 平底烧瓶：适于配制和贮存溶液，但不能用于减压实验。

② 圆底烧瓶：能耐热和承受反应物（或溶液）沸腾以后所发生的冲击震动。在有机化合物的合成和蒸馏实验中最常使用，也常用作减压蒸馏的接收器。

③ 梨形烧瓶：性能和用途与圆底烧瓶相似。它的特点是在合成少量有机化合物时在烧瓶内保持较高的液面，蒸馏时残留在烧瓶中的液体少。

④ 三口烧瓶：适用于需要进行搅拌的实验中。中间瓶口装搅拌器，两个侧口装回流冷凝管和滴液漏斗或温度计等。

⑤ 锥形烧瓶（锥形瓶）：常用于滴定以及有机溶剂进行重结晶的操作，或有固体产物生成的合成实验中，因为生成的固体物容易从锥形烧瓶中取出来；也常用作常压蒸馏实验的接受器，但切不可用作减压蒸馏实验的接受器。

⑥ 克氏（Claisen）蒸馏烧瓶：常用于减压蒸馏，正口安装毛细管，带支管的侧口插温度计。

(2) 冷凝管

① 直形冷凝管：主要用于蒸馏物质的沸点在140℃以下，使用时要在套管内通水冷却，但超过140℃时，它的内管与外管的接合处容易炸裂。

② 空气冷凝管：当蒸馏物质的沸点高于140℃时，常用它代替通冷却水的直形冷凝管。

③ 球形冷凝管：其内管的冷却面积较大，对蒸气的冷凝有较好的效果，适用于加热回流的实验。

④ 蛇形冷凝管：其内管的冷却面积最大，冷却效果更好。

冷凝管通水后很重，所以安装冷凝管时应将夹子夹在冷凝管的重心处，以免翻倒。

洗刷冷凝管时要用特制的长毛刷，如用洗涤液或有机溶液洗涤时，则用软木塞塞住一端。冷凝管不用时，应直立放置，使之干燥。

(3) 漏斗

① 三角漏斗：在普通过滤时使用。

② 分液漏斗：用于液体的萃取、洗涤和分离，有时也可用于滴加试剂。

③ 滴液漏斗：能把液体逐滴地加入反应器中，即使漏斗的下端浸没在液面下，也能够明显地看清滴加的速度。

④ 恒压滴液漏斗：用于合成反应实验的液体加料操作，也可用于简单的连续萃取操作。

⑤ 热滤漏斗：也称保温漏斗，用于需要保温的过滤。它是在普通漏斗的外面装上一个铜质的外壳，外壳与漏斗之间装热水，或者用煤气灯加热侧面的支管，以保持所需要的温度。

⑥ 安全漏斗：便于随时加入液体，常用于气体的制备。

⑦ 布氏漏斗：是瓷质的多孔板漏斗，在减压抽滤时使用。若减压过滤少量物质可用赫氏漏斗或玻璃钉漏斗。

⑧ 砂芯玻璃漏斗：用于过滤具有强氧化性或强酸性的物质，但不适用于过滤碱性溶液。

分液漏斗的活塞和盖子都是磨砂口的，若非原配的，就可能不严密，所以，使用时要注意保护它；各个分液漏斗之间也不要相互调换。用后一定要在活塞或盖子与磨砂口之间垫上纸片，以免日后难于打开。

砂芯漏斗在使用后应立即用水冲洗，否则，难于洗净。玻璃砂滤板孔径不是太小的可用强烈的水流冲洗；孔径较小的则用抽滤方法冲洗。

1.2.3 仪器的安装与使用

1.2.3.1 仪器的连接

在有机合成实验装置中，所用玻璃仪器相互间的连接一般采用两种形式：一种是靠橡皮塞或木塞相连接，另一种是靠仪器本身的磨口相连接。

(1) 塞子连接

连接两件玻璃仪器的塞子有软木塞和橡皮塞两种。取用的塞子应与仪器接口尺寸相匹配，一般以塞子的1/2～2/3能插入仪器接口内为宜。塞子质料的选择应取决于被处理物质的性质（如腐蚀性、溶解性等）以及仪器的使用情况（如在低温还是高温、在常压下还是减压下进行操作）。一旦选定合适的塞子后，采用适当孔径的打孔器钻孔，再将玻璃管等连接部位插入塞子孔中，即可把仪器相互连接起来。

(2) 标准磨口连接

除了少数玻璃仪器（如分液漏斗的旋塞和活塞，其磨口部位是非标准磨口）外，绝大多数玻璃仪器上的磨口均是标准磨口。我国标准磨口是采用国际通用技术标准，常用的是锥形标准磨口。玻璃仪器的容量大小及用途不同，可采用不同尺寸的标准磨口。常用的标准磨口玻璃仪器系列见表1-3。

表1-3 常用标准磨口玻璃仪器系列

编号	10	12	14	19	24	29	34
大端直径/mm	10.0	12.5	14.5	18.8	24.0	29.2	34.5

编号的数值是磨口大端直径（用mm表示）的圆整后的整数值。每件仪器上带内磨口还是外磨口应取决于仪器的用途。带有相同编号的一对磨口可以互相连接的非常严密。带有不同编号的一对磨口需要用一个大小接头或小大接头过渡才能比较紧密连接。

使用标准磨口仪器时应注意以下事项。

① 必须保持磨口表面清洁，特别是不能沾有固体杂质，否则磨口不能紧密连接。硬质沙粒还会给磨口表面造成永久性的损伤，破坏磨口的严密性。

② 标准磨口仪器使用完毕必须立即拆卸、洗净，各个部件分开存放，否则磨口的连接

处会发生粘接，难于拆开。非标准磨口部件（如滴液漏斗的旋塞）不能分开存放，应在磨口间夹上纸条，以免日久粘接。

盐类或碱类溶液会渗入磨口连接处，蒸发后析出固体物质，易使磨口粘接，所以不宜用磨口仪器长期存放这些溶液。使用磨口装置处理这些溶液时，应在磨口涂润滑剂（如凡士林、真空活塞脂或硅脂）。

③ 在常压下使用时，磨口一般无需使用润滑剂以免沾污反应物或产物。为防止粘接，也可在磨口靠大端的部位涂敷少量的润滑剂（如凡士林、真空活塞脂或硅脂）。如果要处理盐类溶液或强碱性物质，则应将磨口的全部表面涂上一薄层润滑脂。

减压蒸馏使用的磨口仪器必须涂润滑脂（真空活塞脂或硅脂）。在涂润滑脂之前，应将仪器洗刷干净，磨口表面一定要干燥。

从内磨口涂有润滑脂的仪器中倾出物料前，应先将磨口表面的润滑脂用有机溶剂擦拭干净（如用脱脂棉或滤纸蘸石油醚、乙醚、丙酮等易挥发的有机溶剂），以免物料受到污染。

④ 只要正确遵循使用规则，磨口很少会打不开。一旦发生粘接，可采取以下措施。

a. 将磨口竖立，往上面缝隙间滴几滴甘油。如果甘油能慢慢地渗入磨口，最终能使连接处松开。

b. 用热风吹，用热毛巾包裹，或在教师指导下小心地用灯焰烘烤磨口的外部几秒钟（仅使外部受热膨胀，内部还未热起来），再试验能否将磨口打开。

c. 将粘接的磨口仪器放在水中逐渐煮沸，常常也能使磨口打开。

d. 用木板沿磨口轴线方向轻轻地敲外磨口的边缘，振动磨口也会松开。如果磨口表面已被碱性物质腐蚀，粘接的磨口就很难打开了。

1.2.3.2 仪器的安装

有机合成实验常用的玻璃仪器装置，一般都用铁夹依次固定于铁架台上。铁夹的双钳应垫有橡皮、绒布等软性物质，或者缠上石棉绳、布条等。若铁钳直接夹住玻璃仪器，则容易将仪器夹坏。

用铁夹固定玻璃器皿时，先用手指将双钳夹紧，再拧紧铁夹上的螺丝，做到夹物不松不紧。

装置组装得正确应该是：从正面看，冷凝管和桌面垂直，其他仪器顺其自然；从侧面看，所有仪器处在同一个平面上。

总的来说，仪器安装应遵循"先下后上，从左到右"的原则，做到正确、整齐、稳妥。而拆卸装置时，按装配相反的顺序逐个拆除，在松开一个铁夹子时，必须用手托住所夹的仪器，特别是像恒压滴液漏斗等倾斜安装的仪器，决不能让仪器的质量对磨口施加侧向压力，否则仪器就要损坏。同时在常压下进行操作的仪器装置必须有一处与大气相通。

1.3 常用的工具书与Internet上的化学数据库

1.3.1 常用的工具书

(1)《有机化学词典》，北京大学化学系有机化学教研室编，科学出版社，1987。

该书收载了有机化学方面的词汇1100余条，包括理论、反应、化合物和分析方法等四部分，书末附汉语拼音索引和英文索引。

(2)《有机合成事典》，樊能廷，北京理工大学出版社，1992。

收录了1700余种有机化合物，对于每一种有机化合物，介绍品名、化学文摘登记号、英文名、别名、分子式、理化性质、合成反应、操作步骤和参考文献等内容。

(3)《有机化学实验常用数据手册》，吕俊民，大连理工大学出版社，1997。

内容包括化合物的物理常数、蒸气压、溶解度、离解常数、某些热力学数据以及有关毒性和安全数据等。

(4)《The Merck Index》（默克索引）

该索引原为 Merck 公司的药品目录，现已成为一本化学药品、药物和生理活性物质的百科全书，条目中包括化合物的名称、商品代号、结构式、来源、物理常数、性质、用途、毒性及参考书等。最新版本（第 20 版）发布于 2018 年。

(5)《Dictionary of Organic Compounds》（有机化合物词典）

这本《有机化合物词典》是由 I. Heilbron 于 1934~1937 年主编出版了第 1 版，1982 年由 J. Buckingham 主编了第 5 版。包含了近 10 万种化合物的资料，刊载化合物的分子式、结构、理化常数（熔点、沸点和密度等）、合成方法、用途、参考文献等。1964 年，科学出版社有中译本出版，名为《汉译海氏有机化合物词典》。

(6)《Beilstein Handbuch der Organischen Chemie》（贝尔斯坦有机化学大全）

它是目前有机化合物资料收集得最齐全的手册，收录了一百多万个有机化合物的性质、结构、制备等数据和信息。

(7)《Atlas of Spectral Data and Physical Constants for Organic Compounds》（有机化合物光谱数据和物理常数汇集）。

这本汇集是由美国化学橡胶公司（简称 CRC）于 1973 年出第 1 版，1975 年出第 2 版，收录了 21000 种有机化合物的物理常数，以及红外、紫外、核磁共振和质谱四大光谱数据。

(8)《Purification of Laboratory Chemicals》（实验室化学药品的纯化）

《实验室化学药品的纯化》（第八版）由 Wilfred L. F. Armarego 主编，归纳了文献中数千种化学药品的纯化方法。

1.3.2 主要实验参考书

(1) 周科衍，高占先. 有机化学实验. 第三版. 北京：高等教育出版社，1996。

(2) 兰州大学、复旦大学化学系有机化学教研室. 王清廉，沈凤嘉修订，有机化学实验. 第二版. 北京：高等教育出版社，1994。

(3) 关烨第，李翠娟，葛树丰修订. 有机化学实验. 第二版. 北京大学化学学院有机化学研究所编. 北京：北京大学出版社，2002。

(4) 曾昭琼. 有机化学实验. 北京：高等教育出版社，2000。

(5) 方珍发. 有机化学实验. 南京：南京大学出版社，1992。

1.3.3 Internet 上的化学数据库

数据库的概念是在 20 世纪 50 年代末、60 年代初提出的，在 70 年代得到了迅速的发展，80 年代以后在我国得到了广泛的应用，如国民经济、文化教育、企业管理及办公自动化等方面。由于化学化工文献的数量浩如烟海，如何把化学信息组织得当，形成能迅速、准确和全面检索的数据库是一大难题，化学工作者和计算机专家一起成功地解决了这一难题。

具有主题目录的搜索引擎（如 Yahoo.com、Google.com 等）或大多数的化学宏站点均有这方面的链接，可以用关键词"database"和"chemical"或结合其他一些化学主题词进行搜索，当然最好利用化学化工宏站点进行浏览，下面列出几个数据库资源收集得较好的宏站点。

(1) 化学信息网 ChIN（Chemical Information Network）中的数据库资源

网址为 http：//www.chinweb.com.cn

此站点为中国国家科学数字图书馆化学学科信息门户，是由中国科学院过程工程研究所（前身为中国科学院化工冶金研究所）李晓霞等建立的化学宏站点，化学数据库是 ChIN 网页的重点收集主题，内容相当详细。化学数据库分为材料数据库、化学反应数据库、化学工业相关的数据库、化学品目录、化学文献数据库、环境化学数据库、图谱数据库、物性数据库、物质安全数据库、与高分子有关数据库、与药物有关数据库、中国的化学数据库等 18 类，查找非常方便。

(2) ChemDex（http：//www.shef.ac.uk./chemistry/chemdex/）中的数据库资源

此站点由英国 Sheffield 大学 Mark Winter 设计，是著名的化学宏站点之一。

(3) 剑桥软件的 ChemFinder 网络服务器（http：//chemfinder.camsoft.com）

自动收集网上化合物的信息，对于每个化合物都包括分子结构数据和物理化学数据。

(4) CHEMINFO（http：//www.indiana.edu/～cheminfo/）中的数据库资源

此站点由 indiana 大学 Gary Wiggin 设计有关化学宏站点，十分详细。

(5) http：//www.cas.org/

该站点是世界上最大、最具综合性的化学信息数据库，主要数据库产品 CHEMICAL ABSTRACTS(CA) 和 REGISTRY 包括 1300 多万条与化学有关的文献及专利摘要，1600 多万种物质。

第 2 章　基本技能

2.1　有机反应基本操作

2.1.1　加热

为了加速有机反应,往往需要加热,从加热方式来看有直接加热和间接加热。实验室中常用的热源有酒精灯、煤气灯、酒精喷灯、电炉、电热套等。玻璃仪器一般不能用火焰直接加热,因为剧烈的温度变化和加热不均匀会造成玻璃仪器损坏;同时,局部过热还可能引起有机物部分分解。所以在实验室安全规则中规定禁止用明火直接加热易燃的溶剂。

为了保证加热均匀,一般使用热浴间接加热,作为传热介质有空气、水、有机液体、熔融的盐和金属。根据加热温度、升温的速度等的需要,常采用下列手段。

(1) 水浴

加热温度不超过 100℃ 时,最好用水浴加热,水浴为较常用的热浴。把容器放在水中(注意勿使容器接触水浴锅壁和底部),煤气灯或电炉放在水浴锅下面加热。

但是必须强调指出,当用到金属钾和钠的操作时,绝不能在水浴上进行。对于乙醚等易燃易爆的有机溶剂,则只能用预热的水浴加热。

如果加热温度要稍高于 100℃,则可选用适当无机盐类的饱和水溶液作为热浴液。如表 2-1 所示。

表 2-1　部分无机盐类热浴液的沸点

盐　　类	饱和水溶液的沸点/℃	盐　　类	饱和水溶液的沸点/℃
NaCl	109	KNO_3	116
$MgSO_4$	108	$CaCl_2$	180

由于水浴中的水不断蒸发需适当添加水,使水浴中水面经常保持稍高于容器内的液面。

总之,使用液体加热时,热浴的液面应略高于容器中的液面。

市售电热多孔恒温水浴,用起来较为方便。

(2) 空气浴

空气浴加热是利用热空气间接进行加热,对于沸点在 80℃ 以上的液体均可采用,实验中常用的有石棉网加热和电热套加热。

把容器放在石棉网上加热,这就是最简单的空气浴。烧瓶(杯)下放一块石棉网进行加热可使烧瓶(杯)受热面大且较均匀。80～250℃ 之间进行的反应(或沸点在此范围内的蒸馏)一般采用这种加热方法。但应该指出的是这种加热方式只适用于高沸点且不易燃烧的有机物。加热时必须注意石棉网与烧瓶之间应该留有空隙,灯焰要对着石棉网,否则温度会过高,且铁丝网容易烧断。

但是,用石棉网加热,由于其受热不均匀,故不能用于回流低沸点易燃的液体或者减压蒸馏。

半球形的电热套是属于比较好的空气浴,因为电热套中的电热丝是用玻璃纤维包裹着的,较安全,一般可加热到400℃。电热套主要用于回流加热。蒸馏或减压蒸馏以不用为宜,因为在蒸馏过程中随着容器中物质逐渐减少,会使容器壁过热。电热套有各种规格,取用时要与容器的大小相适应。为了便于控制温度,要连接调压变压器。

电热套使用时,烧瓶的外壁和电热套的内壁应有1cm左右的距离,以利于空气传热和防止局部过热。同时,要注意防止水、药品等物落入套内。

(3) 油浴

加热温度在100～250℃之间可用油浴。油浴所能达到的最高温度取决于所用油的品种。使用油浴的优点是反应物受热均匀,反应物的温度一般低于油浴液20℃左右。油浴的缺点是:温度升高时会有油烟冒出,达到燃点时即可自燃,明火也可引起着火。油经使用后易于老化,油色变黑,虽说不妨碍使用,但是不便观察反应瓶内部的反应情况,且烧瓶外沾上油污后不易洗涤。常用的油浴有以下几种。

甘油:可以加热到140～150℃,温度过高时会分解。

植物油:如菜油、蓖麻油和花生油等,可以加热到220℃。常加入1%对苯二酚等抗氧化剂,增加油在受热时的稳定性。若温度过高时会分解,达到闪点时可能燃烧起来。所以使用时要小心。

石蜡:可以加热到200℃左右,冷却到室温时凝成固体,保存方便。

石蜡油:可以加热到200℃左右,温度稍高并不分解。但较易燃烧。

硅油:又称有机硅油,是由有机硅单体经水解缩聚而得的一类线型结构的油状物,一般是无色、无味、无毒、不易挥发的液体,使用起来比其他油浴用油要好得多,但是因价格较贵,在一般实验室目前较少使用。

现在有机合成中多使用油浴槽作为加热器具(图2-1)。它是由玻璃或瓷的容器及套在玻璃管里的电热丝组成的。电热丝通过导线与调压变压器相连,根据温度需要采用不同的油浴作为加热介质。其优点是传热均匀,可用温度计直接测量浴温,温度的控制也较容易,使用时也较安全。

用油浴加热时,要特别小心,防止着火,发现油浴受热冒烟时,应立即停止加热。油浴中应挂一支温度计,可以观察油浴的温度和有

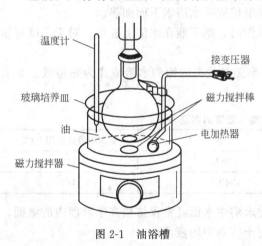

图2-1 油浴槽

无过热现象,便于调节火焰控制温度。

油量不能过多,否则受热后有溢出而引起火灾的危险。使用油浴时要极力防止产生可能引起油浴燃烧的因素。

(4) 酸液

常用酸液为浓硫酸,可加热到250～270℃,当加热至300℃左右时则分解,生成白烟。若稍加硫酸钾,则加热温度可升到350℃左右。如表2-2所示。

上述混合物冷却时,成半固体或固体。因此温度计应在液体未完全冷却前取出。

(5) 砂浴

砂浴一般是用铁盆装干燥的细海砂(或河砂),把反应容器半埋在砂中加热。加热温度

在80℃以上的液体时可以采用，特别适用于加热温度在220℃以上者。但砂浴传热慢，升温很慢，且不易控制。因此，砂层要薄一些。砂浴中应插入温度计，温度计水银球要靠近反应器。

表 2-2　不同浓度的硫酸加热温度比较

浓硫酸(相对密度1.84)	70%(质量分数)	60%(质量分数)
硫酸钾	30%	40%
加热温度	约325℃	约365℃

(6) 煤气灯

亦称本生灯（Bensen burner），是实验室中最常用的加热工具，多用于加热水溶液和高沸点的溶液，在利用煤气灯加热烧瓶等器具时必须带有石棉网，并且注意周围不得放有易燃物品，使用时要注意以下几点。

① 点火时要关闭气孔点火，如气孔开得很大而点火，则不易点燃，即使点燃也有可能产生回火在灯筒内部燃烧的危险。

② 随着调节空气量的增减，火焰可以表现出各种不同的状态，通入适当量的空气时的火焰是由三部分组成：内焰——呈绿色圆锥状；中焰——呈深蓝色；外焰——呈淡蓝色。淡蓝色及深蓝色部位为高温区。

③ 需要加强热时，要用带响声的无色火焰。

(7) 电热套

它是用石棉玻璃纤维织成的，带中镶入镍铬丝所做成的帽状加热器，如图2-2所示。和煤气灯加热方法比较，由于不是明火，在加热或蒸馏易燃物品时，不易引起火灾，热效率高。加热温度可通过调节变压器控制，适合从50mL到5L各种容量规格的烧瓶使用，非常方便。它主要用作回流加热的热源，如用于蒸馏，则随着蒸馏的进行，瓶内物质逐渐减少，就会使瓶壁过热，造成蒸馏物质炭化的现象。如选用稍大一号的电热套，在蒸馏过程中不断降低电热套的升降台的高度，会减少炭化现象。

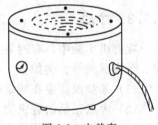

图 2-2　电热套

2.1.2　加热仪器及注意事项

(1) 液体加热注意事项

试管

① 液体不超过试管容积的1/3。

② 试管与桌面成45°角。

③ 试管要预热。

烧杯

① 液体占烧杯容积的1/3～2/3。

② 加热时垫石棉网。

烧瓶

① 液体占烧瓶容积的1/3～2/3。

② 加热前外壁要擦干。

③ 加热时垫石棉网。

蒸发皿
① 液体不超过容积的 2/3。
② 加热时要不断搅拌。
③ 当蒸发皿析出较多固体时应减小火焰或停止加热，利用余热把剩余溶剂蒸干，以防止晶体外溅。

(2) 固体加热注意事项
试管
① 试管口稍向下倾斜（加热 NH_4Cl 除外）。
② 试管要预热。
③ 酒精灯要对准固体部分加热。
蒸发皿
① 要注意充分搅拌。
② 适用于固体的烘干或灼烧。
坩埚
① 先小火加热，后强火灼烧。
② 适用于高温加热固体。
③ 坩埚种类有瓷坩埚、氧化铝坩埚等，加热熔融强碱只能在铁坩埚中进行。

2.1.3 冷却

在有机实验中，有时需采用一定的冷却剂进行冷却操作，在一定的低温条件下进行反应、分离提纯等。例如：
(1) 某些反应要在特定的低温条件下进行的。如重氮化反应一般在 0~5℃ 进行；
(2) 沸点很低的有机物，冷却时可减少损失；
(3) 要加速结晶的析出；
(4) 高度真空蒸馏装置。
根据不同的要求可选用适当的冷却剂冷却。

水：因为水价廉和高的热容量，故为常用的冷却剂。但随着季节的不同，其冷却效率变化较大。

冰-水混合物：也是容易得到的冷却剂，可冷至 0~5℃，要将冰弄得很碎，效果才好。

冰-盐混合物：通常用冰-食盐混合物，即往碎冰中加入食盐（质量比为 3:1），可冷却至 -5~-18℃。实际操作中按上述质量比把食盐均匀地撒在碎冰上。其他盐类如 $CaCl_2 \cdot 6H_2O$ 5 份，碎冰 3.5~4 份可冷至 -40~-50℃。

若无冰时，可用某些盐类溶于水吸热作为冷却剂使用。如 1 份 NH_4Cl 和 1 份 $NaNO_3$ 溶于 1~2 份水中可从 10℃ 冷至 -15℃；3 份 NH_4Cl 溶于 10 份水中，可从 13℃ 冷至 -15℃；11 份 $Na_2S_2O_3 \cdot 5H_2O$ 溶于 10 份水中，可从 11℃ 冷至 -8℃；3 份 $NaNO_3$ 溶于 5 份水中可从 13℃ 冷至 -13℃。不同冰-盐混合物降温比较见表 2-3。

表 2-3 不同冰-盐混合物降温比较

盐　类	100g 冰中加入盐/g	能达到的最低温度/℃
NH_4Cl	25	-15
$NaNO_3$	50	-18
NaCl	33	-21
$CaCl_2 \cdot 6H_2O$	100	-29
$CaCl_2 \cdot 6H_2O$	143	-55

干冰（固体二氧化碳）：可冷至-60℃以下，如将干冰加甲醇或丙酮等适当溶剂中，可冷至-78℃，但当加入时会猛烈起泡。

液氮：可冷至-196℃。

低温浴槽：它是一个小冰箱，冰室口向上，蒸发面用筒状不锈钢槽代替，内装酒精。外设压缩机，循环氟里昂制冷。压缩机产生的热量可用水冷或风冷散去。可装外循环泵，使冷酒精与冷凝器连接循环。还可装温度计等指示器。反应瓶浸在酒精液体中。适于-30~30℃范围的反应使用。

在冷却操作中，有两点值得注意：一是不要使用超过所需冷却范围的冷却剂，否则既增加了成本，又影响了反应速率，对反应不利；二是温度低于-38℃时，则不能使用水银温度计，因为低于-38.87℃时水银就会凝固。对于较低的温度，常常使用装有机液体（如甲苯可达-90℃；正戊烷可达-130℃）的低温温度计。

2.1.4 搅拌与搅拌装置

搅拌是有机制备实验中常用的基本操作之一。搅拌的目的是为了使反应物混合得更均匀，使反应体系的热量容易散发和传导，从而使反应体系的温度更加均匀，有利于反应的进行。尤其是非均相（固体或液体或互不相溶的液体）间反应，搅拌更是必不可少的操作。否则由于浓度局部增大或温度局部过高，将导致有机物的分解或其他副反应的发生。

搅拌的方式有三种：人工搅拌、电动搅拌和磁力搅拌。简单的、反应时间不长的，而且反应体系中放出的气体是无毒的制备实验可以用人工搅拌的方法。比较复杂的、反应时间较长的，而且反应体系中放出的气体是有毒的制备实验则用机械搅拌或磁力搅拌。

2.1.4.1 磁力搅拌器

磁力搅拌器由搅拌子（一根以玻璃或聚四氟乙烯密封的软铁）和一个可旋转的磁铁组成（图2-3）。

将搅拌子投入盛有欲搅拌的反应物容器中，将容器置于内有旋转磁场的搅拌托盘上，接通电源，由于内部磁场不断旋转变化，容器内搅拌子也随之旋转，达到搅拌的目的。

2.1.4.2 电动搅拌器

电动搅拌器一般适用于油、水等溶液或固液等非均相反应中。其转速一般由调速器调节，分无级调速和有级调速两种（图2-4）。使用时必须接上地线，平时应注意经常保持清洁干燥，防潮防腐蚀。轴承应经常保持润滑，每季加润滑油一次。

图 2-3 磁力搅拌器

图 2-4 电动搅拌器

(1) 搅拌棒的类型

搅拌的效率在很大程度上取决于搅拌棒的结构，搅拌棒可用玻璃或金属制造。因为玻璃棒易于加工，所以实验室中的搅拌棒一般是用玻璃制成的。现在也逐步使用金属制成的搅拌棒，金属棒的外层包裹一层聚四氟乙烯，有利于防止有机溶剂及酸碱对金属棒的腐蚀（图2-5）。

(2) 搅拌装置

机械搅拌主要包括三个部分：电动机、搅拌棒和封闭器。电动机是动力部分，固定在支架上。搅拌棒与电动机相连，当接通电源后，电动机就带动搅拌棒转动而进行搅拌，密封器是搅拌棒与反应器连接的装置，它可以防止反应器中的蒸气往外逸，又可以支撑搅拌棒，使之搅拌平稳。

第一种密封器是聚四氟乙烯套管。它是比较方便的密封装置，使用时首先必须根据反应瓶口的大小选择合适的搅拌器套管，经常使用的有14#、19#、24#等规格。聚四氟乙烯套管是由两个部分组成的，两者之间用螺纹相连接，中间可以根据搅拌棒的大小加填一些密封圈或包裹一些生料带来起密封作用。

聚四氟乙烯套管由于其受热膨胀系数较大，所以反应完成后，无法立即从反应瓶中取出，只有待反应瓶冷却至常温后，聚四氟乙烯套管收缩，才能较方便地取出。

聚四氟乙烯套管的密封作用不如油密封器，搅拌棒与套管之间总会有漏气的现象。

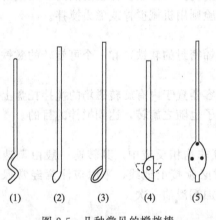

图2-5 几种常见的搅拌棒

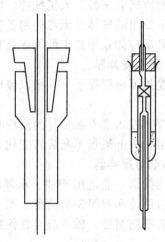

图2-6 常用密封装置

第二种密封器装置如图2-6所示。它是用液体石蜡或甘油作填充液（常称作石蜡封或油封），必要时可以用水银封闭（称作汞封），但水银面上需要覆盖少量水（或液体石蜡、甘油），以避免在快速搅拌下水银溅出及蒸发。

汞封的优点是它既不被冷凝液稀释，也不会从液封中被挤出来，汞封搅拌装置可以承受较小的超压。但是水银有毒，应尽量少用。

(3) 搅拌装置的安装

电动搅拌装置的安装顺序是：首先选定电动搅拌器的位置，并把它固定在铁架台上，用短橡皮管（或连接器）把事先准备好的简易密封装置中的搅拌棒连接到搅拌器的轴上，然后小心地将三口烧瓶的中间瓶口套上去，并塞紧。调整三口烧瓶的位置，使搅拌棒的下端靠近但不接触瓶底。用铁夹夹紧中间瓶颈，再从仪器装置的正面和侧面仔细检查整套仪器安装是否正直，必须使搅拌器的轴和搅拌棒在同一直线上，并用手试验搅拌棒转动是否灵活，再以低速度开动搅拌器试验运转情况。当搅拌棒和封管之间不发生摩擦声时才能认为仪器装配合格，否则仍要进行调整，直到运转正常为止。最后装上冷凝管和温度计（或滴液漏斗），各部分都要用铁夹夹紧，再次开动搅拌器，如运转正常，便可进行合成实验的操作。

2.2 分离提纯基本操作

2.2.1 普通蒸馏

(1) 基本原理

液体在一定温度下具有一定的蒸气压，它随着温度的升高而增加，当液体蒸气压增大到与外界压力（通常指大气压）相等时液体沸腾，这时的温度称为该液体的沸点。

纯液态有机化合物在蒸馏过程中沸点范围很小（0.5~1℃），所以蒸馏可以用来测定沸点。用蒸馏方法测定沸点称为常量法，此法所用液体要 10mL 以上，用量较大；若样品量不多时，则采用微量法来测定其沸点。

在同一温度下，不同沸点的物质具有不同的蒸气压，低沸点的蒸气压大。当两种沸点不同的化合物混合在一起时，由于在一定的温度下混合物中各组分的蒸气压不同，因此当加热至沸腾时，其蒸气的组成与液体的组成各不相同，在蒸气中低沸点物质的质量分数将大于原混合液中的质量分数，而高沸点组分的情况则相反。图 2-7 描述 A 和 B 是沸点各为 T_A 和 T_B 的两种能混溶的理想溶液的混合物，两条实线中较低的一条代表 A 和 B 的各种不同组成混合物的沸点，随着混合物的较高沸点的组分含量增多，沸点逐渐上升。

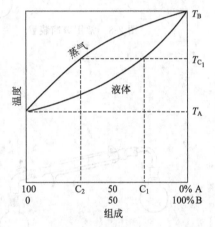

图 2-7 典型的液体-蒸气组成图

较高的曲线代表在其沸点时与液体达到平衡的蒸气组成。两曲线在 100% 的 A 或 100% 的 B 处相交，因为与沸腾的纯液体 A（在 T_A）相平衡的蒸气中只能含有纯 A，相同的原理适用于纯液体 B（在 T_B）。

如果将一种组成为 C_1 的 A 和 B 的混合物加热，它将在 T_{C_1} 处沸腾，其蒸气组成 C_2，与原始液体相比，它含有更多的两种则组分中较易挥发的 A。当进行蒸馏时，A 从液体中选择性地分离出来，液体组成逐渐地从 C_1 变化到 100%B，液体的沸点逐渐从 T_{C_1} 升高到 T_B，蒸气组成也逐渐从 C_2 变到 100%B。

所以，对液体混合物蒸馏，先蒸出的主要是含低沸点的组分，后蒸出的主要是含高沸点的组分，不挥发的则留在蒸馏烧瓶中。

(2) 蒸馏装置

蒸馏装置主要包括蒸馏烧瓶、冷凝管和接受器三部分。图 2-8 是最常用的蒸馏装置，由于这种装置出口处可能逸出馏液蒸气，故不能用于易挥发的低沸点液体的蒸馏。图 2-9 是可防潮的蒸馏装置。图 2-10 是直接从反应瓶中进行蒸馏并可防潮的装置，适用于将回流装置直接改成蒸馏装置。图 2-11 是应用空气冷凝管的蒸馏装置，常用于蒸馏沸点在 140℃ 以上的液体。

(3) 蒸馏装置的安装

蒸馏烧瓶是蒸馏时最常用的容器。它与蒸馏头组合习惯上称为蒸馏烧瓶。圆底烧瓶容量应由所蒸馏的液体的体积决定。通常所蒸馏的原料液体的体积应占圆底烧瓶容量的 1/3～2/3。如果装入的液体量过多，当加热到沸腾时，液体可能冲出，或者液体飞沫被蒸气带出，混入馏出液中；如果装入的液体量太少，在蒸馏结束时，相对地会有较多的液体残留在瓶内蒸不出来。

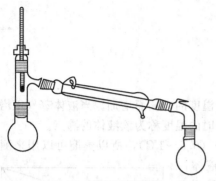 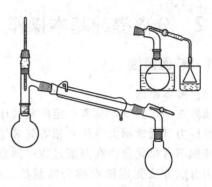

图 2-8　常用蒸馏装置　　　　　　　　　图 2-9　可防潮蒸馏装置

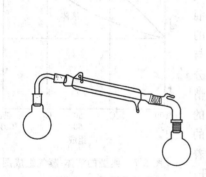 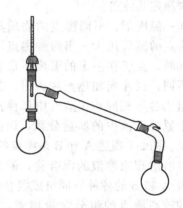

图 2-10　直接蒸馏装置　　　　　　　图 2-11　应用空气冷凝管的蒸馏装置

首先按实验要求选择合适的仪器，安装的原则是先下后上，从左到右。把温度计插入螺口接头中，螺口接头装配到蒸馏头上磨口。调整温度计的位置，务使在蒸馏时它的水银球能完全为蒸气所包围。这样才能正确地测量出蒸气的温度。通常水银球的上端应恰好位于蒸馏头支管的底边所在的水平线上（图2-8）。在铁架台上，首先固定好圆底烧瓶的位置，装上蒸馏头，再装其他仪器时，不宜再调整蒸馏烧瓶的位置。在另一铁架台上，用铁夹夹住冷凝管的中上部分，调整铁架台与铁夹的位置，使冷凝管的中心线和蒸馏头支管的中心线成一直线。移动冷凝管，把蒸馏头的支管和冷凝管严密地连接起来；铁夹应调整到正好夹在冷凝管的中央部位。再装上接引管和接受器。在蒸馏挥发性小的液体时，也可不用接引管。在同一实验桌上装置几套蒸馏装置且相互间的距离较近时，每两套装置的相对位置必须或是蒸馏烧瓶对蒸馏烧瓶，或是接受器对接受器；避免使一套装置的蒸馏烧瓶与另一套装置的接受器紧密相邻，这样有着火的危险。

如果蒸馏出的物质易受潮分解，应在接受器上连接一个氯化钙干燥管，以防止湿气的侵入；如果蒸馏的同时还放出有毒气体，则尚须装配气体吸收装置。

如果蒸馏出的物质易挥发、易燃或有毒，则可在接受器上连接一长橡皮管，通入水槽的下水管内或引出室外。

要把反应混合物中挥发性物质蒸出时，可用一根 75° 弯管把圆底烧瓶和冷凝管连接起来。

当蒸馏沸点高于 140℃ 的物质时，应该换用空气冷凝管。

（4）蒸馏操作

蒸馏装置装好后，取下螺口接头，把要蒸馏的液体经长颈漏斗倒入圆底烧瓶里。漏斗的下端须伸到蒸馏头支管的下面。若液体里有干燥剂或其他固体物质，应在漏斗上放滤纸，或放一小撮松软的棉花或玻璃毛等，以滤去固体。也可以把圆底烧瓶取下来，把液体小心地倒入瓶里。然后往烧瓶里放入几根毛细管。毛细管的一端封闭，开口的一端朝下。毛细管的长度应足以使其上端贴靠在烧瓶的颈部。也可以投入 2～3 粒沸石以代替毛细管。沸石是把未上釉的瓷片敲碎成半粒米大小的小粒。毛细管和沸石的作用都是防止液体暴沸，使沸腾体系平稳。当液体加热到沸点时，毛细管和沸石均能产生细小的气泡，称为沸腾中心。在持续沸腾时，沸石（或毛细管）可以继续有效，但一旦停止沸腾或中途停止蒸馏，则原有的沸石即失效，在再次加热蒸馏前，应补加新的沸石。如果事先忘记加入沸石，则绝不能在液体加热到近沸腾时补加，因为这样往往会引起剧烈的暴沸，使部分液体冲出瓶外，有时还易发生着火事故。应该待液体冷却一段时间后，再行补加。如果蒸馏液体很黏稠或含有较多的固体物质，加热时很容易发生局部过热和暴沸现象，加入的沸石也往往失效。在这种情况下，可以选用适当的热浴加热，例如，可采用油浴或电热包。

加热前，应再次检查仪器是否装配严密，必要时，应做最后调整。开始加热时，可以让温度上升稍快些。开始沸腾时，应密切注意蒸馏烧瓶中发生的现象；当冷凝的蒸气环由瓶颈逐渐上升到温度计水银球的周围时，温度计的水银柱就很快上升。调节火焰或浴温，使从冷凝管流出液滴的速度为每秒钟 1～2 滴。应当在记录本上记录下第一滴馏出液滴入接受器时的温度。当温度计的读数稳定时，另换接受器集取。如果温度变化较大，须多换几个接受器集取。接受器都必须洁净，且事先都须称量过。记录下每个接受器内馏分的温度范围和质量。若要集取的馏分的温度范围已经确定，即可按规定集取。馏分的沸点范围越窄，则馏分的纯度越高。

蒸馏的速度不应太慢，否则易使水银球周围的蒸气短时间中断，致使温度计上的读数有不规则的变动；蒸馏速度也不能太快，否则易使温度计读数不正确。在蒸馏过程中，温度计的水银球上应始终附有冷凝的液滴，以保持气液两相的平衡。

蒸馏低沸点易燃液体时（例如乙醚），附近应禁止有明火，绝不能用明火直接加热，也不能用正在明火上加热的水浴加热，而应该用预热好的水浴。为了保持必需的温度，可以适时地向水浴中添加热水。

如果维持原来加热程度，不再有馏出液蒸出，温度突然下降时，就应停止蒸馏，即使杂质量很少，也不能蒸干。否则，容易发生意外事故。

蒸馏完毕，先停止加热，后停止通水，拆卸仪器，其程序和装配时相反，即按次序取下接受器、接液管、冷凝管和蒸馏瓶。

2.2.2 精馏（分馏）

2.2.2.1 基本原理

从图 2-12 典型的液体-蒸气组成图中可以看到，由组成 C_1 的混合液蒸馏后得到的蒸馏液，其组成主要是含 A 和有些 B 的混合物，要想获得纯 A，就必须多次重复这种操作（气化、冷凝和再气化），才能逐渐地从 A、B 混合液中分离出来。将较高沸点的馏分进行相似的重蒸馏，才能在最后的馏分中分离出纯 B 来。显然，这种重复的再蒸馏是一种费时费力的操作。

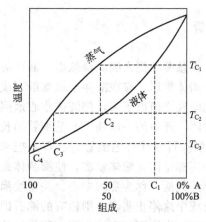

图 2-12 液体-蒸气组成图

分馏柱是用来提高操作效率的。分馏柱是由一支垂直的管子和填充物所组成。当热的蒸馏混合液蒸气上升通过分馏柱时,由于受柱外冷空气的冷却,挥发性较低的成分易冷凝为液体流回蒸馏瓶中,在回流途中与上升的热蒸气互相接触进行热交换,使液体中易挥发组分又受热气化再上升一次,难挥发组分仍被冷凝下来。如此在分馏柱中反复进行,从而使低沸点成分不断被蒸出。

现以图 2-12 来说明这种过程。组成为 C_1 的原始 A、B 混合物在温度 T_{C_1} 沸腾,同时这种蒸气在该温度进入分馏柱。如果它们在柱内冷凝,这种冷凝液将具有组成 C_2。该冷凝液在回流途中 T_{C_2} 处又受热气化,产生组成为 C_3 的蒸气,再冷凝、气化可得组成为 C_4 的蒸气。如此继续下去,如果分馏柱足够高,或具有足够的表面积供多次气化和冷凝,那么从柱顶出来的蒸馏液将接近于纯 A。这样将继续到分馏出所有的 A,随后蒸气的温度升高到 B 的沸点。

2.2.2.2 影响分馏效率的因素

(1) 理论塔板

分馏柱效率是用理论塔板来衡量的。分馏柱中的混合物,经过一次气化和冷凝的动力学平衡过程,相当于一次普通蒸馏所达到的理论浓缩效率,当分馏柱达到这一浓缩效率时,那么分馏柱就具有一块理论塔板。柱的理论塔板数越多,分离效果越好。分离一个理想的二组分混合物所需的理论塔板数与该组分的沸点差之间的关系表见表 2-4。

表 2-4 二组分的沸点差与分离所需的理论塔板数

沸点差值	分离所需的理论塔板数	沸点差值	分离所需的理论塔板数	沸点差值	分离所需的理论塔板数
108	1	36	5	4	50
72	2	20	10	2	100
54	3	10	20		
43	4	7	30		

其次还要考虑理论塔板层高度,在高度相同的分馏柱中,理论板层高度越小,则柱的分离效率越高。

(2) 回流比

在单位时间内,由柱顶冷凝返回柱中液体的数量与蒸出物量之比称为回流比。若全回流液中每 10 滴收集 1 滴馏出液,则回流比为 9∶1。对于非常精密的分馏,使用高效率的分馏柱,回流比可达 100∶1。

(3) 柱的保温

许多分馏柱必须进行适当的保温,以便始终维持温度平衡。

为了提高分馏柱的分馏效率,在分馏柱内装入具有大表面积的填料,填料之间应保留一定的空隙,要遵守适当紧密且均匀的原则,这样就可以增加回流液体和上升蒸气的接触机会。填料有玻璃(玻璃珠、短玻璃管)或金属(不锈钢、金属丝绕成固定形状),玻璃的优点是不会与有机物起反应,而金属则可与卤代烷之类的化合物起反应。在分馏柱底部往往放一些玻璃丝以防填料下坠入蒸馏容器中。

实验室最常用的分馏柱如图 2-13 所示。球形分馏柱的分馏效率较差,分馏柱中的填充物通常为玻璃环。玻璃环可用细玻璃管割制而成，它的长度相当于玻璃管的直径。若分馏柱长为30cm，直径为2cm，则可用直径4～6mm玻璃管制成的环。一般说来，图2-13中三种分馏柱的分馏效率都是很差的。但若将金属丝网绕制成Φ型（直径3～4mm）填料装入赫姆帕分馏柱，可显著提高分馏柱效率。若要分离沸点相距很近的液体混合物，必须用精密分馏装置。

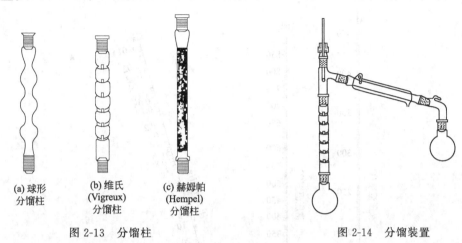

图2-13 分馏柱　　　　　图2-14 分馏装置

2.2.2.3 简单的分馏装置和操作

简单的分馏装置如图2-14所示。分馏装置的装配原则和蒸馏装置完全相同。在装配及操作时，更应注意勿使分馏头的支管折断。

把待分馏的液体倒入烧瓶中，其体积以不超过烧瓶容量的1/2为宜，投入几根上端封闭的毛细管或几粒沸石。安装好的分馏装置，经过检查合格后，可开始加热。

操作时应注意下列几点。

（1）应根据待分馏液体的沸点范围，选用合适的热浴加热，不要在石棉铁丝网上用直接火加热。用小火加热热浴，以便使浴温缓慢而均匀地上升。

（2）待液体开始沸腾，蒸气进入分馏柱中时，要注意调节浴温，使蒸气环缓慢而均匀地沿分馏柱壁上升。若由于室温低或液体沸点较高，为减少柱内热量的散发，宜将分馏柱用石棉绳和玻璃布等包裹起来。

（3）当蒸气上升到分馏柱顶部，开始有液体馏出时，更应密切注意调节浴温，控制馏出液的速度为2～3滴/s。如果分馏速度太快，馏出物纯度将下降；但也不宜太慢，以致上升的蒸气时断时续，馏出温度有所波动。

（4）根据实验规定的要求，分段收集馏分。实验完毕时，应称量各段馏分。

2.2.3 减压蒸馏

某些沸点较高的有机化合物在加热还未达到沸点时往往发生分解或氧化，所以，不能用常压蒸馏。使用减压蒸馏便可避免这种现象的发生。因为当蒸馏系统内的压力减少后，其沸点便降低，许多有机化合物的沸点当压力降低到1.3～2.0kPa(10～15mmHg)时，可以比其常压下的沸点降低80～100℃。因此，减压蒸馏对于分离或提纯沸点较高或性质比较不稳定的液态有机化合物具有特别重要的意义。所以，减压蒸馏亦是分离提纯液态有机物常用的方法。

在进行减压蒸馏前，应先从文献中查阅清楚，该化合物在所选择的压力下相应的沸点，如果文献中缺乏此数据，可用下述规律大致推算，以供参考。当蒸馏在1333～1999Pa(10～

15mmHg)下进行时,压力每相差 133.3Pa(1mmHg),沸点相差约 1℃。也可以用图 2-15 "压力-温度关系图"来查找,即从某一压力下的沸点便可近似地推算出另一压力下沸点。例如水杨酸乙酯常压下的沸点为 234℃,减压至 1999Pa(15mmHg)时,沸点为多少度?可在图 2-15 中 B 线上找到 234℃的点,再在 C 线上找到 1999Pa(15mmHg)的点,然后两点连一直线通过与 A 线的交点为 113℃,即水杨酸乙酯在 1999Pa(15mmHg)时的沸点约为 113℃。

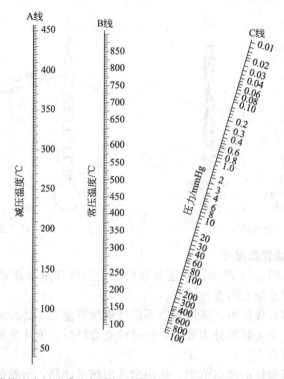

图 2-15 液体在常压下沸点与减压下沸点的近似关系图 (1mmHg=133.3Pa)

一般把压力范围划分为几个等级:

"粗"真空 (10～760mmHg),一般可用水泵获得;

"次高"真空 (0.001～1mmHg),可用油泵获得;

"高"真空 (<10^{-3}mmHg),可用扩散泵获得。

2.2.3.1 减压蒸馏装置

图 2-16 是常用的减压蒸馏装置,其主要仪器设备是:蒸馏烧瓶、接受器、冷凝管、水银压力计、干燥塔、缓冲用的吸滤瓶和减压泵等。

减压蒸馏烧瓶通常用克氏蒸馏烧瓶。它也可以由圆底烧瓶和蒸馏头之间装配二口连接管 A 组成或由圆底烧瓶和克氏蒸馏头组成。它有两个瓶颈;带支管的瓶口装配插有温度计的螺口接头,而另一个瓶口则装配插有毛细管 C 的螺口接头。毛细管的下端调整到离烧瓶底约 1～2mm 处,其上端套一段短橡皮管,最好在橡皮管中插入一根直径约为 1mm 的金属丝,用螺旋夹 D 夹住,以调节进入烧瓶的空气量,使液体保持适当程度的沸腾。在减压蒸馏时,空气由毛细管进入烧瓶,冒出小气泡,成为液体沸腾的气化中心,同时又起到一定的搅拌作用。这样可以防止液体暴沸,使沸腾保持平稳。这对减压蒸馏是非常重要的。

减压蒸馏装置中的接受器 B 通常用蒸馏烧瓶或带磨口的厚壁试管等,因为它们能耐外压,但不要用锥形瓶作接受器。蒸馏时,若要集取不同的馏分而又不中断蒸馏,则可用多头接引管(图 2-17);多头接引管的上部有一个支管,仪器装置由此支管抽真空。多头接引

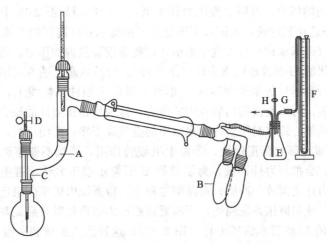

图 2-16 减压蒸馏装置

A—二口连接管；B—接受器；C—毛细管；D—螺旋夹；E—缓冲用的吸滤瓶；
F—水银压力计；G—二通旋塞；H—导管

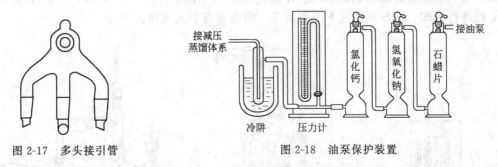

图 2-17 多头接引管　　　　　图 2-18 油泵保护装置

管与冷凝管的连接磨口要涂有少量甘油或凡士林，以便转动多头接引管，使不同的馏分流入指定的接受器中。

接受器（或带支管的接引管）用耐压的厚橡皮管与作为缓冲用的吸滤瓶 E 连接起来。吸滤瓶的瓶口上装一个三孔橡皮塞，一孔连接水银压力计 F，一孔接二通旋塞 G，另一孔插导管 H。导管的下端应接近瓶底，上端与水泵连接。

减压泵可用水泵、循环水泵或油泵。水泵和循环水泵所能达到的最低压力为当时水温下的水蒸气压。若水温为 18℃，则水蒸气压为 2kPa(15.5mmHg)。这对一般的减压蒸馏已经可以了。使用油泵要注意油泵的防护保养，不使有机物质、水、酸等的蒸气侵入泵内。如果蒸馏挥发性较大的有机溶剂时，有机溶剂会被油吸收，结果增加了蒸气压从而降低了抽空效能；如果是酸性蒸气，那就会腐蚀油泵；如果是水蒸气就会使油成乳浊液搞坏真空油。因此，为了保护油泵，使用油泵时必须注意以下几点：

① 应在泵前面装设净化塔（图 2-18），里面放粒状氢氧化钠（或碱石灰）和活性炭（或分子筛）等以除去水蒸气、酸气和有机物蒸气。因此，用油泵进行减压蒸馏时，在接受器和油泵之间，应顺次装上冷阱、水银压力计、净化塔和缓冲用的吸滤瓶，其中缓冲瓶的作用是使仪器装置内的压力不发生太突然的变化以防止泵油的倒吸。冷阱可放在广口保温瓶内，用冰-盐或干冰-乙醇冷却剂冷却。

② 蒸馏前必须先用水泵彻底抽去系统中有机溶剂的蒸气。

③ 如能用水泵抽气的，则应尽量使用水泵。如蒸馏物中含有挥发性物质，可先用水泵减压抽除，然后改用油泵。

减压蒸馏装置内的压力,可用水银压力计来测定。一般用如图 2-16 中所示的水银压力计 F。装置中的压力是这样测定的:先记录下压力计 F 两臂水银柱高度的差值(毫米汞柱),然后从当时的大气压力(毫米汞柱)减去这个差值,即得蒸馏装置内的压力。另外一种很常用的水银压力计是一端封闭的 U 形管水银压力计(图 2-19)。管后木座上装有可滑动的刻度标尺。测定压力时,通常把滑动标尺的零点调整到 U 形管右臂的水银柱顶端线上,根据左臂的水银柱顶端线所指示的刻度,可以直接读出装置内的压力。这种水银压力计的缺点是:①填装水银比较困难和费时,必须细心地将封闭管内和水银中的空气排干净;②使用时,空气和其他脏物会进入 U 形管内,严重地影响其正确性;③由于毛细管作用,读数不够精确;④若突然放入空气,水银迅速上升,会把压力计冲破。为了维护 U 形管水银压力计,避免水银受到污染,在蒸馏系统与水银压力计之间放一冷阱;在蒸馏过程中,待系统内的压力稳定后,还可以经常关闭压力计上的旋塞,使与减压系统隔绝,当需要观察压力时再临时开启旋塞。

另有一种改进的 U 形管水银压力计(图 2-20),这种压力机填装水银方便,清洗也较容易,若空气突然进入也不会破损压力计。

若蒸馏小量液体,可把冷凝管省掉,而采用图 2-21 所示的装置。克氏蒸馏头的支管通过真空接引管连接到圆底烧瓶上。液体沸点在减压下低于 140～150℃ 时,可使水流到接受器上面进行冷却,冷却水经过下面的漏斗,由橡皮管引入水槽。

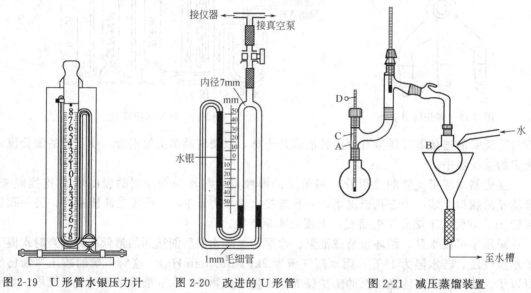

图 2-19 U 形管水银压力计　　图 2-20 改进的 U 形管水银压力计　　图 2-21 减压蒸馏装置
A—克氏蒸馏头;B—接受器;
C—毛细管;D—螺旋夹

2.2.3.2 减压蒸馏操作方法

仪器装置完毕,在开始蒸馏以前,必须先检查装置的气密性,以及装置能减压到何种程度。在圆底烧瓶中放入约占其容量 1/3～1/2 的蒸馏物质。先用螺旋夹 D 把套在毛细管 C 上的橡皮管完全夹紧,打开旋塞 G,然后开动泵。逐渐关闭旋塞 G,从水银压力计观察仪器装置所能达到的减压程度,见图 2-16。

经过检查,如果仪器装置完全符合要求,可开始蒸馏。加热蒸馏前,尚须调节螺旋夹 D 和旋塞 G,使毛细管 C 中有少量的气泡冒出,同时使仪器达到所需要的压力:如果压力低于所需要的压力,可以小心地旋转旋塞 G,慢慢地引入空气,把压力调整到所需要的压力。如果达不到所需要的压力,可从蒸气压-温度曲线查出在该压力下液体的沸点,据此进行蒸馏。然后用油浴加热，烧瓶的球形部分浸入油浴中部分应占其体积的 2/3，但注意不要使圆底烧瓶的瓶底和浴底接触。逐渐升温，油浴温度一般要比被蒸馏液体的沸点高出 20℃左右。液体沸腾后，再调节油浴温度，使馏出液流出的速度每秒钟不超过一滴。在蒸馏过程中，应注意水银压力计的读数，记录下时间、压力、液体沸点、油浴温度和馏出液流出的速度等数据。

蒸馏完毕时，停止加热，撤去油浴，旋开螺旋夹 D，慢慢地打开旋塞 G，使仪器装置与大气相通（注意：这一操作须特别小心，一定要慢慢地旋开旋塞，使压力计中的水银柱慢慢地恢复到原状，如果引入空气太快，水银柱会很快地上升，有冲破 U 形管压力计的可能）。然后关闭油泵。待仪器装置内的压力与大气压力相等后，方可拆卸仪器，以免抽气泵中的油反吸入干燥塔。

2.2.4 水蒸气蒸馏

水蒸气蒸馏是用来分离和提纯液态或固态有机化合物的一种方法，常用在下列几种情况：①某些沸点高的有机化合物，在常压蒸馏虽然可与副产物分离，但易被破坏；②混合物中含有大量树脂状杂质或不挥发性杂质，采用蒸馏、萃取等方法都难于分离的；③从较多固体反应物中分离出被吸附的液体。

被提纯物质必须具备以下几个条件：①不溶于水或难溶于水；②共沸腾下与水不发生化学反应；③在 100℃左右时，必须具有一定的蒸气压［至少 666.5～1333.2Pa（5～10mmHg）］。

当有机物与水一起共热时，整个系统的蒸气压，根据分压定律，应为各组分蒸气压之和。即：

$$p = p_{H_2O} + p_A$$

式中，p 为蒸气压；p_{H_2O} 为水的蒸气压；p_A 为与水不相溶物或难溶物的蒸气压。

当蒸气压（p）与大气压相等时，则液体沸腾。显然，混合物的沸点低于任何一种组分的沸点。即有机物可在比其沸点低得多的温度，而且在低于 100℃的温度下随水蒸气一起蒸馏出来。这样的操作叫做水蒸气蒸馏。

例如在制备苯胺时（苯胺的沸点为 184.4℃），将水蒸气通入含苯胺的反应混合物中，当温度达到 98.4℃时，苯胺的蒸气压为 5652.5Pa，水的蒸气压为 95427.5Pa，两者总和接近大气压，于是，混合物沸腾，苯胺就随水蒸气一起被蒸馏出来。

伴随蒸汽馏出的有机物和水，两者的质量（m_A 和 m_{H_2O}）比等于两者的分压（p_A 和 p_{H_2O}）和两者的分子量（M_A 和 M_{18}）的乘积之比，因此，在馏出液中有机物同水的质量比可按下式计算：

$$\frac{m_A}{m_{H_2O}} = \frac{M_A \times p_A}{18 \times p_{H_2O}}$$

例如：

$$p_{H_2O} = 95427.5\text{Pa} \qquad p_{苯胺} = 5652.5\text{Pa}$$
$$M_{H_2O} = 18 \qquad M_{苯胺} = 93$$

代入上式：

$$\frac{m_{苯胺}}{m_{H_2O}} = \frac{5652.5 \times 93}{95427.5 \times 18} = 0.31$$

所以，馏出液中苯胺的含量：$\dfrac{0.31}{1+0.31} \times 100\% = 23.7\%$

这个数值是理论值,因为实验时有相当一部分水蒸气来不及与被蒸馏物作充分接触便离开蒸馏烧瓶。同时,苯胺微溶于水。所以,实验蒸出的水量往往超过计算值,故计算值仅为近似值。

(1) 水蒸气蒸馏的装置

图 2-22 是实验室常用的水蒸气蒸馏装置。水蒸气蒸馏装置由水蒸气发生器和普通蒸馏装置组成。

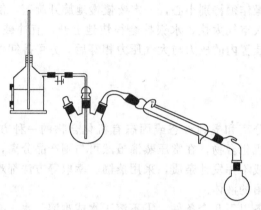

图 2-22　水蒸气蒸馏装置

水蒸气发生器有两种,一种是用金属制成的［图 2-23(a)］,在水蒸气发生器内盛水约占其容量的 1/2,可从其侧面的玻璃水位管 B 察看容器内的水平面。长玻璃管 C 为安全管,管的下端接近发生器底部,距底部距离约 1~2cm,根据管中水柱的高低,可以估计水蒸气压力的大小,并可防止系统发生堵塞时出现危险。蒸气出口管与 T 形管相连,下口接一段软的橡皮管,用螺旋夹夹住,以便调节蒸气量。

另一种最简单、最常用的是由蒸馏烧瓶（500mL）组装而成的简易水蒸气发生器［图 2-23(b)］。无论使用哪种水蒸气发生器,在与蒸馏系统连接时管路越短越好,否则水蒸气冷凝后会降低蒸馏烧瓶内温度,影响蒸馏效果。

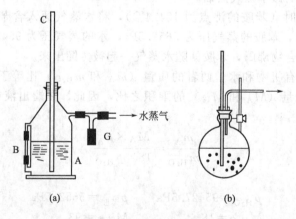

图 2-23　水蒸气发生器

(2) 水蒸气蒸馏的操作要领

把要蒸馏的物质倒入烧瓶中,其量不得超过蒸馏烧瓶容量的 1/3。操作前,水蒸气蒸馏装置应经过检查,必须严密不漏气。开始蒸馏时,先把 T 形管上的夹子打开,用直接火把发生器里的水加热到沸腾。当有水蒸气从 T 形管的支管中冲出时,再旋紧夹子,让水蒸气通入烧瓶中，这时可以看到瓶中的混合物翻腾不息，不久在冷凝管中就会出现有机物质和水的混合物。调节火焰，使瓶内的混合物不致飞溅得太厉害，并控制馏出液的速度约为每秒钟 2～3 滴。为了使水蒸气不致在烧瓶内过多地冷凝，在蒸馏时通常可用小火将烧瓶加热。在操作时，要随时注意安全管中的水柱是否发生不正常的上升现象，以及烧瓶中的液体是否发生倒吸现象。一旦发生这种现象，应立即打开夹子，移去火焰，找出发生故障的原因。必须把故障排除后，方可继续蒸馏。

当馏出液澄清透明不再有有机物的油滴时，可停止蒸馏。这时应首先打开夹子，然后移去热浴。

2.2.5 共沸蒸馏

共沸蒸馏又称恒沸蒸馏，主要用于共沸物的分离。共沸物是指在一定压力下，混合液体具有相同的沸点的物质。该沸点比纯物质的沸点更低或更高。

(1) 基本原理

在共沸混合物中加入第三组分，该组分与原共沸混合物中的一种或两种组分形成沸点比原来共沸物更低的、新的具有最低共沸点的共沸物，使组分之间的相对挥发度增大，易于用蒸馏的方法分离。这种蒸馏方法称为共沸蒸馏，加入的第三组分称为恒沸剂或夹带剂。

工业上常用苯作为恒沸剂进行共沸精馏制取无水酒精。常用的夹带剂有苯、甲苯、二甲苯、三氯甲烷、四氯化碳等。

(2) 共沸蒸馏装置

图 2-24 是实验室常用的共沸蒸馏装置。它是在蒸馏瓶与回流冷凝管之间增加一个分水器。常用分水器如图 2-25 所示。

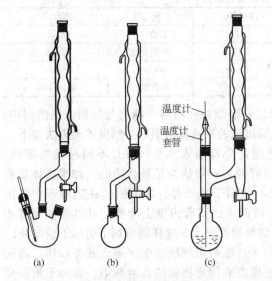

图 2-24 共沸蒸馏装置

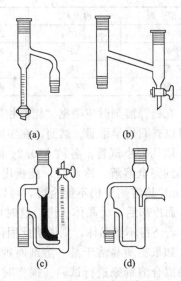

图 2-25 常用的分水器

2.2.6 重结晶和脱色

从有机合成反应中制得的固体产物，常含有少量杂质。除去这些杂质的最有效方法之一就是用适当的溶剂来进行重结晶。

固体有机化合物在任何一种溶剂中的溶解度均随温度的变化而变化，一般情况下，当温度升高时，溶解度增加，温度降低时，溶解度减小。可利用这一性质，使化合物在较高温度下溶解，在低温下结晶析出。由于产品与杂质在溶剂中的溶解度不同，可以通过过滤将杂质去除，从而达到分离提纯的目的。由此可见，选择合适的溶剂是重结晶操作中的关键。

(1) 重结晶提纯法的过程

重结晶提纯法的一般过程为：①选择适宜的溶剂；②将粗产物溶于适宜的热溶剂中制成饱和溶液；③趁热过滤除去不溶性的杂质。如果溶液的颜色深，则应先脱色，再进行过滤；④冷却溶液，或蒸发溶剂，使之慢慢析出结晶而杂质留在母液中，或者杂质析出，而欲提纯的化合物留在溶液中；⑤抽气过滤分离母液，分出结晶或杂质；⑥洗涤结晶，除去附着的母液；⑦干燥结晶。

(2) 溶剂的选择

在重结晶法中选择合适的溶剂是非常重要的，否则达不到纯化的目的，作为适宜的溶剂，要符合下面几个条件：

① 与被提纯的有机化合物不起化学反应；

② 对被提纯的有机化合物应在热溶剂中易溶，而在冷溶剂中几乎不溶；

③ 如果杂质在热溶剂中不溶，则趁热过滤除去杂质；若杂质在冷溶剂中易溶的，则留在溶液中，待结晶后才分离；

④ 对要提纯的有机化合物能生成较整齐的晶体；

⑤ 溶剂的沸点不宜太低，也不宜过高。若过低时，溶解度改变不大，难分离，且操作也难；过高时，附着于晶体表面的溶剂不易除去；

⑥ 价廉易得。

表 2-5 列出了常用溶剂及其沸点。

表 2-5　常用的溶剂及其沸点

溶 剂	沸点/℃	溶 剂	沸点/℃	溶 剂	沸点/℃
水	100	乙酸乙酯	77	氯仿	61.7
甲醇	65	冰醋酸	118	四氯化碳	76.5
乙醇	78	二硫化碳	46.5	苯	80
乙醚	34.5	丙酮	56	粗汽油	90～150

在选择溶剂时应根据"相似相溶"的一般原理。溶质往往易溶于结构与其相似的溶剂中，还可以查阅化学手册。然而，在实际工作中往往通过试验来选择溶剂，溶解度试验方法如下。

取几个小试管，各放入 0.2g 待重结晶的物质，分别加入 0.5～1mL 不同种类的溶剂，加热到完全溶解，冷却后，能析出最多量晶体的溶剂，一般认为是最合适的。如果固体物质在 3mL 热溶剂中仍不能全溶，可以认为该溶剂不适用于重结晶。如果固体在热溶剂中能溶解，而冷却后，无晶体析出，这时可用玻璃棒在液面下的试管内壁上摩擦，可以促使晶体析出，若还得不到晶体，则说明此固体在该溶剂中的溶解度很大，这样的溶剂不适用于重结晶。

如果物质易溶于某一溶剂而难溶于另一溶剂，且该两溶剂能互溶，那么就可以用二者配成的混合溶剂来进行试验。操作时先将产物溶于沸腾或接近沸腾的良溶剂中，滤掉不溶杂质或经脱色后的活性炭，趁热在滤液中滴加不良溶剂，至滤液变浑浊为止，再加热或滴加良溶剂，使滤液转变为清亮，放置冷却，使结晶全部析出。如果冷却后析出油状物，需要调整两溶剂的比例，或另换一对溶剂。有时也可以将两种溶剂按比例预先混合好，再进行重结晶。常用的混合溶剂有乙醇与水、水与丙醇、水与乙酸、乙醇与乙醚、乙醇与丙酮、甲醇与乙醚、苯与乙醚、苯与石油醚、乙醚与石油醚、甲醇与二氯甲烷、乙醇-乙醚-乙酸乙酯等。

(3) 固体物质的溶解

使用易燃溶剂时，必须按照安全操作规程进行，不可粗心大意。

有机溶剂往往不是易燃的就是具有一定的毒性，也有两者兼具的，操作时要熄灭邻近的一切明火。最好在通风橱内操作。常用三角烧瓶或圆底烧瓶作容器。因为它的瓶口较窄，溶剂不易挥发，又便于摇动促进固体物质溶解。若用的溶剂是低沸点易燃的，严禁在石棉网上直接加热，必须装上回流冷凝管，并根据其沸点的高低，选用热浴。若固体物质在溶剂中溶解速度较慢，需要较长加热时间时，也要装上回流冷凝管，以免溶剂损失。

溶解操作是将待重结晶的粗产物放入窄口容器中，加入比计算量略少的溶剂，然后逐渐添加至恰好溶解，最后再多加20%～100%的溶剂将溶液稀释，否则趁热过滤时容易析出结晶。若用量为未知数，可先加入少量溶剂，煮沸仍未全溶，逐渐添加至恰好溶解，每次加入溶剂均要煮沸后作出判断。

在溶解过程中，有时会出现油珠状物，这对于物质的纯化很不利，因为杂质伴随析出，并带有少量的溶剂，故应尽量避免这种现象的发生，可从下列几方面加以考虑：①所选用的溶剂的沸点应低于溶质的熔点；②低熔点物质进行重结晶，如不能选出沸点较低的溶剂时，则应在比熔点低的温度下溶解。

用混合溶剂重结晶时，一般先用适量溶解度较大的溶剂，在加热情况下使样品溶解，溶液若有颜色则用活性炭脱色，趁热过滤除去不溶物，将滤液加热至接近沸点的情况下慢慢滴加溶解度较小的溶剂至刚好浑浊，加热浑浊不消失时，再小心地滴加溶解度较大的溶剂直至溶液变清，放置结晶。若已知两种溶剂的某一种比例适用于重结晶，可事先配好混合溶剂，按单一溶剂重结晶的方法进行。

(4) 杂质的除去（加热过滤）

溶液如有不溶性物质时，应趁热过滤；如有颜色时，则要脱色，待溶液冷却后加入活性炭脱色。

用锥形的玻璃漏斗过滤热的饱和溶液时，常在漏斗中或其颈部析出晶体，使过滤发生困难。这时可以用保温漏斗来过滤。保温漏斗的外壳是铜制的，里面插一个玻璃漏斗，在外壳与玻璃漏斗之间装水，在外壳的支管处加热，即可把夹层中的水烧热而使漏斗保温（图2-26）。

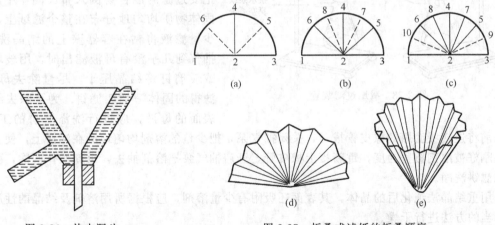

图2-26 热水漏斗　　　　　　图2-27 折叠式滤纸的折叠顺序

为了尽量利用滤纸的有效面积以加快过滤速度，过滤热的饱和溶液时，常使用折叠式滤纸，其折叠方式见图2-27。

先把滤纸折成半圆形，再对折成圆形的四分之一，展开如图2-27中(a)。再以1对4折出6，3对4折出5，1对6折出10，3对5折出9，如图中(b)；以3对6折出7，1对5折出8，如图中(c)。然后在1和10，10和6，5和7……9和3间各反向折叠，如图中

(d)。把滤纸打开，在 1 和 3 的地方各向内折叠一个小叠面，最后做成如图中（e）的折叠滤纸。在每次折叠时，在折纹近集中点处切勿对折纹重压，否则在过滤时滤纸的中央易破裂。使用前宜将折好的折叠滤纸翻转并作整理后放入漏斗中。

过滤时，把热的饱和溶液逐渐地倒入漏斗中，在漏斗中的液体不宜积得太多，以免析出晶体，堵塞漏斗。

也可用布氏漏斗趁热进行减压过滤。为了避免漏斗破裂和在漏斗中析出晶体，最好先用热水浴或水蒸气浴，或在电烘箱中把漏斗预热，然后再进行减压过滤。

（5）晶体的析出

将趁热过滤收集的热滤液静置，让它慢慢地冷却下来，一般在几小时后才能完全。在某些情况下，要更长的时间，不要急冷滤液，因为这样形成的结晶会很细。但也不要使形成的晶体过大，若过大了在晶体中会夹杂母液，造成干燥困难，当看到有大晶体正在形成时，要摇动使之形成较均匀的小晶体。

如果冷却后仍不结晶，可投"晶种"，或用玻璃棒摩擦器壁引发晶体形成。

如果不析出晶体而得到油状物时，可加热至澄清后，让其自然冷却至开始有油状物析出时，立即剧烈搅拌，使油状物分散，也可搅拌至油状物消失。

如果结晶不成功，通常必须用其他的方法（色谱、离子树脂交换法）提纯。

（6）结晶的收集和洗涤

把结晶从母液中分离出来，通常用抽气过滤（或称减压过滤），使用瓷质的布氏漏斗，漏斗配上橡皮塞，装在玻璃质的抽滤瓶上（图 2-28），抽滤瓶的支管上套入一根橡皮管，借它与抽气装置联系起来。所用的滤纸应比漏斗底部的直径略小，过滤前应先用溶剂润湿滤纸，轻轻抽气，务使滤纸紧紧贴在漏斗上，继续抽气，把要过滤的混合物倒入布氏漏斗中，使固体物质均匀地分布在整个滤纸上，用少量滤液将粘在容器壁上的结晶洗出，抽气到几乎没有母液滤出时，用玻璃棒或玻璃钉将结晶压干，尽量除去母液，滤得的固体习惯叫滤饼。为了除去结晶表面的母液，应进行洗涤滤饼的工作。

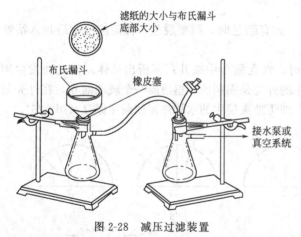

图 2-28 减压过滤装置

洗涤前将连接吸滤瓶的橡皮管拔开，关闭抽气泵，把少量的溶剂均匀地洒在滤饼上，使全部结晶刚好被溶剂覆盖为度，重新接上橡皮管，开启抽气泵把溶剂抽去，重新操作两次，就可以把滤饼洗净。

用重结晶法纯化后的晶体，其表面还吸附有少量溶剂，应根据所用溶剂及结晶的性质选择恰当的方法进行干燥。

过滤少量的结晶（1～2g 以下），可用玻璃钉漏斗抽气装置。

2.2.7 萃取与洗涤

萃取和洗涤是利用物质在不同溶剂中的溶解度不同来进行分离的操作。萃取和洗涤在原理上是一样的，只是目的不同。从混合物中抽取的物质，如果是我们所需要的，这种操作叫做萃取或提取；如果是我们所不要的，这种操作叫做洗涤。

2.2.7.1 从液体中萃取（液-液萃取）

通常用分液漏斗来进行液体的萃取。使用分液漏斗前必须检查：

① 分液漏斗的玻塞和活塞有没有用塑料线绑住；

② 玻塞和活塞是否严密，如有漏水现象，应及时按下述方法处理：拔下活塞，用纸或干布擦净活塞及活塞孔道的内壁，然后用玻璃棒蘸取少量凡士林，先在活塞把手的一端抹上一层凡士林，注意不要抹在活塞的孔中，再在活塞两边也抹上一圈凡士林。然后插上活塞，反时针旋转至透明时，即可使用。

分液漏斗使用后，应用水冲洗干净，玻塞用纸头包裹后塞回去，使用分液漏斗时应注意：①不能把活塞上附有凡士林的分液漏斗放在烘箱内烘干，否则很难再打开；②不能用手拿住分液漏斗的下端；③不能用手拿住分液漏斗进行分离液体；④玻塞打开后才能开启活塞；⑤上层的液体不要由分液漏斗下口放出。

在萃取或洗涤时，先将液体与萃取用的溶剂（或洗液）由分液漏斗的上口倒入，盖好盖子，先用右手食指的末节将漏斗上端玻塞顶住，再用大拇指及食指和中指握住漏斗。这样漏斗转动时可用左手的食指和中指蜷握在活塞的柄上，使振荡过程中（如图 2-29 所示）玻塞和活塞均夹紧，上下轻轻摇振分液漏斗，每隔几秒钟将漏斗倒置（活塞朝上），小心打开活塞，以解除分液漏斗内的压力，重复操作 2～3 次，然后才用力振摇相当长时间，使两相互不相溶的液体充分接触，提高萃取率，振摇时间太短则影响萃取效率。

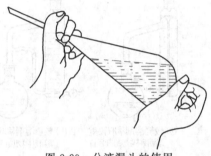

图 2-29 分液漏斗的使用

振荡数次后，将分液漏斗放在铁圈上（最好把铁环用石棉网绳缠扎起来）静置。有时有机溶剂和某些物质的溶液一起振荡，会形成较稳定的乳浊液，且一时又不易分层，则可加入食盐等电解质，使溶液饱和，以减低乳浊液的稳定性；轻轻地旋转漏斗，也可使其加速分层。在一般情况下，长时间静置分液漏斗，可达到使乳浊液分层的目的。

分液漏斗中的液体分成清晰的两层后，就可以进行分离。分离液层时，下层液体应经旋塞放出，上层液体应从上口倒出。如果上层液体也经旋塞放出，则漏斗旋塞下面颈部所附着的残液就会把上层液体弄脏。

先把顶上的盖子打开（或旋转盖子，使盖子上的凹缝或小孔对准漏斗上口颈部的小孔，以使与大气相通），把分液漏斗的下端靠在接受器的壁上。旋开旋塞，让液体流下，当液面间的界限接近旋塞时，关闭旋塞，静置片刻，这时下层液体往往会增多一些。再把剩下的上层液体从上口倒到另一个容器里。

在萃取或洗涤时，上下两层液体都应该保留到实验完毕。否则，如果中间的操作发生错误，便无法补救和检查。

在萃取过程中，将一定量的溶剂分多次萃取，其效果要比一次萃取为好。

对于某些在原溶液中溶解度很大的物质，用分液漏斗分次萃取效率很低，为了减少萃取溶剂的量，宜采用连续萃取，其装置有三种，如图 2-30 所示，分别适用于自较重的溶液中用较轻的溶剂进行萃取、自较轻的溶液中用较重的溶剂进行萃取和兼具两种功能的装置。其过程都是溶剂在萃取后自动流入加热容器中，经蒸发冷凝后，再进行萃取，如此循环不已，就能萃取出绝大部分的物质。连续萃取的缺点是萃取时间长。

2.2.7.2 从固体混合物中萃取（液-固萃取）

从固体混合物中萃取所需要的物质，最简单的方法是把固体混合物先行研细，放在容器里，加入适当溶剂，用力振荡，然后用过滤或倾析的方法把萃取液和残留的固体分开。若被提取的物质特别容易溶解，也可以把固体混合物放在放有滤纸的锥形玻璃漏斗中，用溶剂洗涤。这样，所需萃取的物质就可以溶解在溶剂里，而被滤取出来。如果萃取物质的溶解度很小，则用洗涤方法要消耗大量的溶剂和很长的时间。在这种情况下，一般用索氏（Soxhlet）提取器（图 2-31）来萃取，将滤纸做成与提取器大小相适应的套袋，然后把固体混合物放置在纸套袋里，装入提取器内。溶剂的蒸气从烧瓶进到冷凝管中，冷凝后，回流到固体混合物里，溶剂在提取器内达到一定的高度时，就和所提取的物质一同从侧面的虹吸管流入烧瓶中。溶剂就这样在仪器内循环流动，把所要提取的物质集中到下面的烧瓶里。

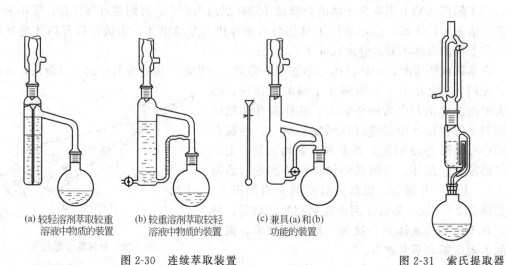

(a) 较轻溶剂萃取较重溶液中物质的装置　　(b) 较重溶剂萃取较轻溶液中物质的装置　　(c) 兼具(a)和(b)功能的装置

图 2-30　连续萃取装置　　　　　　　　　　　图 2-31　索氏提取器

2.2.8 升华

固体物质具有较高的蒸气压，当加热时，往往不经过熔融状态就直接变成蒸气，蒸气遇冷，再直接变成固体，这种过程叫做升华。

若固态化合物具有不同的挥发度，则可应用升华法提纯。升华法得到的产品一般具有较高的纯度，但是损失较大。此法特别适用于纯化易潮解及与溶剂起离解作用的物质。

升华法只能用于在不太高的温度下有足够大的蒸气压力（在熔点前高于 266.6Pa）的固态物质，因此有一定的局限性。

把待精制的物质放入蒸发皿中。用一张穿有若干小孔的圆滤纸把锥形漏斗的口包起来，把此漏斗倒盖在蒸发皿上，漏斗颈部塞一团疏松的棉花，如图 2-32 所示。

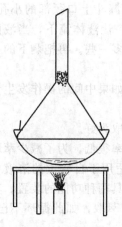

图 2-32　常压升华装置

在砂浴上或石棉网上将蒸发皿加热，逐渐地升高温度，使待精制的物质气化，蒸气通过滤纸孔，遇到冷的漏斗内壁，又凝华为晶体，附在漏斗的内壁和滤纸上。在滤纸上穿小孔可防止升华后形成的晶体落回到下面的蒸发皿中。

为了加快升华的速度，可在减压下进行升华，减压升华法特别适用于常压下其蒸气压不大或受热易分解的物质。图 2-33 用于少量物质的减压升华。

通常用油浴加热，并视具体情况而采用油泵或水泵抽气。

较大量物质的升华，可在烧杯中进行。烧杯上放置一个通冷却水的烧瓶，使蒸气在烧瓶底部凝华成晶体并附着在瓶底上（图2-34）。

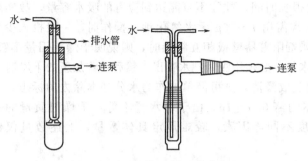

图2-33 少量物质的减压升华装置

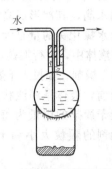

图2-34 较大量物质的常压升华装置

2.2.9 干燥与干燥剂

干燥是指除去附在固体、混杂在液体或气体中的少量水分，也包括了除去少量溶剂。所以，干燥是最常用且十分重要的基本操作。

有机化合物的干燥方法，大致有物理方法和化学方法两种。物理方法是不加干燥剂如分馏，近年来应用分子筛脱水。在实验室中常用化学方法，是向液态有机化合物中加入干燥剂，第一类干燥剂，与水结合生成水化物，从而除去液态有机化合物中所含有的水分；第二类干燥剂是与水起化学反应。例如：

$$CaCl_2 + 6H_2O \rightleftharpoons CaCl_2 \cdot 6H_2O \quad （第一类）$$
$$2Na + 2H_2O \longrightarrow 2NaOH + H_2 \quad （第二类）$$

2.2.9.1 液态有机化合物的干燥

(1) 干燥剂的选择

常用干燥剂的种类很多，选用时必须注意下列几点。

① 液态有机化合物的干燥，通常是将干燥剂加入液态有机化合物中，故所用的干燥剂必须不与有机化合物发生化学作用。

② 干燥剂应不溶于液态有机化合物中。

③ 当选用与水结合生成水化物的干燥剂时，必须考虑干燥剂的吸水容量和干燥剂的干燥效能。吸水容量是指单位质量干燥剂吸水量的多少，干燥效能指达到平衡时液体被干燥的程度。

例如：无水硫酸钠可形成$Na_2SO_4 \cdot 10H_2O$，即1g Na_2SO_4最多能吸1.27g水，其吸水容量为1.27。但其水化物的水蒸气压也较大（25℃时为255.98Pa），故干燥效能差。氯化钙能形成$CaCl_2 \cdot 6H_2O$，其吸水容量为0.97，此水化物在25℃水蒸气压为39.99Pa，故无水氯化钙的吸水容量虽然较小，但干燥效能强，所以干燥操作时应根据除去水分的具体要求而选择合适的干燥剂。通常这类干燥剂形成水化物需要一定的平衡时间，所以，加入干燥剂后必须放置一段时间才能达到脱水效果。

已经吸水的干燥剂受热后又会脱水，其蒸气压随着温度的升高而增加，所以，对已经干燥的液体在蒸馏之前必须把干燥剂滤去。

(2) 干燥剂的用量

掌握好干燥剂的用量是很重要的。若用量不足，则不可能达到干燥的目的。若用量太多时，则由于干燥剂的吸附而造成液体的损失。以乙醚为例，水在乙醚中的溶解度在室温时为1%～1.5%，若用无水氯化钙来干燥100mL含水的乙醚时，全部转变成$CaCl_2 \cdot 6H_2O$，其吸水容量为0.97，也就是说1g无水氯化钙大约可吸收0.97g水，这样，无水氯化钙的理论用量至少要1g，而实际上远远超过1g，这是因为醚层的水分不可能完全分净，而且还有悬浮的微细水滴，其次形成高水化物需要很长时间，往往不可能达到应有的吸水容量，故实际投入的无水氯化钙的量是大大过量的，常需用7～10g无水氯化钙。操作时，一般投入少量干燥剂到液体中，进行振荡，如出现干燥剂附着器壁或相互粘接时，则说明干燥剂用量不够，应再添加干燥剂；如投入干燥剂后出现水相，必须用吸管把水吸出，然后再添加新的干燥剂。

干燥前，液体呈浑浊状，经干燥后变成澄清，这可简单地作为水分基本除去的标志。

一般干燥剂的用量为每10mL液体约需0.5～1g。由于含水量不等，干燥剂质量的差异，干燥剂的颗粒大小和干燥时的温度不同等因素，较难规定具体数量，上述数量仅供参考。

(3) 常用的干燥剂

① 无水氯化钙：吸水后形成 $CaCl_2 \cdot nH_2O$，$n=1,2,4,6$。吸水容量0.97（按$CaCl_2 \cdot 6H_2O$计算），干燥效能中等，因为作用不快，平衡速度慢，所以，用无水氯化钙干燥液体时需放置一段时间，并要间隙振荡。氯化钙适用于干燥烃类、醚类化合物。不适用于醇、酚、胺、酰胺、某些醛、酮以及酯类有机物的干燥，因为能与它们形成络合物。工业品可能含有氢氧化钙或氧化钙，故不能用来干燥酸类化合物。无水氯化钙价廉。

② 无水硫酸镁：中性，不与有机物和酸性物质起作用，吸水形成 $MgSO_4 \cdot nH_2O$，$n=1,2,4,5,6,7$，48℃以下形成 $MgSO_4 \cdot 7H_2O$；吸水容量为1.05，效能中等，可代替氯化钙，还可以干燥许多不能用氯化钙的有机化合物，应用范围广，故是一个很好的中性干燥剂。

③ 无水硫酸钠：为中性干燥剂，价廉，吸水容量为1.25，但是干燥速度缓慢，干燥效能差，一般用于有机液体的初步干燥，然后再用效能高的干燥剂干燥。

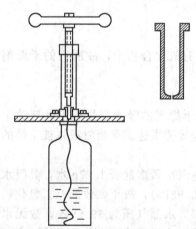

图 2-35 金属钠压丝机

④ 无水硫酸钙：与有机化合物不起化学反应，不溶于有机溶剂中，与水形成相当稳定的水化物，25℃时蒸气压为0.532Pa，是一种作用快、效能高的干燥剂，唯一的缺点是吸水容量小，常用于第二次干燥（即在无水硫酸镁、无水硫酸钠干燥后作最后干燥之用）。

⑤ 无水碳酸钾：与水形成 $K_2CO_3 \cdot 2H_2O$，干燥速度慢，吸水容量为0.2，干燥效能较弱，一般用于水溶性醇和酮的初步干燥，或代替无水硫酸镁，有时代替氢氧化钠干燥胺类化合物。但是不适用于酸性物质。

⑥ 金属钠：醚、烷烃、芳烃和叔胺有机物的干燥用无水氯化钙或硫酸镁处理后，若仍含有微量的水时，可加入金属钠除去。使用时，金属钠要用刀切成薄片，最好是用金属钠压丝机（图2-35）把钠压成细丝后投入到溶液中，以增大钠和液体的接触面。但是不宜用作醇、酯、卤代烃、酮、醛及某些胺等能与钠反应或易被还原的有机物的干燥剂。

⑦ 氢氧化钠和氢氧化钾：用于胺类的干燥比较有效。因为氢氧化钠（或氢氧化钾）能和很多有机化合物起反应（例如酸、酚、酯和酰胺等），也能溶于某些液体有机化合物中，所以它的使用范围很有限。

⑧ 氧化钙：适用于低级醇的干燥。氧化钙和氢氧化钙均不溶于醇类，对热都很稳定，又均不挥发，故不必从醇中除去，即可对醇进行蒸馏。由于它具有碱性，所以它不能用于酸性化合物和酯的干燥。

⑨ 分子筛（4A，5A）：用于中性物质的干燥。它的干燥能力强，一般用于要求含水量很低的物质的干燥。分子筛价格很贵，常常是使用后在真空加热下活化，再重新使用。

(4) 液态有机化合物干燥的操作

液态有机化合物的干燥操作一般在干燥的三角烧瓶内进行。待水分清后，按照条件选定适量的干燥剂投入液体里，塞紧（用金属钠作干燥剂时则例外，此时塞中应插入一个无水氯化钙管，使氢气放空而水汽不致进入），振荡片刻，静置，使所有的水分全被吸去。若干燥剂用量太少，致使部分干燥剂溶解于水时，可将干燥剂滤出，用吸管吸出水层，再加入新的干燥剂，放置一定时间，至澄清为止，过滤后，进行蒸馏精制。表2-6为液态有机化合物常用干燥剂。

表2-6 液态有机化合物的常用干燥剂

液态有机化合物	适用的干燥剂	液态有机化合物	适用的干燥剂
醚类、烷烃、芳烃	$CaCl_2$、Na、P_2O_5	酸类	$MgSO_4$、Na_2SO_4
醇类	K_2CO_3、$MgSO_4$、Na_2SO_4、CaO	酯类	$MgSO_4$、Na_2SO_4、K_2CO_3
醛类	$MgSO_4$、Na_2SO_4	卤代烃类	$CaCl_2$、$MgSO_4$、Na_2SO_4、P_2O_5
酮类	$MgSO_4$、Na_2SO_4、K_2CO_3	有机碱类（胺类）	$NaOH$、KOH

2.2.9.2 固体的干燥

从重结晶得到的固体常带有水分或有机溶剂，应根据化合物的性质选适当的方法进行干燥。

(1) 晾干

这是最简便、最经济的干燥方法。把要干燥的固体先在瓷孔漏斗中的滤纸上，或在滤纸上面压干，然后在一张滤纸上面薄薄地摊开，用另一张滤纸覆盖起来，让它在空气中慢慢地晾干。

(2) 加热干燥

对于热稳定的固体化合物可以放在烘箱内干燥，加热的温度切忌超过该固体的熔点，以免固体变色和分解，如需要则可在真空恒温箱中干燥。

(3) 红外线干燥

特点是穿透性强，干燥快。

(4) 干燥器干燥

对易吸湿或在较高温度干燥时，会分解或变色的可用干燥器干燥，干燥器有普通干燥器和真空干燥器两种。

真空干燥器如图2-36所示，其底部放置干燥剂，中间隔一个多孔磁板，把待干燥的物质放在磁板上，顶部装有带活塞的玻璃导气管，由此处连接抽气泵，使干燥器压力降低，从而提高了干燥效率。使用前必须试压，试压时用网罩或防爆布盖住干燥器，然后抽真空，关上活塞放置过夜。使用时，必须十分小心，防止万一干燥器炸碎时玻璃片飞溅而伤人。解除干燥器内真空时，开动活塞放入空气的速度宜慢不宜快，以免吹散被干燥的物质。

(5) 减压恒温干燥枪

当在烘箱或真空干燥器内干燥效果欠佳时，则要使用减压恒温干燥枪，或简称为干燥枪，见图2-37。使用时，将盛有样品的小船放在夹层内，连接盛有P_2O_5的曲颈瓶，然后减压至可能的最高真空度时，停止抽气，关闭活塞，加热溶剂（溶剂的沸点切勿超过样品的熔点），回流，令溶剂的蒸气充满夹层的外层，这时，夹层内的样品就在减压恒温情况下被干燥。在干燥过程中，每隔一定时间应抽气保持应有的真空度。

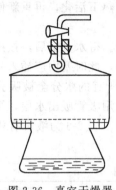
图 2-36　真空干燥器

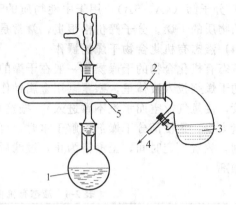
图 2-37　减压恒温干燥枪
1—盛溶剂的烧瓶；2—夹层；3—曲颈瓶中 P_2O_5；
4—接水泵；5—放样品的玻璃或陶瓷的小船

2.2.10　薄层色谱、柱色谱和纸色谱

色谱法是分离、提纯和鉴定有机化合物的重要方法，有广泛用途。色谱法是1903年提出的。它首次成功地用于植物色素的分离，将色素溶液流经装有吸附剂的柱子，结果在柱的不同高度显出各种色带，而使色素混合物得到分离，因此早期称之为色层分析，现在一般称为色谱法。

色谱法是一种物理的分离方法，其分离原理是利用分析试样各组分在不相混溶并作相对运动的两相（流动相和固定相）中的溶解度的不同，或在固定相上的物理吸附程度的不同等而使各组分分离。色谱法能否获得满意的分离效果其关键在于条件的选择。

分析试样可以是液体、固体（溶于合适的溶剂中）或气体。流动相可以是有机溶剂、惰性载气等。固定相则可以是固体吸附剂、水或涂渍在担体表面的低挥发性有机化合物的液膜，即固定液。

色谱法的分离效果远比分馏、重结晶等一般方法好，它具有高效、灵敏、准确等特点，而且适用于小量（和微量）物质的处理。近年来，这一方法在化学、生物学、医学中得到了普遍应用，它帮助解决了像天然色素、蛋白质、氨基酸、生物代谢产物、激素和稀土元素等的分离和分析。

2.2.10.1　薄层色谱法

薄层色谱法（thin lager chromatography，TLC）是快速分离和定性分析少量物质的一种很重要的实验技术。它展开时间短（几十秒就能达到分离目的），分离效率高（可达到300~4000块理论塔板数），需要样品少（数微克）。如果把吸附层加厚，试样点成一条线时，又可用作制备色谱，用以精制样品。薄层色谱特别适用于挥发性小的化合物，以及那些在高温下易发生变化、不宜用气相色谱分析的化合物。

最典型的在玻璃板上均匀铺上一薄层吸附剂，制成薄层板，用毛细管将样品溶液点在起点处，把此薄层置于盛有溶剂的容器中，待溶液到达前沿后取出，晾干，喷以显色剂，测定色斑的位置。由于色谱是在薄层板上进行的，故又称为薄层色谱。

根据铺上薄层的固体性质，薄层色谱可分为

① 吸附薄层色谱：是用硅胶、氧化铝等吸附剂铺成的薄层，这就是利用吸附剂对不同组分吸附能力的差异从而达到分离的方法；

② 分配薄层色谱：是由支持剂如硅胶、纤维素等铺成的薄层，不同组分在指定的两相

中有不同的分配系数；

③ 离子交换色谱：由含有交换基团的纤维素铺成的薄层，根据离子交换原理而达到分离；

④ 排阻薄层色谱：利用样品中分子大小不同、受阻情况不同加以分离，也称凝胶薄层。

吸附薄层色谱是使用最为广泛的方法，其原理是在层析过程中，主要发生物理吸附。由于物理吸附的普遍性、无选择性，当固体吸附剂与多元溶液接触时，可吸附溶剂分子，也可吸附任何溶质，尽管不同溶质的吸附量不同；其次，由于吸附过程是可逆的，被吸附的物质在一定条件下可以被解吸，而解吸与吸附的无选择性和相互关联性使吸附过程复杂化。

在层析过程中，展开剂是不断供给的，所以处于原点上的溶质不断地被解吸。解吸出来的溶质随展开剂向前移动，遇到新的吸附剂，溶质和展开剂又会部分被吸附而建立暂时的平衡，这一暂时平衡立即又被不断移动上来的展开剂所破坏，使部分溶质解吸并随着向前移动，形成了吸附-解吸-吸附-解吸的交替过程。所以层析的过程就是不断产生平衡，又不断破坏平衡的过程。溶质在经历了无数次这样的过程后移动到一定的高度。

(1) 吸附剂

吸附剂对不同溶质吸附能力差别较大。换句话说，不同溶质对吸附剂有不同的亲和力，因而造成其随展开剂上升移动快慢不一。这一差异的根源主要是由化学结构的差异所引起的。

在含氧吸附剂上，例如硅胶和氧化铝，吸附物与其吸附剂之间的作用力包括静电力、诱导力和氢键作用力，前两者为范德华力。被分离物质的极性越大，与极性吸附剂的作用就越强；非极性被分物与极性吸附剂相互作用时，使非极性分离物分子产生诱导偶极矩而被吸附于吸附剂表面，称之为诱导力。氢键作用力是特殊的范德华引力，具有方向性和饱和性。

其原理概括起来是：由于混合物中的各组分对吸附剂的吸附能力不同，当展开剂流经吸附剂时，发生无数次吸附和解吸过程，吸附力弱的组分随流动相迅速向前移动，吸附力强的组分滞留在后，由于各组分具有不同的移动速率，最终得以在固定相薄层上分离。

吸附剂颗粒的大小一般为 260 目以上。颗粒太大，展开时溶剂移动速度快，分离效果差；反之，颗粒太小，溶剂移动慢，斑点不集中，效果也不理想。吸附剂的活性与其含水量有关，含水量越低，活性越高。化合物的吸附能力与分子极性有关，分子极性越强，吸附能力越大。

硅胶：常用的商品薄层色谱用的硅胶有以下几种。

硅胶 H——不含有黏合剂和其他添加剂的色谱用硅胶。

硅胶 G——含煅烧过的石膏（$CaSO_4 \cdot 1/2H_2O$）作黏合剂的色谱用硅胶。标记 G 代表石膏（gypsum）。

硅胶 HF_{254}——含荧光物质色谱用硅胶，可在 254nm 的紫外光下观察荧光。

硅胶 GF_{254}——含煅烧石膏、荧光物质的色谱用硅胶。

氧化铝：与硅胶相似，商品氧化铝也有 Al_2O_3-G，Al_2O_3-HF_{254}、Al_2O_3-GF_{254}。

(2) 铺层及活化

实验室常用 20cm×5cm、20cm×10cm、20cm×20cm 的玻璃板来作薄层色谱用载片。玻璃板厚约 2.5mm，如是新的玻璃板要预先水洗干净并干燥，如果是重新使用的玻璃板，要用洗涤剂和水洗涤，用 50% 甲醇溶液淋洗，让玻璃板完全干燥。取用时应让手指接触玻璃板的边缘，因为指印沾污载片的表面上将使吸附剂难于铺在玻璃板上。另外，硬质塑料膜也可作为载片。

铺层时制备的浆料要求均匀，不带团块，黏稠适当。为此，应将吸附剂慢慢地加至溶剂中，边加边搅拌。如果将溶剂加至吸附剂中常常会出现团块状。加料毕，剧烈搅拌。一般

1g 硅胶 G 需要 0.5%CMC 清液 3～4mL 或约 3mL 氯仿；1g 氧化铝 G 需要 0.5%CMC 清液约 2mL。不同性质的吸附剂用溶剂量有所不同，应根据实际情况予以增减。铺层的厚度为 0.25～1mm，厚度尽量均匀，否则，在展开时前沿不齐。

铺层的方法有多种。

第一种方法是平铺法，可用涂布器铺层（图 2-38）。将洗净的几块载片在涂布器中间摆好，上下两边各夹一块比前者厚 0.25～1mm 的玻璃片，将浆料倒入涂布器的槽中，然后将涂布器自左向右推去即可将浆料均匀铺于玻璃板上。若无涂布器，也可将浆料倒在左边的玻璃板上，然后用边缘光滑的不锈钢尺或玻璃片将浆料自左向右刮平，即得一定厚度的薄层。

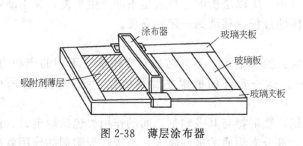

图 2-38　薄层涂布器　　　　图 2-39　载玻片浸渍涂浆

第二种方法是倾注法。将调好的浆料倒在玻璃板上，用手左右摇晃，使表面均匀光滑（必要时可于平台处让一端触台另一端轻轻跌落数次并互换位置），然后把薄层板放于已经校正水平面的平板上晾干。

第三种方法是浸涂法。将载玻片浸入盛有浆料的容器中，浆料高度约为载玻片长度的 5/6，使载玻片涂上一层均匀的吸附剂。具体操作时，在带有螺旋盖的瓶中盛满浆料〔1g 硅胶 G 需要氯仿 3mL，或需要 3mL 氯仿-乙醇混合物（体积比 2∶1），在不断搅拌下慢慢将硅胶加入氯仿中，盖紧，用力振摇，使之成均匀糊状〕，选取大小一致的载玻片紧贴在一起，两块同时浸涂（图 2-39）。因为浆料在放置时会沉积，故浸涂之前均应将其剧烈振摇。用拇指和食指捏住玻片上端缓慢地将载玻片浸入浆料中并取出，多余的浆料任其自动滴下，直至大部分溶剂已经蒸发后将两块分开，放在水平板上晾干。

若浆料太稠，涂层可能太厚，甚至不均匀。若浆料稀薄，则可能使涂层薄。若出现上述两种情况，需调整黏稠度。要掌握铺层技术，反复实践是必要的。

薄层板的活化温度，硅胶板于 105～110℃烘 30min，氧化铝板于 150～160℃烘 4h，可得Ⅲ～Ⅳ活性级的薄层，活化后的薄层放在干燥器内保存备用。

硅胶板的活性可以用二甲氨基偶氮苯、靛酚蓝和苏丹红三个染料的氯仿溶液，以己烷∶乙酸乙酯＝9∶1 为展开剂进行测定。

(3) 点样

在距离薄层长端 8～10mm 处，划一条线，作为起点线。用毛细管（内径小于 1mm）吸取样品溶液（一般以氯仿、丙酮、甲醇、乙醇、苯、乙醚或四氯化碳等作溶剂，配成 1%溶液），垂直地轻轻接触到薄层的起点线上。如溶液太稀，一次点样不够，第一次点样干后，再点第二次、第三次，多次点样时，每次点样都应点在同一圆心上。点的次数依样品溶液浓度而定，一般为 2～5 次。若样品量太少时，有的成分不易显出；若量太多时易造成斑点过大，互相交叉或拖尾，不能得到很好的分离。点样后的斑点直径以扩散成 1～2mm 圆点为度。若为多处点样时，则点样间距为1～1.5cm。

(4) 展开

薄层色谱的展开需在密闭的容器中进行。先将选择的展开剂放入展开缸中，使缸内的空气饱和几分钟，再将点好试样的薄层板放入展开。点样的位置必须在展开剂液面之上。当展开剂上升到薄层的前沿（离顶端5～10mm）或各组分已经明显分开时，取出薄层板放平晾干，用铅笔或小针划前沿的位置即可显色。

选择展开剂时，首先要考虑展开剂的极性以及对被分离化合物的溶解度。在同一种吸附剂薄层上，通常是展开剂的极性大，对化合物的洗脱能力也越大，R_f值也就大。

单一溶剂的极性强弱，一般可以根据介电常数的大小来判断，介电常数大则表示溶剂极性大。单一溶剂极性的递增顺序如下：

石油醚＜正己烷＜环己烷＜四氯化碳＜苯＜甲苯＜氯仿＜二氯甲烷＜乙醚＜乙酸乙酯＜吡啶＜异丙醇＜丙酮＜乙醇＜甲醇＜水

使用单一溶剂作为展开剂，溶剂组分简单，分离重现性好。而对于混合溶剂，二元、三元甚至多元展开剂，一般占比例较大的主要是起溶解和基本分离作用；占比例小的溶剂起调整、改善分离物的R_f值和对某些组分的选择作用。主要溶剂应选择不易形成氢键的溶剂，或选择极性比分离物低的溶剂，以避免R_f值过大。

多元展开剂首先要求溶剂互溶，被分离物应能溶解于其中。极性大的溶剂易洗脱化合物并使其在薄层上移动；极性小的溶剂降低极性大的溶剂的洗脱能力，使R_f值减小；中等极性的溶剂往往起着极性相差较大溶剂的互溶作用。有时在展开剂中加入少量酸、碱可以使某些极性物质的斑点集中，提高分离度。当需要在黏度较大的溶剂中展开时，则需要在其中加入降低展开剂黏度、加快展开速率的溶剂。在环己烷-丙酮-二乙胺-水（10∶5∶2∶5）的展开体系中，水的极性最大，环己烷最小。加入环己烷，是为了降低分离物的R_f值，丙酮则起着混溶和降低展开剂黏度的作用，比例最少的二乙胺是为了控制展开剂的pH，使分离的斑点不拖尾，分离清晰。

由实验确定某一被分离物需用混合溶剂为展开剂时，往往是选用一个极性强的溶剂和一个极性弱的溶剂并按不同比例调配。具体操作是：在非极性溶剂中加入少量极性溶剂，极性由弱到强，比例由小到大，以求得到适合的比例。

当样品中含有羰基时，在非极性溶剂中加入少量的丙酮；当样品中含有羟基时，于非极性溶剂中加入少量甲醇、乙醇等；当含有羧基酸性样品时，可加入少量的甲酸、乙酸；当含有氨基的碱性样品时，可加入少量六氢吡啶、二乙胺、氨水等。总之，加入的溶剂应与被测物的官能团相似。

表2-7为常见化合物的酸碱性与展开剂的关系，表2-8为某些化合物薄层色谱吸附剂和展开剂举例。

表2-7 常见化合物的酸碱性与展开剂关系

化合物酸碱性	展开剂体系
中性体系	(1)氯仿-甲醇(100∶1、10∶1或2∶1) (2)乙醚-正己烷(1∶1) (3)乙醚-丙酮(1∶1) (4)乙酸乙酯-正己烷(1∶1) (5)乙酸乙酯-异丙醇(3∶1)
酸性体系	氯仿-甲醇-乙酸(100∶10∶1)
碱性体系	氯仿-甲醇-浓氨水(100∶10∶1)

表 2-8　某些化合物薄层色谱吸附剂和展开剂举例

化合物	吸附剂	展开剂
生物碱	硅胶	苯-乙醇(9∶1) 氯仿-丙酮-二乙胺(5∶4∶1)
	氧化铝	氯仿(乙醇)(环己烷)-氯仿(3∶7),加 0.05％二乙胺
胺	硅胶	乙醇(95％)-氨水(25％)(4∶1)
	氧化铝	丙酮-庚烷(1∶1)
羧酸	硅胶	苯-甲醇-乙酸(45∶8∶8)
酯	硅胶 G	石油醚-乙醚-醋酸(90∶10∶1)
	氧化铝	石油醚-乙醚(95∶5)
酚	硅胶(草酸处理)	己烷-乙酸乙酯(4∶1 或 3∶2)
	氧化铝(乙酸处理)	苯
氨基酸	硅胶 G	正丁醇-乙酸-水(4∶1∶1 或 3∶1∶1)
	氧化铝	正丁醇-乙酸-水(3∶1∶1) 吡啶-水(1∶1)
多环芳烃	氧化铝	四氯化碳
多肽	硅胶 G	氯仿-甲醇或丙酮(9∶1)

(5) 显色

被分离物质如果是有色组分，展开后薄层板上即呈现出有色斑点。如果化合物本身无色，则可在紫外灯下观察有无荧光斑点，或是用碘蒸气熏的方法来显色。商品硅胶 GF_{254} 是在硅胶 G 中加入 0.5％的荧光粉；硅胶 HF_{254} 是硅胶 H 中加入了 0.5％的硅酸锌锰。这样的荧光薄层在紫外灯下，薄层本身显荧光，样品斑点成暗点。如果样品本身具有荧光，经层析后可直接在紫外灯下观察斑点位置。使用一般吸附剂，在样品本身无色的情况下需使用显色剂。

以下列出几种通用性的显色剂。

① 碘　0.5％的碘的氯仿溶液：热溶液喷雾在薄板上，当过量碘挥发后，再喷 1％的淀粉溶液，出现蓝色斑点。

碘蒸气：将少量碘结晶放入密闭容器中，容器内为碘蒸气饱和，将薄板放入容器后几分钟即显色，大多数化合物呈黄棕色。

② 硫酸　浓硫酸与甲醇等体积小心混合后冷却备用。

15％浓硫酸正丁醇溶液。

5％浓硫酸乙酸酐溶液。

5％浓硫酸乙醇溶液。

浓硫酸与乙酸等体积混合。

使用以上任一硫酸试液喷雾后，空气干燥 15min，于 110℃加热显色，大多数化合物炭化呈黑色，胆甾醇及其脂类有特殊颜色。

③ 紫外灯显色　如果样品本身是发荧光的物质，可以把薄板放在紫外灯下，在暗处可以观察到这些荧光物质的亮点。如果样品本身不发荧光，可以在制板时，在吸附剂中加入适量的荧光指示剂，或者在制好的板上喷荧光指示剂。板展开干燥后，把板放在紫外灯下观察，除化合物吸收了紫外光的地方呈现黑色斑点外，其余地方都是亮的。

(6) 比移值（R_f 值）

比移值是表示物质移动的相对距离（图 2-40）。它可以按下式计算：

$$R_f = \frac{a}{b}$$

式中 a——溶质的最高浓度中心至样点中心的距离；

b——溶剂前沿至样点中心的距离。

良好的分离，R_f 值应该在 0.15～0.75 之间，否则应该调换展开剂重新展开。

2.2.10.2 纸色谱法

纸色谱法是以滤纸作为载体，让样品溶液在纸上展开达到分离的目的。

纸色谱法的原理比较复杂，主要是分配过程，纸色谱的溶剂是由有机溶剂和水组成的，当有机溶剂和水部分溶解时，即有两种可能，一相是以水饱和的有机溶剂相，一相是以有机溶剂饱和的水相。纸色谱用滤纸作为载体，因为纤维和水有较大的亲和力，对有机溶剂则较差。水相为固定相，有机相（被水饱和）为流动相，称为展开剂，展开剂如常用的丁醇-水，这是指用水饱和的丁醇。再比如正丁醇∶醋

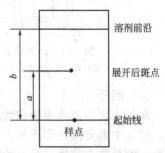

图 2-40 色谱图中斑点位置的鉴定

酸∶水（4∶1∶5），按它们的比例用量，放在分液漏斗中，充分振荡后，放置，待分层后，取上层正丁醇溶液作为展开剂。在滤纸的一定部位点上样品，当有机相沿滤纸流动经过原点时，即在滤纸上的水与流动相间连续发生多次分配，结果在流动相中具有较大溶解度的物质随溶剂移动的速度较快，而在水中溶解度较大的物质随溶剂移动的速度较慢，这样便可把混合物分开。

与薄层色谱法一样，通常用比移值（R_f）表示物质移动的相对距离。

$$R_f = \frac{溶质移动的距离}{溶剂移动的距离}$$

各种物质的 R_f 随着要分离化合物的结构、滤纸的种类、溶剂、温度等不同而异。但在上述条件固定的情况下，R_f 对每一种化合物来说是一个特定数值。所以纸上色谱是一种简便的微量分析方法，它可以用来鉴定不同的化合物，还用于物质的分离及定量测定。

因为许多化合物是无色的，层析后，需要在纸上喷某种显色剂，使化合物显色以确定移动距离。不同物质所用的显色剂是不同的，如氨基酸用茚三酮，生物碱用碘蒸气，有机酸用溴酚蓝等。除用化学方法外，也有用物理方法或生物方法来检定。

滤纸的质量应厚薄均匀，能吸附一定量的水，可用新华Ⅰ号，切成纸条，大小可以自由选择，一般为 3cm×20cm，5cm×30cm，8cm×50cm 等。

纸上色谱必须在密闭的色谱缸中展开，见图 2-41。

(1) 点样

在滤纸的一端 2～3cm 处用铅笔按图划上记号，必须注意，整个过程不得用手接触到滤纸中部，因为皮肤表面沾着的脏物碰到滤纸时会出现错误的斑点，用直尺将滤纸条对折成图示形状，剪好悬挂该纸条用的小孔。

将样品溶于适当的溶剂中，用毛细管吸取样品溶液于起点线的×处，点的直径不超过 0.5cm，然后剪去纸条上下手持的部分（图 2-42）。

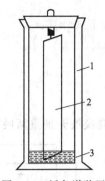

图 2-41 纸色谱装置
1—层析缸；2—滤纸；3—展开剂

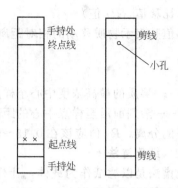

图 2-42 纸色谱滤纸条点样

(2) 展开

用带小钩的玻璃棒钩住滤纸，使滤纸条下端浸入展开剂中约 1cm，展开剂即在滤纸上上升，样品中组分随之而展开，待展开剂上升至终点线时，取出纸条，挂在玻璃棒上，晾干，显色，测量斑点前缘与起点的距离，求出比移值。

2.2.10.3 柱色谱法

柱色谱法是化合物在液相和固相之间的分配。属于固-液吸附色谱层析。图 2-43 就是一般柱色谱装置，柱内装有"活性"固体（固定相），如氧化铝或硅胶等。液体样品从柱顶加入，流经吸附柱时，即被吸附在柱的上端，然后从柱顶加入洗脱溶剂冲洗，由于各组分吸附能力不同，以不同速度沿柱下移，形成若干色带，如图 2-43 所示。再用溶剂洗脱，吸附能力最弱的组分随溶剂首先流出，分别收集各组分，再逐个鉴定。若各组分是有色物质，则在柱上可以直接看到色带，若是无色物质，可用紫外光照射，有些物质呈现荧光，可作检查。所以，柱色谱主要用于分离。

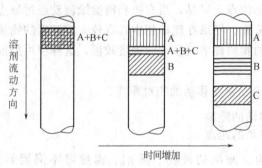

图 2-43 色层的展开

(1) 吸附剂

常用的吸附剂有氧化铝、硅胶、氧化镁、碳酸钙和活性炭等。选择吸附剂的首要条件是与被吸附物及展开剂均无化学作用。吸附能力与颗粒大小有关，颗粒太粗，流速快，分离效果不好，太细则流速慢。色谱用的氧化铝可分酸性、中性和碱性三种。酸性氧化铝是用 1% 盐酸浸泡后，用蒸馏水洗至悬浮液 pH 为 4～4.5，用于分离酸性物质；中性氧化铝 pH 为 7.5，用于分离中性物质，应用最广；碱性氧化铝 pH 为 9～10，用于分离生物碱、碳氢化合物等。

吸附剂的活性与其含水量有关，含水量越低，活性越高，氧化铝的活性分五级，其含水量分别为 0,3,6,10,15。将氧化铝放在高温炉（350～400℃）烘 3h，得无水物。加入不同量水分，得不同程度活性氧化物。一般常用为Ⅱ～Ⅲ级。硅胶可用上法处理。

化合物的吸附能力与分子极性有关，分子极性越强，吸附能力越大，分子中所含极性较大的基团，其吸附能力也较强。具有下列极性基团的化合物，其吸附能力按下列排列次序递增。

Cl—，Br—，I—$<$C=C$<$—OCH$_3$$<$—CO$_2R<$C=O$<$—CHO$<$—SH$<$—NH$_2$$<$—OH$<$—CO$_2$H

(2) 溶剂

吸附剂的吸附能力与吸附剂和溶剂的性质有关，选择溶剂时还应考虑到被分离物各组分的极性和溶解度。非极性化合物用非极性溶剂。先将分离样品溶于非极性溶剂中，从柱顶流入柱中，然后用稍有极性的溶剂使谱带显色，再用极性更大的溶剂洗脱被吸附的物质。为了提高溶剂的洗脱能力，也可用混合溶剂洗提。溶剂的洗脱能力按下列次序递增：己烷＜环己烷＜甲苯＜二氯甲烷＜氯仿＜环己烷-乙酸乙酯（80∶20）＜二氯甲烷-乙醚（80∶20）＜二氯甲烷-乙醚（60∶40）＜环己烷-乙酸乙酯（20∶80）＜乙醚＜乙醚-甲醇（99∶1）＜乙酸乙酯＜四氢呋喃＜丙酮＜正丙醇＜乙醇＜甲醇＜水。

经洗脱除的溶液，可利用上述的纸色谱及薄层色谱法进一步检定各部分的成分。

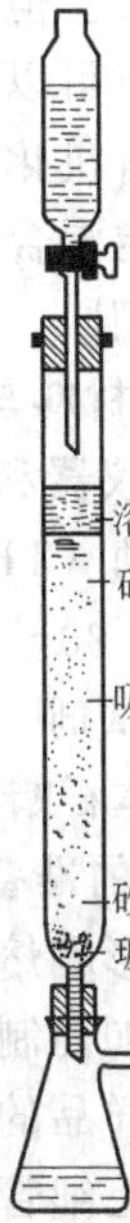

(3) 装柱

柱色谱的装置见图2-44。色谱柱的大小，视处理量而定，柱的长度与直径之比，一般为7.5∶1。先将玻璃管洗净干燥，柱底铺一层玻璃棉或脱脂棉，再铺一层约5mm厚的砂子，然后将氧化铝装入管内，必须装填均匀，严格排除空气。装填方法有湿法和干法两种。湿法是先将溶剂装入管内，再将氧化铝和溶剂调成糊状，慢慢倒入管中，将管子下端活塞打开使溶剂流出，吸附剂渐渐下沉，加完氧化铝后，继续让溶剂流出，至氧化铝沉淀不变为止；干法是在管的上端放一漏斗，将氧化铝均匀装入管内，轻敲玻管，使之填装均匀，然后加入溶剂，至氧化铝全部润湿，氧化铝的高度为管长的3/4。氧化铝顶部盖一层约5mm厚的砂子。敲打柱子，使氧化铝顶端和砂子上层保持水平。先用纯溶剂洗柱，再将要分离的物质加入，溶液流经柱后，流速保持1~2滴/s，可由柱下的活塞控制。最后用溶剂洗脱，整个过程都应有溶剂覆盖吸附剂。

图2-44 柱色谱装置

2.3 常用分析测试手段

2.3.1 熔点的测定

实验 2-1 熔点的测定

熔点是固体有机化合物非常重要的物理常数之一。通过测定晶体物质的熔点可以对有机化合物进行定性鉴定或判断其纯度。而且也可采用混合熔点法来鉴定某种新制备的化合物。测定熔点的方法比较多，本章重点介绍毛细管熔点测定法。通过本实验的学习，可以使学生学会使用提勒管测定固体有机化合物的熔点，从而掌握测量有机化合物熔点的一个快捷方法。

【实验提要】

通常晶体物质加热到一定温度时，就从固态变为液态，此时的温度可视为该物质的熔点。严格地讲，物质的熔点定义是指该物质固液两态在标准气体压强（即1.01325×10^5Pa）下达到平衡（即固态与液态蒸气压相等）时的温度。在测定固体有机化合物的熔点时，通常是一个温度范围，即从开始熔化（始熔）至完全熔化（全熔）时的温度变动，该范围称为熔程或熔距。每一种晶体物质都有自己独特的晶形结构和分子间力，要熔化它，需要提供一定的热能。所以，每一种晶体物质都有自己特定的熔点。纯化合物晶体熔程很小，一般为

0.5~1℃。但是，当含有少量杂质时，熔点一般会下降，熔程增大。因此，通过测定晶体物质的熔点可以对有机化合物进行定性鉴定或判断其纯度。

在有机化合物的分析和研究工作中，鉴定一种新制备的化合物是否为已知的化合物，常采用测定混合熔点法来鉴别。如果两种有机物不同，通常熔点会下降，熔程扩大；如果两种有机物相同，则熔点一般不变。

【仪器、材料与试剂】

1. 仪器和材料

提勒（Thiele）管，6~8cm毛细管（ϕ0.6~1.2mm）10根，200℃温度计，酒精灯，表面皿，30~50cm玻璃管（ϕ8mm），橡皮圈，铁架台。

2. 试剂

液体石蜡，尿素（A.R.），苯甲酸（A.R.），尿素与苯甲酸混合物，未知样品。

【实验前的准备】

1. 影响熔点测定结果的因素有哪些？
2. 如何制备毛细管？
3. 样品的装填操作时应该注意哪些方面？
4. 毛细管绑在温度计上时有哪些注意事项？
5. 温度计的水银球在提勒管的什么位置？
6. 加热时有哪些要求？

【实验内容】

1. 毛细管熔点测定法——提勒管法

（1）毛细管封口

毛细管的外径一般为0.6~1.2mm，长约6~8cm。实验中将毛细管一端放在酒精灯火焰边缘，慢慢转动加热，毛细管因玻璃熔融而封口。操作时转速要均匀，使封口严密且厚薄均匀，要避免毛细管烧弯或熔化成小球。

（2）样品的填装

将少量研细的样品置于干净的纸片上，聚成小堆，将毛细管开口的一端插入其中，使样品挤入毛细管中。将毛细管开口端朝上投入准备好的玻璃管（竖直放在倒扣的洁净的表面皿上）中，让毛细管自由落下，样品因毛细管上下弹跳而被压入毛细管底（图2-45）。重复几次，把样品填装均匀、密实，使装入的样品高度为2~3mm。

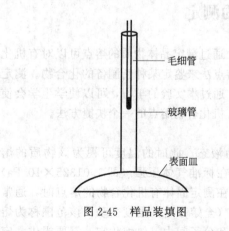

图2-45 样品装填图

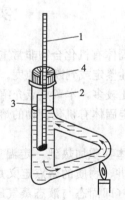

图2-46 提勒管测定熔点装置

1—温度计；2—提勒管；
3—毛细管；4—缺口软木塞

(3) 仪器装置

毛细管法测定熔点最常用的仪器是提勒管,如图2-46所示。将其固定在铁架台上,倒入导热油,使液面位于提勒管的叉管处,管口处安装插有温度计的开槽塞子,毛细管通过导热油黏附或用橡皮圈套在温度计上(注意橡皮圈应在导热油液面之上),使试样位于水银球的中部,然后调节温度计位置,刻度暴露于塞子缺口,同时使水银球位于提勒管上下支管口中间,因为此处对流循环好,温度均匀。

(4) 熔点测定

装置安装完毕,用酒精灯在提勒管支管下端加热,使浴液进行热循环,保证温度计受热均匀。开始加热时控制温度每分钟上升5℃左右。待温度上升到距熔点15℃左右时,调节灯焰使加热速度控制在每分钟上升1℃左右,并仔细观察毛细管中样品的熔化情况。当样品开始塌陷时,表示开始熔化(此时可将灯焰稍移开一些),此时温度为初熔温度 $T_初$;当样品呈透明溶液时,表示完全熔化,此时温度为全熔温度 $T_全$。记下初熔和全熔时的温度,即为该样品的熔点 $T_初 \sim T_全$。

每种样品至少要测两次。测定已知物熔点时,一般测两次,两次测定误差不能大于±1℃。测定未知物时,需测三次,一次粗测,两次精测,两次精测的误差也不能大于±1℃。

另外使用的温度计需经过校正。

(5) 混合熔点的测定

一般是把待测物质与已知熔点的纯物质按一定比例(1:1、1:9、9:1)混合均匀,按上述方法测定其熔点,如果测得的熔点与已知物的相同,一般认为两者是同一种化合物。

(6) 实验数据测定

测定尿素(A.R.)、苯甲酸(A.R.)、尿素与苯甲酸的混合物及未知物的熔点。实验数据按表2-9记录。

表2-9 实验数据的记录

编号	已知样品		未知样品	
	$T_初$	$T_全$	$T_初$	$T_全$
1				
2				
3				
熔程				

2. 其他熔点测定方法

实验中常用的测定熔点的方法还有以下几种。

(1) 显微熔点测定仪

显微熔点测定仪(图2-47)测熔点的优点是可测微量样品的熔点,也可测高熔点的样品,又可细致观察样品在加热过程中的变化情况。

(2) 数字熔点仪

数字熔点仪(图2-48)采用光电检测、数字温度显示等技术,具有初熔、全熔自动显示,可与记录仪配合使用,具有熔化曲线自动绘制等功能。

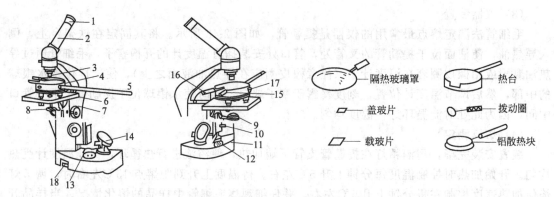

图 2-47 X型显微熔点测定仪示意图

1—目镜；2—棱镜检偏部件；3—物镜；4—热台；5—温度计；6—载热台；7—镜身；8—起偏振件；
9—粗动手轮；10—止紧螺钉；11—底座；12—波段开关；13—电位器旋钮；
14—反光镜；15—波动圈；16—上隔热玻璃；17—地线柱；18—电压表

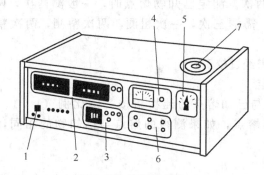

图 2-48 数字熔点仪

1—电源开关；2—温度显示单元；3—起始温度设定单元；4—调零单元；5—速率选择单元；
6—线性升降控制单元；7—毛细管插口

【思考与讨论】

1. 影响熔点测定的因素有哪些？

2. 有A，B和C三种样品，其熔点都是148～149℃，用什么方法可判断它们是否为同一物质？

【注意事项】

1. 常用导热油有液体石蜡、甘油、硫酸和硅油等，往往根据待测物的熔点而定。注意在倒入导热油前提勒管一定要干燥。

2. 导热油不宜加得太多，因其受热后要膨胀，以防止导热油逸出引起火灾。

3. 常见的有机化合物的熔点见表 2-10。

表 2-10 一些有机化合物的熔点

样品名称	熔点/℃	样品名称	熔点/℃
对二氯苯	53.1	水杨酸	159
对二硝基苯	174	苯甲酸	122.4
间二硝基苯	90	马尿酸	188～189
邻苯二酚	105	蒽	216.2～216.4
对苯二酚	173～174	尿素	132
乙酰苯胺	114	萘	80.5

2.3.2 沸点的测定

实验 2-2　沸点的测定

沸点是液体化合物重要的物理常数之一。在分离和纯化过程中，具有很重要的意义。测定沸点的方法比较多，本章重点介绍蒸馏法。通过本实验的学习，可以使学生了解沸点测定的意义，以及掌握蒸馏装置的组装和基本操作方法。

【实验提要】

当液体的蒸气压增大到与环境施于液面的压强（通常是一标准大气压）相等时，就有大量气泡从液体内部逸出，即液体沸腾，这时的温度称为该环境压强下的沸点。一般来说，压力越小，其沸点就越低，压力大则沸点高。

而所谓蒸馏就是将液态物质加热到沸腾变为蒸气，再将蒸气冷凝为液体这两个过程的联合操作。在常压下进行的蒸馏称为常压蒸馏。

蒸馏可把挥发性液体与不挥发性的物质分离，也可分离两种或两种以上沸点相差较大（>30℃）的液体混合物。所以蒸馏是分离和提纯液体有机化合物最常用也是最重要的方法之一。在一定压强下纯液体化合物都有一定的沸点，沸点距（蒸馏过程中沸点的变动范围）一般为 0.5~1℃，而混合物的沸点距较长，因此蒸馏也可作为鉴定液体有机化合物纯度的一种方法。但也应注意，具有固定沸点的液体，有时不一定是纯化合物，因为某些有机化合物可以与其他物质形成二元或三元共沸混合物。

在同一温度下，不同物质具有不同的蒸气压，低沸物蒸气压大，高沸物蒸气压小。当两种物质混在一起加热至沸时，蒸气的组成与液体的组成不同，蒸气中低沸物含量比原混合液体中高，而高沸物则相反。蒸馏就是通过液体部分气化、蒸气再冷凝的过程来达到分离和纯化的目的。

蒸馏可用来测定沸点，用蒸馏法来测定沸点叫常量法，此法样品用量较大，要 10mL 以上。如果样品不多时，可采用微量法。本实验介绍蒸馏法测沸点。

【仪器、材料与试剂】

1. 仪器和材料

50mL 圆底烧瓶，直形冷凝管，螺口接头，接引管，250mL 锥形瓶，150℃ 温度计，50mL 量筒，蒸馏头。

2. 试剂

无水乙醇（A.R.），蒸馏水。

【实验前的准备】

1. 用蒸馏法测定沸点有什么注意事项？
2. 蒸馏的装置应该如何组装？
3. 如果蒸馏出的物质易受潮分解、易挥发、易燃或有毒，应该分别采取什么办法？
4. 在蒸馏操作中，沸石起到什么作用？为什么必须在加热前添加？
5. 用蒸馏法测定沸点，如何确定其沸点？

【实验内容】

1. 常量法测沸点

（1）蒸馏装置

蒸馏装置主要包括蒸馏烧瓶、冷凝管和接受器三部分。常用蒸馏装置如图 2-49 所示。

图 2-49(a) 是最常用的普通蒸馏装置，气化部分是由圆底烧瓶、蒸馏头和温度计组成。圆底烧瓶是蒸馏最常用的容器。它与蒸馏头的组合习惯上称为蒸馏烧瓶。通常蒸馏液体占所选用烧瓶容积的 1/3～2/3 为宜。如果装入的液体量过多，当加热到沸腾时，液体可能冲出，或者液体飞沫被蒸气带出，混入馏出液中；如果装入的液体量太少，在蒸馏结束时，相对地会有较多的液体残留在瓶内蒸不出来。所选用温度计通过磨口螺口接头或橡皮塞，固定在蒸馏头的上口。温度计水银球上端应与蒸馏头侧管的下限在同一水平线上。蒸气通过直形冷凝管冷凝。而冷凝水应从夹层的下口进入，上口流出，以保证冷凝夹层中充满水以及蒸气的逐步冷却。若蒸馏液体沸点高于 140℃，应该换空气冷凝管〔如图 2-49(b)〕。冷凝液是通过接引管和接受瓶收集，当用不带支管的接引管时，接引管与接受瓶之间不能紧密塞住，否则成为密闭系统，可导致爆炸。图 2-49(c) 是简单蒸馏装置，可用于边反应边蒸馏，从反应混合物中蒸出挥发性物质。

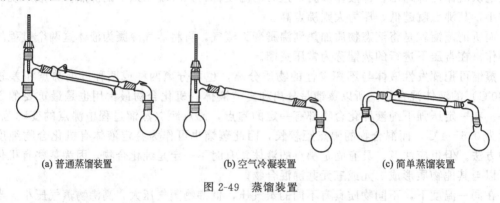

(a) 普通蒸馏装置　　(b) 空气冷凝装置　　(c) 简单蒸馏装置

图 2-49　蒸馏装置

(2) 蒸馏装置的安装

把温度计插入螺口接头中，螺口接头装配到蒸馏头上磨口。调整温度计的位置，务使在蒸馏时它的水银球能完全为蒸气所包围。这样才能正确地测量出蒸气的温度。通常水银球的上端应恰好与蒸馏头支管的底边所在的水平线相切（见图 2-50）。在铁架台上，首先用铁夹夹住蒸馏烧瓶的瓶颈上端（夹子要贴上橡皮或缠上石棉条），根据热源及铁圈的高度，把蒸馏瓶固定在铁架台上，装上蒸馏头和温度计；然后装上冷凝管，使冷凝管的中心线和蒸馏烧瓶上蒸馏头支管的中心线成一直线，移动冷凝管，使其与蒸馏头支管紧密相连；再依次接上接引管和接受器（本实验采用锥形瓶）。安装蒸馏装置的顺序一般先从热源处开始，自下而上，由左向右。整个装置要求准确、端正，

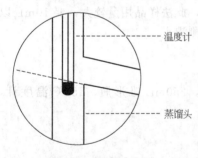

图 2-50　温度计位置

从侧面观察整套仪器的轴线都要在同一平面内。所有的铁夹和铁架都应整齐地放在仪器背面。

(3) 蒸馏操作

把待蒸馏的液体通过漏斗加入蒸馏烧瓶中，然后加入 2～3 粒沸石。按普通蒸馏装置安装，接通冷凝水。开始时小火加热，然后调整火焰，使温度慢慢上升，注意观察液体的气化情况。当蒸气回流的界面升到温度计水银球部位时，温度计汞柱开始急剧上升，此时更应控制温度，使温度计水银球上总附有蒸气冷凝的液滴，以保持气液两相平衡，这时的温度正是馏出液的沸点。蒸馏速率控制在 1～2 滴/s，记下第一滴馏出液滴入接受器时的温度和液体快蒸完时（剩 2～3mL）的温度，前后两次温度范围称为待测液体的沸程。通常将所观察到

的沸程视为该物质的沸点。如果不再有馏出液蒸出，就应停止蒸馏，即使杂质量很少，也不能蒸干。否则，容易发生意外事故。

蒸馏完毕，先停火，再停止通水，最后拆卸仪器。拆卸仪器的程序和安装时相反，即顺次取下接受器、接液管、冷凝管和蒸馏烧瓶。

(4) 沸点的测定

分别测定无水乙醇和蒸馏水的沸点三次。并将实验数据记录在表 2-11 中。

表 2-11 沸点实验数据记录（℃）

序号	无水乙醇	蒸馏水
1		
2		
3		

2. 微量法测定沸点

微量法测定沸点可用图 2-51 所示的装置。取一根直径为 3~4mm、长 7~8cm 的毛细管，用小火封闭其一端，作为沸点管的外管，向其中加入 1~2 滴待测定样品，使液柱高约 1cm。再向该外管中放入一根长 8~9cm，直径约 1mm 上端封闭的毛细管（内管），然后将沸点管用橡皮圈固定于温度计水银球旁，放入热浴中加热。由于气体膨胀，内管中会有断断续续的小气泡冒出，达到样品的沸点时，将出现一连串的小气泡，此时应停止加热，使浴液温度自行下降，气泡逸出的速度即渐渐减慢。在最后一个气泡刚欲缩回至内管中的瞬间，表示毛细管内的蒸气压与外界压力相等，此时的温度即为该液体的沸点。为校正起见，待温度下降几度后再非常缓慢地加热，记下刚出现气泡时的温度。两次温度计读数不应超过 1℃。

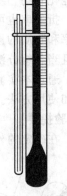

图 2-51 微量法测沸点装置

【思考与讨论】

1. 在进行蒸馏操作时应注意什么问题？
2. 蒸馏时，温度计位置过高或过低对沸点的测定有何影响？
3. 蒸馏开始后，如果忘记加沸石，应如何正确处理？
4. 如果猛烈加热，测定的沸点会不会偏高？为什么？

【注意事项】

1. 某些有机化合物与其他物质按一定比例组成混合物，它们的液体组分与饱和蒸气的成分一样，这种混合物称为共沸混合物或恒沸物，恒沸物的沸点低于或高于混合物中任何一个组分的沸点，这种沸点称为共沸点。例如，乙醇-水的共沸组成为乙醇 95.6%（体积分数）、水 4.4%，共沸点 78.17℃；甲醛-水的共沸组成是甲醛 22.6%（体积分数）、水 74.4%，共沸点为 107.3℃。共沸混合物不能用蒸馏法分离。

2. 蒸馏液体沸点在 140℃ 以上时，若用水冷凝管冷凝，在冷凝管接头处容易炸裂，故应该用空气冷凝管。蒸馏低沸点易燃、易吸潮的液体时，在接引管的支管处连一干燥管，再从后者出口处接一根胶管通入水槽或室外。当室温较高时，可将接受器放在冰水浴中冷却。

3. 沸石是一些小的碎瓷片、毛细管或玻璃沸石等多孔性物质。在液体沸腾时，沸石内的空气可以起到气化中心的作用，使液体平稳沸腾，防止液体暴沸。如果忘记加沸石，一定要等液体稍冷后补加，否则可能引起暴沸。

4. 常用的溶剂及其沸点列于表 2-12。

表 2-12 常用溶剂的沸点

溶 剂	沸点/℃	溶 剂	沸点/℃	溶 剂	沸点/℃
水	100	乙酸乙酯	77	氯仿	61.7
甲醇	65	冰乙酸	118	四氯化碳	76.5
乙醇	78	二硫化碳	46.5	苯	80
乙醚	34.5	丙酮	56	粗汽油	90.5

2.3.3 折射率的测定

实验 2-3 折射率的测定

折射率是物质的特性常数，固体、液体和气体都有折射率。对于液体有机化合物，折射率是重要的物理常数之一，是有机化合物纯度的标志，也用于鉴定未知有机物。如果一个化合物是纯的，那么就可以根据所测得的折射率与已知化合物的折射率相比较，排除考虑中的其他化合物，从而确定和鉴定出该未知有机物。

折射率也可用于确定液体混合物的组成。当各组分结构相似和极性较小时，混合物的折射率和物质的量（摩尔）组成之间常成简单的线性关系，因此，在蒸馏两种以上的液体混合物且当各组分沸点彼此接近时，就可以利用折射率来确定馏分的组成。

通过本实验的学习，可以使学生了解测定折射率的原理，以及掌握阿贝折光仪的基本构造和使用方法。

【实验提要】

在确定的外界条件（温度、压力）下，光线从一种透明介质进入另一种透明介质时，由于光在两种不同透明介质中的传播速度不同，光的传播方向（除非光线与两介质的界面垂直）也会改变，这种现象称为光的折射现象。根据折射定律，折射率是光线入射角的正弦与折射角的正弦之比，即：

$$n = \frac{\sin\alpha}{\sin\beta}$$

当光由介质 A 进入介质 B 时，如果介质 A 对于介质 B 是光疏物质，则折射角 β 必小于入射角 α，当入射角为 90°时，$\sin\alpha = 1$，这时折射角达到最大，称为临界角，用 β_0 表示。很明显，在一定条件下，β_0 也是一个常数，它与折射率的关系是：

$$n_D = \frac{1}{\sin\beta_0}$$

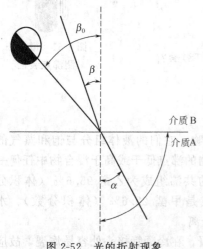

图 2-52 光的折射现象

可见，测定临界角 β_0，就可以得到折射率，这就是阿贝折光仪的基本光学原理，如图 2-52 所示。

为了测定 β_0 值，阿贝折光仪采用了"半暗半明"的方法，就是让单色光由 0°～90°的所有角度从介质 A 射入介质 B，这时介质 B 中临界角以内的整个区域均有光线通过，因此是明亮的，而临界角以外的全部区域没有光线通过，因此是暗的，明暗两区界线十分清楚。如果在介质 B 的上方用一目镜观察，就可以看见一个界线十分清楚的半明半暗视场。

因各种液体的折射率不同，要调节入射角始终为 90°，在操作时只需旋转棱镜转动手轮即可。从刻度盘上可直接读出折射率。

【仪器、材料与试剂】

1. 仪器和材料

阿贝（Abbe）折光仪；恒温槽；乳胶管；温度计。

2. 试剂

乙酸乙酯（A.R.），丙酮（A.R.）。

【实验前的准备】

1. 阿贝折光仪测定折射率的原理是什么？
2. 用阿贝折光仪测定折射率时有什么注意事项？
3. 在测定过程中如何使用上下棱镜？
4. 在实验前如何校正折光仪？

【实验内容】

1. 折光仪的使用方法

（1）阿贝折光仪的结构

如图 2-53 所示。

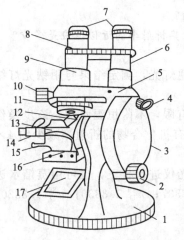

1—底座；
2—棱镜转动手轮；
3—圆盘组（内有刻度盘）；
4—小反射镜（调读数盘亮度）；
5—支架；
6—读数镜筒；
7—目镜；
8—望远镜筒；
9—物镜调整螺旋；
10—色散棱镜手轮；
11—色散值刻度圈；
12—折射棱镜锁紧扳手；
13—折射棱镜组；
14—温度计座；
15—恒温器接头；
16—主轴；
17—反射镜

图 2-53 阿贝折光仪的结构

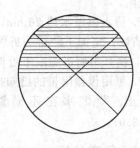

图 2-54 折光仪在临界角时的目镜视野图

（2）阿贝折光仪的操作方法

① 将折光仪置于靠近窗户的桌子上或普通照明灯前，但不能曝于直照的日光中。

② 用乳胶管把测量棱镜和辅助棱镜上保温套的进出水口与恒温槽串接起来，装上温度计，恒温温度以折光仪上温度计读数为准。

③ 旋开棱镜锁紧扳手，开启辅助棱镜，用镜头纸蘸少量丙酮或乙醚轻轻擦洗上下镜面，风干。滴加数滴待测液于毛镜面上，迅速闭合辅助棱镜，旋紧棱镜锁紧扳手。若试样易挥发，则从加液槽中加入被测试样。

④ 调节反射镜，使入射光进入棱镜组，调节测量目镜，从测量望远镜中观察，使视场最亮、最清晰。旋转棱镜转动手轮，使刻度盘标尺的示值最小。

⑤ 旋转棱镜转动手轮，使刻度盘标尺上的示值逐渐增大，直至观察到视场中出现彩色

光带或黑白临界线为止。

⑥ 旋转色散棱镜手轮，使视场中呈现一清晰的明暗临界线。若临界线不在叉形准线交点上，则同时旋转棱镜转动手轮，使临界线明暗清晰且位于叉形准线交点上，如图 2-54 所示。

⑦ 记下刻度盘数值即为待测物质折射率。重复 2~3 次，取其平均值。并记下阿贝折光仪温度计的读数作为被测液体的温度。

⑧ 按操作③擦洗上下镜面，并用干净软布擦净折光仪，妥善复原。

2. 测定折射率

按上述操作步骤测定折射率，并将数据填入表 2-13。

表 2-13 折射率实验数据记录

序号	乙酸乙酯	丙酮
1		
2		
3		

【思考与讨论】

1. 测定有机化合物折射率的意义是什么？
2. 每次测定样品的折射率前后为什么要擦洗上下棱镜面？
3. 假定测得松节油的折射率为 $n_D^{30}=1.4710$，在 25℃时其折射率的近似值应是多少？

【注意事项】

1. 阿贝折光仪有消色散装置，故可直接使用日光或普通灯光，测定结果与用钠光灯结果一样。
2. 通入恒温水约 20min，温度才能恒定，若实验时间有限，不附恒温水槽，该步操作可以省略。室温下测得的折射率可根据温度每增加 1℃液体有机化合物的折射率减少约 4×10^{-4}，换算出所需温度下近似的折射率。
3. 可用仪器附带的已知折射率的校正玻璃片对阿贝折光仪进行校正，也可用蒸馏水进行校正。蒸馏水在不同温度下的折射率为：n_D^{10} 1.3337；n_D^{20} 1.3330；n_D^{30} 1.3320；n_D^{40} 1.3307。

2.3.4 色谱分析

色谱法是一种分离技术，是多组分混合物的分离和鉴定化合物的一种有效方法。它有许多类型，从不同角度出发，可有不同分类方法，如可按流动相的物态、固定相使用的形式和按分离过程的机制来分类。若按流动相的物态来分，用气体作流动相的称为气相色谱法，用液体作流动相的称为液相色谱法。有机化学实验中主要介绍气相色谱法，其原理见无机化学实验。

实验 2-4　乙酸乙酯含量的测定

乙酸乙酯是由乙酸和乙醇在催化剂存在下酯化而制得的，生产上经常采用气相色谱法测定乙酸乙酯的含量。通过本实验，要求学生在掌握乙酸乙酯制备的基础上，掌握气相色谱分析的基本操作，保留时间法定性及用修正面积归一法测定乙酸乙酯含量，进而计算出乙酸乙酯的产率。

【实验提要】

乙酸乙酯中常含有水、乙醇及其他酯类杂质组分。采用聚己二酸乙二醇酯作固定液，401有机担体作载体，用热导检测器，在适当的色谱条件下，各组分都能流出色谱柱而出峰，且分离良好（见图2-55）。可以采用修正面积归一法测定样品中各组分含量。

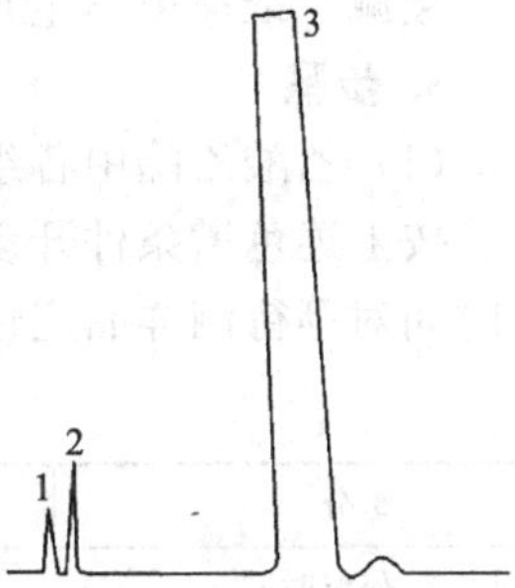

$$C_i = \frac{f_i A_i}{\sum f_i A_i} \times 100\%$$

图2-55 乙酸乙酯色谱图
1—水；2—乙醇；3—乙酸乙酯

式中 C_i——组分质量百分含量；
f_i——相应组分相对质量校正因子；
A_i——相应组分色谱峰面积。

此方法简便、准确，进样量、操作条件的变动对结果影响亦较小。但若试样中组分不能全部出峰，或分离较差，则不能采用该方法。

本实验中，只对水和乙醇响应值进行修正。其他酯类杂质属乙酸乙酯同系物，与乙酸乙酯含碳数相差不大，响应值接近，为简单计算，其响应因子可看作与乙酸乙酯相同。乙酸乙酯中各组分校正因子见表2-14。

表2-14 乙酸乙酯中各组分校正因子

组分	水	乙醇	乙酸乙酯	其他酯类杂质
相对质量校正因子 f_i	0.70	0.82	1.01	1.01

【仪器和试剂】

1. 仪器和材料

气相色谱仪（1102型、SP-6800型、SP-502型或103型），CDMC-2A型色谱处理机，1nL微量进样器，100mL碘量瓶。

2. 试剂

乙酸乙酯（A.R.），乙醇（A.R.），丙酮（A.R.），聚己二酸乙二醇酯（色谱纯），401有机担体（60～80目）。

【实验前的准备】

1. 保留时间在色谱定性中有什么意义？
2. 在本实验中，用氢气作载气比用氮气作载气灵敏度高，为什么？

【实验内容】

1. 色谱柱的制备

取长2m、内径3mm的不锈钢色谱柱，洗净、烘干。将已配好的聚己二酸乙二醇酯固定相（担体：固定液=100：10）装入色谱柱，通氮气先于80℃老化2h，逐渐升温到120℃老化2h，再升温到180℃老化4h以上。

2. 色谱条件

检测器：TCD（桥电流180mA，检测温度150℃）。
载气：H_2，流速30mL/min。
柱温：150℃。
气化温度：200℃。
进样量：1nL。

衰减、纸速由学生自己调节。

3. 步骤

(1) 乙酸乙酯中各组分保留时间的测定

按上述色谱条件开动仪器，待基线稳定后进行分析。测定各组分的保留时间，并根据保留时间对等待测样品定性分析。将各组分保留时间填入表2-15。

表2-15 各组分保留时间

组分	水	乙醇	乙酸乙酯
保留时间			

(2) 未知样测定

将未知样进样分析，进样量1nL，根据各组分色谱峰面积和相对质量校正因子计算出各组分含量，进而计算出乙酸乙酯的产率（表格自拟）。

【思考与讨论】

1. 本实验能否采用氢火焰离子化检测器测定乙酸乙酯中水分含量，为什么？
2. 若样品中组分较复杂，且部分杂质组分不能出峰，可采用什么方法测定乙酸乙酯含量？

2.3.5 红外光谱法

红外光谱法是鉴别化合物和确定物质分子结构的常用手段之一。对单一组分或混合物中各组分也可以进行定量分析，尤其是对于一些较难分离并在紫外、可见区找不到明显特征峰的样品也可以方便、迅速地完成定量分析。随着计算机的高速发展，光声光谱、时间分辨光谱和联用技术更有独到之处，红外与色谱联用可以进行多组分样品的分离和定性；与显微红外联用可进行微区（$10\mu m \times 10\mu m$）和微量（10^{-12} g）样品的分析鉴定；与热失重联用可进行材料的热稳定性研究；与拉曼光谱联用可得到红外光谱弱吸收的信息。这些新技术为物质结构的研究提供了更多的手段，使红外光谱法广泛地应用于有机化学、高分子化学、无机化学、化工、催化、石油、材料、生物、医药、环境等领域。

红外光谱仪的发展大致经历了这样的过程，第一代的红外光谱仪以棱镜为色散元件，它使红外分析技术进入了实用阶段。由于常用的棱镜材料如氯化钠、溴化钾等的折射率均随温度的变化而变化，且分辨率低，光学材料制造工艺复杂，仪器需恒温、低湿等，这种仪器现已被淘汰了。20世纪60年代以后发展起来的第二代红外光谱仪以光栅为色散元件。光栅的分辨能力比棱镜高得多，仪器的测量范围也比较宽。但由于光栅型仪器在远红外区能量很弱，光谱质量差，同时扫描速度慢，动态跟踪以及GC-IR联用技术很难实现等缺点，目前大多数厂家已停止生产光栅型仪器。第三代红外光谱仪是20世纪70年代以后发展起来的傅里叶变换红外光谱仪（Fourier transform infrared spectroscopy, FTIR），它无分光系统，一次扫描可得到全谱。由于它具有以下几个显著特点，因此大大地扩展了红外光谱法的应用领域。第一个特点是扫描速度快，傅里叶变换红外光谱仪可以在1s内测得多张红外谱；第二个特点是光通量大，因而可以检测透射比较低的样品，便于利用各种附件，如漫反射、镜面反射、衰减全反射等附件，并能检测不同的样品：气体、固体、液体、薄膜和金属镀层等；第三个特点是分辨率高，便于观察气态分子的精细结构；第四个特点是测定光谱范围宽，一台傅里叶变换红外光谱仪，只要相应地改变光源、分束器和检测器的配置，就可以得到整个红外区的光谱。

2.3.5.1 基本原理

红外吸收光谱分析方法主要是依据分子内部原子间的相对振动和分子转动等信息进行

(1) 双原子分子的红外吸收频率

分子振动可以近似地看作是分子中的原子以平衡点为中心，以很小的振幅做周期性的振动。这种分子振动的模型可以用经典的方法来模拟，如图 2-56 所示，把它看成是一个弹簧连接两个小球，m_1 和 m_2 分别代表两个小球的质量，即两个原子的质量，弹簧的长度就是分子化学键的长度。

图 2-56 双原子分子的振动模型

这个体系的振动频率取决于弹簧的强度，即化学键的强度和小球的质量。其振动是在连接两个小球的键轴的方向发生的。用经典力学的方法可以得到如下的计算公式：

$$\nu = \frac{1}{2\pi}\sqrt{\frac{k}{\mu}}$$

或

$$\tilde{\nu} = \frac{1}{2\pi c}\sqrt{\frac{k}{\mu}}$$

可简化为：

$$\tilde{\nu} \approx 1304\sqrt{\frac{k}{\mu}}$$

式中，ν 是频率，Hz；$\tilde{\nu}$ 是波数，cm^{-1}；k 是化学键的力常数，g/s^2；c 是光速（$3\times 10^{10} cm/s$）；μ 是原子的折合质量 $\left(\mu = \dfrac{m_1 m_2}{m_1 + m_2}\right)$。

一般来说，单键的 $k = 4\times 10^5 \sim 6\times 10^5 g/s^2$；双键的 $k = 8\times 10^5 \sim 12\times 10^5 g/s^2$；叁键的 $k = 12\times 10^5 \sim 20\times 10^5 g/s^2$。

(2) 多原子分子的吸收频率

双原子分子振动只能发生在连接两个原子的直线上，并且只有一种振动方式，而多原子分子振动则有多种振动方式。假设分子由 n 个原子组成，每一个原子在空间都有 3 个自由度，则分子有 $3n$ 个自由度。非线性分子的转动有 3 个自由度，线性分子则只有两个转动自由度，因此非线性分子有 $3n-6$ 种基本振动，而线性分子有 $3n-5$ 种基本振动。以 H_2O 分子为例，其各种振动如图 2-57 所示，水分子由 3 个原子组成并且不在一条直线上，其振动方式应有 $3\times 3-6=3$ 个，分别是对称和非对称伸缩振动及弯曲振动。O—H 键长度改变的振动称伸缩振动，键角小于 HOH 改变的振动称弯曲振动。通常键长的改变比键角的改变需要更大的能量，因此伸缩振动出现在高波数区，弯曲振动出现在低波数区。

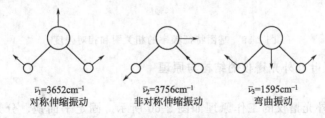

$\tilde{\nu}_1 = 3652 cm^{-1}$　　$\tilde{\nu}_2 = 3756 cm^{-1}$　　$\tilde{\nu}_3 = 1595 cm^{-1}$
对称伸缩振动　　非对称伸缩振动　　弯曲振动

图 2-57 水分子的振动及红外吸收

(3) 红外光谱及其表示方法

红外光谱法所研究的是分子中原子的相对振动，也可归结为化学键的振动。不同的化学键或官能团，其振动能级从基态跃迁到激发态所需的能量不同，因此要吸收不同的红外光。

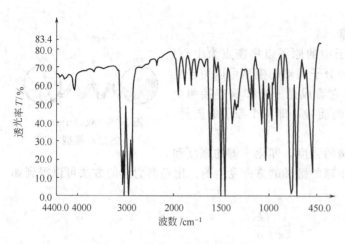

图 2-58 聚苯乙烯膜红外光谱图

物质吸收不同的红外光,将在不同波长出现吸收峰,红外光谱就是这样形成的。把一定厚度的聚苯乙烯薄膜放在红外光谱仪上可以记录如图 2-58 的谱图,谱图的横坐标是红外光的波数(波长的倒数),纵坐标是透光率,它表示红外光照射到聚苯乙烯薄膜上,光能透过的程度。

红外波段通常分为近红外($13300 \sim 400 cm^{-1}$)、中红外($4000 \sim 400 cm^{-1}$)和远红外($400 \sim 10 cm^{-1}$)。其中研究最为广泛的是中红外区。

(4) 红外谱带的强度

红外吸收峰的强度与偶极矩变化的大小有关,吸收峰的强弱与分子振动时偶极矩变化的平方成正比,一般,永久偶极矩大的,振动时偶极矩变化也较大,如 C=O(或 C—O)的强度比 C=C(或 C—C)要大得多,若偶极矩改变为零,则无红外活性,即无红外吸收峰。

图 2-59 是一些基团的特征频率的相关图和相对强度。

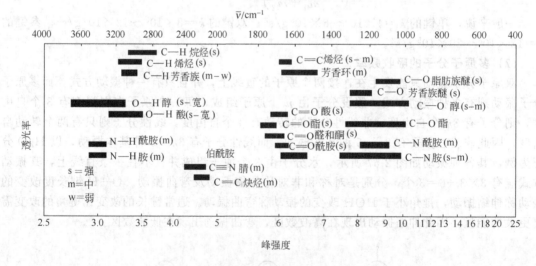

图 2-59 基团特征频率的相关图和相对强度

2.3.5.2 傅里叶红外光谱仪的结构与原理

(1) 工作原理

傅里叶变换红外光谱仪的工作原理如图 2-60 所示。固定平面镜、分光器和可调凹面镜组成傅里叶变换红外光谱仪的核心部件——迈克尔逊干涉仪。由光源发出的红外光经过固定平面反射镜后,由分光器分为两束:50%的光透射到可调凹面镜,另外50%的光反射到固定平面镜。

可调凹面镜移动至两束光光程差为半波长的偶数倍时,这两束光发生相互干涉,干涉图由红外检测器获得,经过计算机傅里叶变换处理后得到红外光谱图。

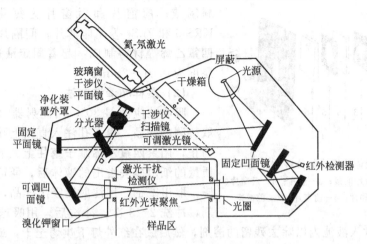

图 2-60　傅里叶变换红外光谱仪工作原理

(2) 仪器的主要部件

光源　光源是能发射出稳定、高强度连续波长的红外光。通常使用能斯特(Nernst)灯、碳化硅或涂有稀土化合物的镍铬旋状灯丝。

干涉仪　迈克尔逊干涉仪的作用是将复色光变为干涉光。中红外干涉仪中的分束器主要是由溴化钾材料制成的;近红外分束器一般以石英和 CaF_2 为材料;远红外分束器一般由 Mylar 膜和网格固体材料制成。

检测器　检测器分为热检测器和光检测器两大类。热检测器是把某些热电材料的晶体放在两块金属板中,当光照射到晶体上时,晶体表面电荷分布变化,由此可以测量红外辐射的功率。热检测器有氘化硫酸三甘肽(DTGS)、钽酸锂($LiTaO_3$)等类型。光检测器是利用材料受光照射后、由于导电性能的变化而产生信号,最常用的光检测器有锑化铟、汞镉碲等类型。

2.3.5.3　固体样品制样

(1) 压模机的构造

压模机的构造如图 2-61 所示,它是由压杆和压舌组成。压舌的直径为 13mm,两个压舌的表面光洁度很高,以保证压出的薄片表面光滑。因此,使用时要注意样品的粒度、湿度和硬度,以免损伤压舌表面的光洁度。

(2) 压模的组装

将其中一个压舌放在底座上,光洁面朝上,并装上压片套圈,研磨后的样品放在这一压舌上,将另一压舌光洁面向下轻轻转动以保证样品平面平整,顺序放压片套筒、弹簧和压杆,加压 10t,持续 3min。

拆膜时,将底座换成取样器(形状与底座相似),将上、下压舌及其中间的样品片和压片套圈一起移到取样器上,再分别装上压片套筒及压杆,稍加压后即可取出压好的薄片。

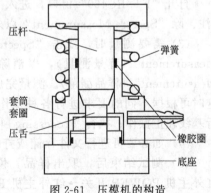

图 2-61　压模机的构造

2.3.5.4　液体池样品制作

(1) 液体池的构造

如图 2-62 所示,液体池是由后框架、窗片框架、垫片、后窗片、间隔片、前窗片和前

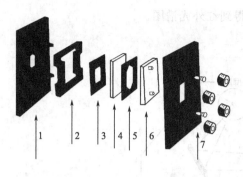

图 2-62　液体池组成的分解示意图
1—后框架；2—窗片框架；3—垫片；4—后窗片；
5—聚四氟乙烯隔片；6—前窗片；7—前框架

框架 7 部分组成。一般，后框架和前框架由金属材料制成；前窗片和后窗片为氯化钠、溴化钾、KRS-5 和 ZnSe 等晶体薄片；间隔片常由铝箔和聚四氟乙烯等材料制成，起着固定液体样品的作用，厚度为 0.01～2mm。

(2) 装样和清洗方法

吸收池应倾斜 30°，用注射器（不带针头）吸取待测的样品，由下孔注入直到上孔看到样品溢出为止，用聚四氟乙烯塞子塞住上、下注射孔，用高质量的纸巾擦去溢出的液体后，便可测试。测试完毕，取出塞子，用注射器吸出样品，由下孔注入溶剂，冲洗 2～3 次。冲洗后，用吸球吸取红外灯附近的干燥空气吹入液池内以除去残留的溶剂，然后放在红外灯下烘烤至干，最后将液池存放在干燥器中。

2.3.5.5　载样材料的选择

目前以中红外区（波长范围为 4000～400cm^{-1}）应用最广泛，一般的光学材料为氯化钠（4000～600cm^{-1}）、溴化钾（4000～400cm^{-1}）；这些晶体很易吸水使表面"发乌"，影响红外光的透过。为此，所用的窗片应放在干燥器内，要在湿度较小的环境操作。另外，晶体片质地脆，而且价格较贵，使用时要特别小心。对含水样品的测试应采用 KRS-5 窗片（4000～250cm^{-1}）、ZnSe(4000～500cm^{-1}) 和 CaF$_2$(4000～1000cm^{-1}) 等材料。近红外区用石英和玻璃材料，远红外区用聚乙烯材料。

2.3.5.6　仪器操作

FT/IR-460 傅里叶变换红外光谱仪使用方法如下。

(1) 接通电源，打开稳压器，待电压稳定于 220V 后，打开多用插座开关，打开红外光谱主机背后的 RESUME 开关。（注意：需将样品室的干燥剂取出）

(2) 等待 5min 后再打开红外光谱主机的 POWER 开关，听到"滴滴"的声音后，打开计算机。

打开"FT/IR-460"窗口，进入"Spectra Manager"，屏幕上显示几种基本模式菜单。（注：除"Spectra Measurement"以外，其他可脱机使用）

(3) 需要测量时，双击"Spectra Measurement"（光谱测量），先进行"Background Measurement"（背景测量），以消除环境的影响；将样品放进样品室，再进行"Sample Measurement"（样品测量）。测量完成的时候，"Spectra Analysis"（光谱分析）自动开始，这时可根据不同的要求进行各种操作。如执行 [Processing]-[Correction]-[Baseline] 则进行基线较正操作；执行[Processing]-[Peak Process]-[Peak Find]则可进行鉴峰操作。

(4) 如必要可进行文件存储或打印操作。

(5) 测试结束后，取出样品，恢复到基本模式菜单，退到最初的窗口，按计算机→红外主机 POWER 开关→红外主机 RESUME 开关→多用插座开关→稳压器→总电源顺序关机，放回干燥剂，罩上仪器罩。（注意：在关主机 POWER 开关之前，样品室必须是空的）

2.3.5.7　数据采集和处理

(1) 数据采集

由计算机给出样品的特征吸收峰，并输出相应的红外光谱图。

(2) 红外谱图的解析

① 红外吸收区域划分

A. $4000\sim2500\text{cm}^{-1}$：这个区域可以称为 X—H 伸缩振动区，X 可以是 O，N，C 和 S 原子，它们出现的范围如下：

$$\begin{aligned}&\text{O—H} \quad 3650\sim3200\text{cm}^{-1}\\&\text{N—H} \quad 3500\sim3000\text{cm}^{-1}\\&\text{C—H} \quad 3100\sim2800\text{cm}^{-1}\\&\text{S—H} \quad 2600\sim2500\text{cm}^{-1}\end{aligned}$$

B. $2500\sim2000\text{cm}^{-1}$：这个区域可以称为叁键和累积双键区，其中主要包括有 C≡C，C≡N 等叁键的伸缩振动和累积双键—C=C=C—，—C=C=O，—N=C=O 等的反对称伸缩振动，累积双键的对称伸缩振动出现在 1100cm^{-1} 的指纹区里。

C. $2000\sim1500\text{cm}^{-1}$：这个区域可以称为双键伸缩振动区，其中主要包括 C=C，C=O，C=N，—NO_2 等的伸缩振动，以及—NH_2 基的剪式变角振动、芳环的骨架振动等。

D. $1500\sim600\text{cm}^{-1}$：是部分单键振动及指纹区，这个区域的光谱比较复杂，主要包括 C—H，O—H，变角振动，C—O，C—N，C—X（卤素），N—O 等伸缩振动及与 C—C，C—O 有关的骨架振动等。

② 红外光谱图的解释　红外光谱中除了基本振动外，还可能发生倍频和合频振动。因此谱图中有大量吸收峰，其中有些吸收峰容易辨认，有一些则较难。在解释一个未知物的光谱时，不可能对谱图中的每一个吸收峰都作出明确指认，但对是否存在主要官能团，如 C=O、O—H、N—H、C—O、C=C、C≡C、C≡N 等，应尽量避免不被漏检，因为这些官能团都具有较强的特征峰。如果存在的话，可以立刻得到结构方面的信息。为了快速分析谱图，可采用下列程序。

A. 是否存在羰基。在 $1820\sim1660\text{cm}^{-1}$ 检查羰基峰，该峰往往是谱图中最强者，且宽度中等。如 1650cm^{-1} 以下有吸收峰，表明化合物中含 C=C、C=N、N=O 等官能团。

B. 如存在羰基，应检查是否是下列化合物。

羧酸　在 $3300\sim2500\text{cm}^{-1}$ 附近有宽而强的 O—H 峰（通常与 C—H 吸收峰交盖），并由 C—O 吸收峰可以确证—COOH 的存在。

酰胺　在 3500cm^{-1} 附近有 N—H 中等吸收峰，有时呈双峰。

酯　不存在 O—H 吸收峰，但在 $1300\sim1000\text{cm}^{-1}$ 附近有中等强度的 C—O 吸收，一般由两个峰组成，一个对称，另一个不对称。

酸酐　在 1810cm^{-1} 和 1760cm^{-1} 附近有两个羰基吸收峰。

醛　不存在 O—H 吸收峰，在 2850cm^{-1} 和 2750cm^{-1} 附近有两个中到弱的 C—H（醛基）吸收峰，其中 2750cm^{-1} 峰为主要特征。

酮　上述 5 种情况都没有。

C. 如不存在羰基，要检查其他类型化合物。

醇或酚　在 $3600\sim3300\text{cm}^{-1}$ 附近有宽而强的 O—H 峰，并通过在 $1300\sim1000\text{cm}^{-1}$ 附近找出 C—O 吸收而加以确证。

胺　在 $3500\sim3060\text{cm}^{-1}$ 附近有一个或两个中等的、可能是宽的 N—H 峰。

醚　没有 O—H 峰，但在 $1300\sim1000\text{cm}^{-1}$ 附近有 C—O 吸收峰（烷基醚在 $1150\sim1085\text{cm}^{-1}$ 有吸收，烷芳混合醚在 $1275\sim1200\text{cm}^{-1}$ 和 $1075\sim1020\text{cm}^{-1}$ 附近各有一个 C—O 吸收峰）。

D. 烯烃。在 1650cm^{-1} 附近有弱到中等 C=C 吸收，通过查验在 3000cm^{-1} 左侧的

C=C—H 吸收加以确证。

E. 芳环。在 1600cm^{-1} 为中心处有一个中等强度的吸收峰，并在 1450cm^{-1} 有一个峰，或在 1500cm^{-1} 和 1450cm^{-1} 附近有两个峰，这些是由芳环中碳碳键所产生的。通过查验 3000cm^{-1} 左侧的中等到弱的芳环中 C—H 吸收峰而加以确证。

F. 叁键。C≡N 在 2250cm^{-1} 附近有一个中等而尖的吸收峰；C≡C 在 2150cm^{-1} 附近有一个弱而尖的峰，还要查验在 3300cm^{-1} 附近的 C≡C—H 吸收峰。

G. 硝基。在 1600~1500cm^{-1} 和 1390~1300cm^{-1} 有两个强吸收峰。

H. 烷烃。以上一个强的吸收峰也未找到，但主要吸收峰都在 3000~2750cm^{-1} 附近的 C—H 伸缩振动区域内，在 1450cm^{-1} 和 1375cm^{-1} 附近也有其他吸收峰。

此外，分析指纹区内 900~667cm^{-1} 的吸收峰，对于确定双键的取代情况、构型和苯环的取代位置等都十分重要。

实验 2-5　2-呋喃甲醇和 2-呋喃甲酸结构测定

通过实验，掌握常规样品的制样方法；了解红外光谱仪的工作原理和操作方法。

【实验提要】

不同的样品状态（固体、液体、气体以及黏稠样品）需要相应的制样方法。制样方法的选择和制样技术的好坏直接影响谱带的频率、数目和强度。

1. 液膜法

样品的沸点高于 100℃ 可采用液膜法测定。黏稠的样品也采用液膜法。这种方法较简单，只要在两个盐片之间，滴加 1~2 滴未知样品，使之形成一层薄的液膜。流动性较大的样品，可选择不同厚度的垫片来调节液膜的厚度。

2. 液池法

样品的沸点低于 100℃ 可采用液池法。选择不同的垫片尺寸可调节液池的厚度，对强吸收的样品用溶剂稀释后再测定。

3. 糊状法

需准确知道样品是否含 OH 基团（避免 KBr 中水的影响）时采用糊状法。这种方法是将干燥的粉末研细，然后加入几滴悬浮剂在玛瑙研钵中研磨成均匀的糊状，涂在盐片上测定。常用的悬浮剂有石蜡油和氟化煤油。

4. 压片法

粉末样品常采用压片法。将研细的粉末分散在固体介质中，并用压片装置压成透明的薄片后测定。固体分散介质一般是金属卤化物（如 KBr），使用时要将其充分研细，颗粒直径最好小于 2μm（因为中红外区的波长是从 2~5μm 开始的）。

5. 薄膜法

对于熔点低，熔融时不发生分解、升华和其他化学变化的物质，可采用加热熔融的方法压制成薄膜后测定。

【仪器、试剂和材料】

1. 仪器和材料

JascoFT/IR 400 系列光谱仪，压片机，模具和样品架，研钵，钢铲，镊子及红外灯。

2. 试剂

2-呋喃甲醇（自制）、2-呋喃甲酸（自制）、二氯甲烷、光谱纯 KBr 粉末。

【实验前的准备】
1. 了解红外光谱仪的工作原理。
2. 了解固体和液体样品如何制作。
3. 样品在制样前为何必须充分干燥？

【实验内容】

1. 液膜法测定 2-呋喃甲醇

取 2~3 滴 2-呋喃甲醇移到两个 KBr 晶体窗片之间，形成一层薄的液膜，用夹具轻轻夹住后测定光谱图。

2. 压片法测定 2-呋喃甲酸

用 2~3mg 2-呋喃甲酸与 200~300mg 干燥的 KBr 粉末在玛瑙研体中混匀，充分研磨后，用不锈钢铲取 70~90mg 压片。测定光谱图。

3. 数据处理

(1) 对基线倾斜的谱图进行校正，噪声大时采用平滑功能，然后绘制标有吸收峰的红外光谱图。

(2) 选择 2-呋喃甲醇、2-呋喃甲酸的主要吸收峰，指出其归属。

(3) 比较 2-呋喃甲醇、2-呋喃甲酸的标准红外光谱（图 2-63、图 2-64）与测定的光谱图，列表讨论它们的主要吸收峰，并确认其归属。

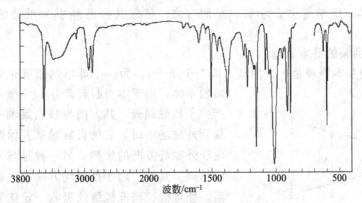

图 2-63 2-呋喃甲醇的红外光谱

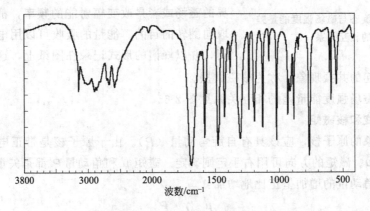

图 2-64 2-呋喃甲酸的红外光谱

【注意事项】

1. 在红外灯下操作时，用溶剂清洗盐片，不要离灯太近，否则，移开灯时温差太大，盐片会碎裂。

2. 谱图处理时，平滑参数不要选择过高，否则会影响谱图分辨率。

【思考与讨论】

1. 用压片法制样时，为什么要求研磨到颗粒粒度为 $2\mu m$ 左右？研磨时不在红外灯下操作，谱图上会出现什么情况？

2. 液体测绘时，为什么低沸点样品要采用液池法？

3. 对于高分子聚合物，很难研磨成细小颗粒，采用什么制样方法较好？

2.3.6 核磁共振谱

1945年Bloch和Purcell分别领导两个小组同时独立地观察到核磁共振（nuclear magnetic resonance，简称NMR），他们二人因此荣获1952年诺贝尔物理学奖。1991年诺贝尔化学奖授予R. R. Ernst教授，以表彰他对二维核磁共振理论及傅里叶变换核磁共振的贡献。这两次诺贝尔奖的授予，充分说明了核磁共振的重要性。

自1953年出现第一台商品核磁共振仪以来，核磁共振在仪器、实验方法、理论和应用等方面有了飞速的发展。谱仪频率已经从30MHz发展到900MHz。1000MHz谱仪也在加紧试制之中。仪器工作方式从连续波谱仪发展到脉冲-傅里叶变换谱仪。随着多种脉冲序列的采用，所得谱图已经从一维谱到二维谱、三维谱甚至更高维谱。所应用的学科已经从化学、物理扩展到生物、医学等多个学科。总而言之，核磁共振已经成为重要的仪器分析手段之一。

2.3.6.1 核磁共振的基本原理

核磁共振的基本原理是一个氢核（即一个质子），为一个球形的带有正电荷的并绕轴旋转的单体，由于本身自转产生一个微小磁场，于是就产生了核磁偶极，其方向与核自旋轴一致，如果把它放到外磁场中时，它的自旋轴就开始改变成一种是趋向于外磁场方向的排列，另一种是与外磁场方向相反的排列。其中，趋于外磁场方向的代表一个稳定的体系，能量低。当低能级的吸收一定能量，就会产生跃迁，即发生所谓"共振"。从理论上讲，无论改变外界的磁场或者是改变辐射能的频率，都会达到核磁矩取向翻转的目的。能量的吸收可以用电的形式测量得到，并以峰谱的形式记录在图纸上，这种由于原子核吸收能量所引起的共振现象，称为核磁共振。

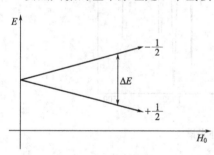

图2-65 自旋态与磁场强度能量差的相互关系

自旋态与磁场强度能量差的相互关系见图2-65。

(1) 核自旋和核磁矩

有自旋现象的原子核，应该具有自旋角动量（P）。由于原子核是带正电粒子，故在自旋时产生磁矩 μ。磁矩的方向可用右手定则确定。磁矩 μ 和角动量 P 都是矢量，方向相互平行，且磁矩随角动量的增加呈正比地增加：

$$\mu = \gamma \cdot P$$

式中，γ 为磁旋比，是质子的特征常数。不同的核具有不同的磁旋比。

核的自旋角动量是量子化的，可用自旋量子数 I 表示。自旋角动量 P 的数值与 I 的关系如下：

$$P=\sqrt{I(I+1)}\frac{h}{2\pi}$$

式中，I 为原子核的自旋量子数；h 为普朗克常数。很明显，当 $I=0$ 时，$P=0$，即原子核没有自旋现象。只有 $I>0$ 时，原子核才有自旋角动量和自旋现象。

原子核可按 I 的数值分为以下三类。见表2-16。

表2-16　原子核的分类

质量数	原子序数	自旋量子数	例　子
奇数	奇数或偶数	$\frac{1}{2},\frac{3}{2},\frac{5}{2},\cdots$	$^1H, ^{13}C, ^{35}Cl, ^{75}Br,\cdots$
偶数	偶数	0	$^{12}C, ^{16}O,\cdots$
偶数	奇数	$1,2,3,\cdots$	$^2H, ^{14}N, ^{10}B,\cdots$

从表中可以看出，质量数和原子序数均为偶数的核，自旋量子数 $I=0$，即没有自旋现象。当自旋量子数 $I=\frac{1}{2}$ 时，核电荷呈球形分布于核表面，它们的核磁共振现象较为简单，是目前研究的主要对象。属于这一类的主要原子核有 ^1_1H，$^{13}_6C$，$^{15}_7N$，$^{19}_9F$，$^{31}_{15}P$。

(2) 自旋核在磁场中的行为和核磁共振

若将自旋核放入场强为 H_0 的磁场中，由于磁矩与磁场相互作用，核磁矩相对外加磁场有不同的取向。按照量子力学原理，它们在外加磁场方向的投影是量子化的，可用磁量子数 m 描述。m 可取下列数值：

$$m=I, I-1, I-2,\cdots,-I$$

自旋量子数为 I 的核在外磁场中可有 $(2I+1)$ 个取向，每种取向各对应有一定的能量。对于具有自旋量子数 I 和磁量子数 m 的核，量子能级的能量可用下式确定：

$$E=-\mu H=-\gamma m H_0\frac{h}{2\pi}$$

由于核磁矩有 $(2I+1)$ 种不同的取向，因此有 $(2I+1)$ 种不同的能量状态，称为核磁能级。其相邻的能级间隔为：

$$\Delta E=\gamma H_0\frac{h}{2\pi}$$

当外加电磁波的频率 ν 正好与此能级间隔 ΔE 相当，即当 $\Delta E=h\nu$ 时，低能级的核就会吸收电磁波跃迁到高能级，这就是核磁共振。同一种核在不同的化学环境中会产生不同的核磁共振吸收，因此可利用它来分析分子的结构。

(3) 核磁共振仪工作原理

核磁共振仪的示意图如图2-66，它是由磁铁、射频振荡器、扫描发生器、检测器、记录器及试样管理体制组成的。

在核磁共振的测试中，样品管置于磁场强度很大的电磁铁腔中，用固定频率的无线电波照射时，在扫描发生器的线圈中通直流电，产生一微小的磁场，使总磁场强度有所增加。当磁场强度达到一定的 H_0 值，使 $\Delta E=h\gamma H_0/2\pi=h\nu$ 式中的 ν 值恰好等于照射频率时，样品中的某一类质子发生能级跃迁，得到能量吸收曲线，接受器就会收到信号，记

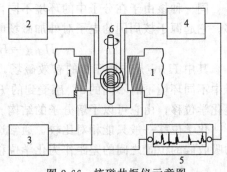

图2-66　核磁共振仪示意图
1—磁铁；2—射频振荡器；3—扫描发生器；
4—检测器；5—记录器；6—试样管理体制

录仪就会产生 NMR 图谱。由 $h\nu = \Delta E = h\gamma H_0/2\pi$ 可得：

$$\gamma = \frac{\nu H_0}{2\pi}$$

① 磁铁　磁铁是核磁共振仪最基本的组成部分。它要求磁铁能提供强而稳定、均匀的磁场。核磁共振仪使用的磁铁有三种：永久磁铁、电磁铁和超导磁铁。由永久磁铁和电磁铁获得的磁场一般不超过 2.5T。而超导磁铁（图 2-67）可使磁场高达 10T 以上，并且磁场稳定、均匀。目前超导核磁共振仪一般在 200~400MHz，最高可达 600MHz。

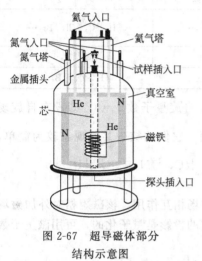

图 2-67　超导磁体部分结构示意图

② 探头　探头装在磁极间隙内，用来检测核磁共振信号，是仪器的心脏部分。探头除包括试样管外，还有发射线圈、接受线圈以及预放大器等元件。待测试样放在试样管内，再置于绕有接受线圈和发射线圈的套管内。磁场通过探头作用于试样。

为了使磁场的不均匀性产生的影响平均化，试样探头还装有一个气动涡轮机，以使试样管能沿着纵轴以每分钟几百转的速度旋转。

③ 波谱仪　射频源和音频调制：高分辨波谱仪要求有稳定的射频频率和功率。为此，仪器通常采用恒温下的石英晶体振荡器得到基频，再经过倍频、调谐和功率放大得到所需要的射频信号源。

为了提高基线的稳定性和磁场锁定能力，必须用音频调制磁场。为此，从石英晶体振荡器中得到音频调制信号，经过功率放大后输入探头调制线圈。

扫描单元：核磁共振仪的扫描方式有两种：一种是保持频率恒定，线性地改变磁场，称为扫场；另一种是保持磁场恒定，线性地改变频率，称为扫频。许多仪器同时具有这两种扫描方式。扫描速度的大小会影响信号峰的显示。速度太慢，不仅增加了实验时间，而且信号容易饱和；相反，扫描速度太快，会造成峰形变宽，分辨率降低。

接收单元：从探头预放大器得到的载有核磁共振信号的射频输出，经过一系列检波、放大后，显示在示波器和记录仪上，得到核磁共振谱。

信号累加：若将试样重复扫描数次，并使各点信号在计算机中进行累加，则可提高连续波形核磁共振仪的灵敏度。

(4) 化学位移

同一种核由于在分子中的环境不同，核磁共振吸收峰的位置有所变化，这就叫做化学位移。它起源于核周围的电子对外加磁场的屏蔽作用。

$$H_{\text{有效}} = H_0 - \sigma H_0 = (1-\sigma)H_0$$

其中 $H_{\text{有效}}$ 是作用于核的有效磁场，H_0 是外加磁场，σ 称为屏蔽系数。同一种核在分子中不同环境下有不同的 σ，感受到的 $H_{\text{有效}}$ 不同，因而产生核磁共振吸收峰位置不同，就是化学位移，由它可以了解分子的结构。

化学位移一般只能相对比较，通常选择适当物质作标准，其他质子的吸收峰与标准物质的吸收峰的位置之间的差距作为化学位移值。

$$\nu_{\text{样品}} - \nu_{\text{标样}} = \frac{2\mu}{h}(\sigma_{\text{标样}} - \sigma_{\text{样品}})H_0$$

为了表示出化学环境对核屏蔽的影响，通常定义一个无量纲的量 δ（过去写成 ppm，即百万分之一) 来表示：

$$\delta = \frac{H_{样品} - H_{标样}}{H_{标样}} \times 10^6 = \frac{\nu_{样品} - \nu_{标样}}{\nu_{标样}} \times 10^6$$

$$= \frac{\sigma_{标样} - \sigma_{样品}}{1 - \sigma_{标样}} \times 10^6 \approx (\sigma_{标样} - \sigma_{样品}) \times 10^6$$

经常使用的标准物是四甲基硅烷 $(CH_3)_4Si$，简称为 TMS，并人为规定 TMS 的 $\delta = 0$。

有机化合物各种氢的化学位移值取决于它们的电子环境。如果外磁场对质子的作用受到周围电子云的屏蔽，质子的共振信号就出现在高场。如果与质子相邻的是一个吸电子的基团，这时质子受到去屏蔽作用，它的信号就出现在低场。

各类氢核的化学位移值如图 2-68 所示。

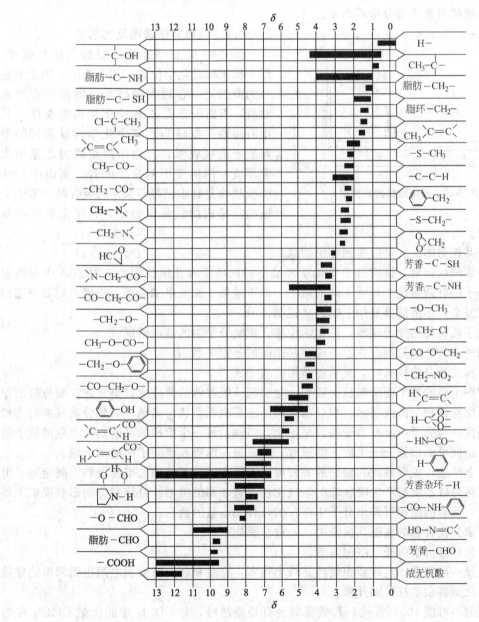

图 2-68　各类氢核的核磁共振化学位移值 δ

（5）自旋耦合

在高分辨率核磁共振谱中，一定化学位移的质子峰往往分裂为不止一个的小峰。这种谱线"分裂"称为自旋-自旋分裂。它来源于核自旋之间的相互作用，称为自旋耦合。谱线分裂的间隔大小反映两种核自旋之间相互作用的大小，称为耦合常数 J。J 的数值大小不随外磁场 H_0 变化而改变。质子间的耦合只发生在邻近质子之间，相隔 3 个链以上的质子间相互耦合可以忽略。

当 $J \leqslant \delta\nu$ 时，自旋裂分谱图有如下简单规律：①一组等同的核内部相互作用不引起峰的分裂；②核受相邻一组 n 个核的作用时，该核的吸收峰分裂成 $n+1$ 个间隔相等的一组峰，间隔就是耦合常数 J；③分裂峰的面积比为二项式 $(x+1)^n$ 展开式中各项系数之比；④一种核同时受相邻的 n 个和 n' 个两组核的作用时，此核的峰分裂成 $(n+1)(n'+1)$ 个峰，但是有些峰可重叠而分辨不出来。

2.3.6.2 核磁共振谱图及其解析

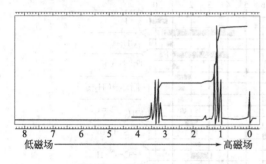

图 2-69 乙醚的核磁共振谱

图 2-69 的上部分是乙醚的核磁共振谱。图中横坐标是化学位移，用 δ 表示。图谱的左边为低磁场，右边为高磁场。图谱中有两条曲线，下面一条是乙醚中质子的共振线，其中右边的三重峰为乙基中化学环境相同的甲基质子的吸收峰，左边的四重峰为乙基中化学环境相同的亚甲基质子的峰。图谱中 $\delta=0$ 的吸收峰是标准试样 TMS 的吸收峰。图中上面的阶梯式曲线是积分线，它用来确定各基团的质子比。

从质子共振谱图上，可以得到如下信息。

（1）吸收峰的组数，说明分子中化学环境不同的质子有几组。例如，图 2-69 中有两组峰，说明分子中有两组化学环境不同的质子，即甲基质子和亚甲基质子。当然，对高级图谱来说，情况复杂，不能简单地用上述方法说明。

（2）质子吸收峰出现的频率，即化学位移，说明分子中的基团情况。

（3）峰的分裂个数及耦合常数，说明基团间的连接关系。

（4）阶梯式积分曲线高度，说明各基团的质子比。

共振谱图上吸收峰下面所包括的面积，与引起该吸收峰的氢核数目呈正比，吸收峰的面积，一般可用阶梯积分曲线表示。积分曲线的画法是由低场移向高场，而积分曲线的起点到终点的总高度，与分子中所有质子数目呈正比。当然，每一个阶梯的高度则与相应的质子数目呈正比。由此可以根据分子中质子的总数，确定每一组吸收峰质子的绝对个数。

根据以上所述，说明核磁共振谱的解析可以提供有关分子结构的丰富资料。测定每一组峰的化学位移可以推测与产生吸收峰的氢核相连的官能团的类型；自旋裂分的形状提供了邻近氢的数目；而峰的面积可算出分子中存在的每种类型氢的数目。

在解析未知化合物的核磁共振谱时，一般步骤如下。

（1）首先区分出杂质峰、溶剂峰带。

杂质含量一般较低，其峰面积较样品峰小很多，样品和杂质峰面积之间也无简单的整数比关系。据此可将杂质峰区别开来。

氘代试剂不可能 100% 氘代，其微量氢会有相应的峰，如 $CDCl_3$ 中的微量 $CHCl_3$ 在约 $\delta=7.27$ 处出峰。

(2) 计算不饱和度。

不饱和度即环加双键数。当不饱和度大于等于 4 时，应考虑到该化合物可能存在一个苯环（或吡啶环等）。

(3) 确定谱图中各组峰所对应的氢原子数目，对氢原子进行分配。

首先区别有几组峰，从而确定未知物中有几种不等性质子（即电子环境不同，在图谱上化学位移不同的质子）。然后根据积分曲线，找出各组峰之间氢原子数的简单整数比，再根据分子式中氢的数目，对各组峰的氢原子数进行分配。

(4) 确定各组峰的化学位移值，再查阅有关数表，确定分子中可能存在的官能团。

(5) 识别各组峰自旋裂分情况和耦合常数值，从而确定各不等性质子的周围情况。

(6) 总结以上几方面的信息资料，提出未知物的一个或几个与图谱相符的结构或部分结构。

(7) 最后参考未知物的其他资料，如红外光谱、沸点、熔点、折射率等，确定未知物的结构。

2.3.6.3 实验技术

(1) 样品的制备

核磁共振测定一般使用配有塑料塞子的标准玻璃样品管。样品用量与仪器的性能有很大关系。灵敏度高的仪器只需要 1～2mg，性能差的仪器需要 10～30mg。样品少，则信号噪声大，一般弱峰可能被淹没。因此，要得到一张合格的谱图，一定要有足够的样品。影响 NMR 图谱质量的因素还有样品的溶解度、顺磁性和高分子化合物。

一般将 5～10mg 样品溶解于 0.5～1.0mL 溶剂中。对于黏度不大的液体有机化合物，可以不用溶剂直接测定。对具有一定黏度的液体化合物样品，最好在溶剂条件下测定。一个非常简便的方法就是采用目测法，先加入 1/5 体积的被测物质，然后加入 4/5 的溶剂，加上塞子摇匀后进行测定。

对于固体化合物一般要选合适的溶剂，溶剂不能含有氢质子，最常用的有机溶剂是 CCl_4。随着被测物质极性的增大，就要选择氘代的溶剂 $CDCl_3$ 或 D_2O。如果这些溶剂不合适时，一些特殊的氘代溶剂如 CD_3OD、CD_3COCD_3、C_6D_6、$DMSO\text{-}d_6$ 和 $DMF\text{-}d_7$ 等都可以用来进行测定。如果有机样品对酸性不敏感，可用三氟乙酸作溶剂，不干扰其他质子的吸收。值得注意的是，这些溶剂常常导致化学位移与在 CCl_4 和 $CDCl_3$ 测定条件下的偏差。但是这种偏差有时可能有利于分开由 CCl_4 或 $CDCl_3$ 引起重叠形成的吸收峰。

内标液一般把 TMS 配成 10% 的四氯化碳溶液备用。因为 TMS 的沸点为 27℃，所以它必须放在冰箱中保存。在高温下测定 NMR 时，应用六甲基二硅醚作内标，它的 δ 值为 0.07。一个样品用不同溶剂，谱图会有明显的差别。所以，重复测定 NMR 时，要选用同一溶剂。

(2) 核磁共振谱的测定

① 按开机步骤依次打开核磁共振仪主机电源、空气压缩机电源等，使仪器进入工作状态。

② 仔细观察仪器的各个组成部分，了解它们的作用。

③ 用微量注射器吸 5～6μL 待测样品（约 5mg）于样品管中，再加一滴 TMS，然后再加入 0.5mL 氘

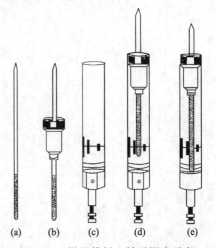

图 2-70 样品管插入转子深度示意

代溶剂,盖好盖子,充分摇匀。

④ 将样品管插入转子,用量具量好规定的距离,按下升气按钮,待气流上升后,放入样品管,然后再按一下关气按钮(图 2-70)。

⑤ 选择溶剂,调节锁功率、锁增益、锁相位、场位置等参数进行锁场;仔细调节 Z1、Z2 等匀场参数,使仪器处于最佳锁状态。即使锁功率和锁增益尽可能小,而锁电平尽可能大。

⑥ 选择氢谱单脉冲实验程序,设置实验参数。

⑦ 检查所设参数和条件是否正确,以防损坏仪器。在确认无误后开始输入采样命令,进行采样。

⑧ 采样结束后,将得到的 FID 信号进行傅里叶变换、相位校正、基线校正和积分等操作,就得到样品的核磁共振氢谱图。

第 3 章 基础实验

实验 3-1 苯甲酸的精制和乙酰苯胺熔点测定

苯甲酸可用重结晶的方法来提纯精制。重结晶是提纯固体有机化合物常用的方法之一。熔点是有机化合物最重要的物理常数之一，它不仅可以用来鉴定固体有机物，同时根据熔程（自始熔至全熔的温度范围）的长短可定性地判别该物质的纯度。此外根据混合熔点是否下降，还可以判断熔点相同的化合物是否是同一种物质。本实验通过粗苯甲酸的重结晶提纯和乙酰苯胺熔点测定过程，了解重结晶和熔点测定的原理；掌握溶解、结晶、抽滤、干燥以及熔点测定的操作方法。

【实验提要】
1. 重结晶的基本原理和操作方法见 2.2.6。
2. 熔点的测定见 2.3.1。

【仪器与试剂】
1. 仪器和材料
圆底烧瓶，球形冷凝管，烧杯，抽滤瓶，布氏漏斗，提勒管，毛细管。
2. 试剂
活性炭，石蜡油，粗苯甲酸，纯乙酰苯胺。

【实验前的准备】
1. 了解重结晶的基本原理及操作方法。
2. 了解熔点测定的基本原理及操作方法。
3. 苯甲酸的重结晶溶剂为什么选择水？
4. 在乙酰苯胺的熔点测定中，可以选择何种浴液？为什么？

【实验内容】
称取 2g 苯甲酸粗品，放入圆底烧瓶中，加入几粒沸石，加一定量的水，装上回流冷凝管，加热至沸腾。若有未溶的固体，补加水，直至固体几乎全部溶解。注意观察，若留下固体不多，再加水也不能溶解，则可能是不溶性杂质，此时再补加 20% 的水，加热至沸腾。若溶液有颜色，将烧瓶移开热源，稍冷后加入少量活性炭（活性炭绝对不能加入正在沸腾的溶液中，否则会引起暴沸，使溶液逸出），再加热微沸 5min（若溶剂蒸发太多可适当补充少量水）。滤纸先用少量热水湿润抽紧，趁热用布氏漏斗减压过滤，除去活性炭和不溶性杂质。过滤完毕，将滤液倒入烧杯中并用表面皿盖好放置结晶，冷至室温后再用冷水冷却使结晶完全。结晶完成之后用布氏漏斗减压过滤，滤纸先用少量冷水湿润抽紧，将晶体和母液分批倒入漏斗中，抽滤后，用玻璃塞挤压晶体，使母液尽量除净，然后拔开吸滤瓶上的橡皮管，停止抽气。加少量冷水于布氏漏斗中，洗涤晶体，抽干。待产品干燥后称量，计算回收率。

取纯的乙酰苯胺，测定其熔点，测定过程重复三次。

苯甲酸在水中的溶解度见表 3-1。

表 3-1　苯甲酸在水中的溶解度

温度/℃	20	25	80	90	95
溶解度/(g/100mL)	0.29	0.34	2.75	4.6	6.8

【思考与讨论】
1. 重结晶时对于所选择的溶剂有何要求？所用溶剂的量如何确定？
2. 重结晶热过滤的时候为什么漏斗需要预热？
3. 重结晶时加入活性炭起什么作用？加入活性炭时应该注意哪些问题？
4. 有机溶剂重结晶时能否用烧杯？为什么？
5. 固体化合物测熔点时，如果晶体样品没有研细对测定结果有何影响？如果升温速度过快对测定结果有何影响？如果样品不纯对测定结果有何影响？如果样品不干燥对测定结果有何影响？

实验 3-2　乙酰苯胺的合成

乙酰苯胺是磺胺类药物的原料，可用作止痛剂、退热剂和防腐剂。也可用来制造染料中间体对硝基乙酰苯胺、对硝基苯胺和对苯二胺。在第二次世界大战期间大量用于制造对乙酰氨基苯磺酰氯。乙酰苯胺也用于制硫代乙酰胺，在工业上可作橡胶硫化促进剂，纤维脂涂料的稳定剂、过氧化氢的稳定剂以及用于合成樟脑等。本实验通过合成乙酰苯胺，掌握苯胺乙酰化反应的原理和实验操作；学习简单分馏原理和操作技术。了解通过不断除去反应体系某种生成物来提高生成物产率的原理和技术，进一步掌握利用重结晶技术提纯固体有机物的方法。

【实验提要】
芳香族伯胺的芳环和氨基的活性均很高，极容易被氧化，为保护氨基，常先将它乙酰化生成乙酰苯胺，然后用于有机合成。

苯胺的乙酰化试剂有冰醋酸、醋酸酐或乙酰氯。其中，以乙酰氯反应最剧烈，酸酐次之，冰醋酸最慢。但冰醋酸价格较便宜，操作方便，故在工业上广泛应用，因此本实验采用冰醋酸作乙酰化试剂。其反应可表示为：

$$\text{C}_6\text{H}_5-\text{NH}_2 + \text{CH}_3\text{COOH} \longrightarrow \text{C}_6\text{H}_5-\text{NH}_2 \cdot \text{HO}-\overset{\text{O}}{\overset{\|}{\text{C}}}\text{CH}_3 \xrightleftharpoons{105℃} \text{C}_6\text{H}_5-\text{NH}-\overset{\text{O}}{\overset{\|}{\text{C}}}\text{CH}_3 + \text{H}_2\text{O}$$

苯胺和冰醋酸混合生成盐，维持温度在 105℃ 左右，使之脱水，得目标产物。这是一可逆反应，产率较低。为减少逆反应的发生，需设法除去另一反应产物水，并加过量的冰醋酸。本实验采用分馏法除去生成的水。

纯乙酰苯胺为白色片状结晶，熔点 114℃。稍溶于热水、乙醇、乙醚、氯仿、丙酮等溶剂，而难溶于冷水，故可用热水进行重结晶。

【仪器与试剂】
1. 仪器和材料
50mL 圆底烧瓶，分馏柱，温度计，蒸馏头，直形冷凝管，尾接管，锥形瓶，抽滤装置。

2. 试剂
苯胺，冰醋酸，锌粉，活性炭。

【实验前的准备】

1. 合成乙酰苯胺实验中，当苯胺：冰醋酸＝11：26（摩尔比）时，产率可达61％。本实验如需合成4.5g乙酰苯胺，求各原料的用量？（需求体积）
2. 苯胺进行硝化、氯磺化等取代反应时，常常先进行乙酰化，这是为什么？
3. 本实验中采用了哪些措施来提高乙酰苯胺的产率？
4. 这里制备乙酰苯胺，为什么采用分馏装置？
5. 醋酸的沸点是多少摄氏度？为什么反应时分馏柱侧管口的温度要控制在105℃左右？温度过高有什么不好？温度低于100℃是否可以？为什么？

【实验内容】

在50mL圆底烧瓶中加入苯胺[1]及冰醋酸和少许锌粉（约0.1g)[2]，加几粒沸石，按图2-14装好反应装置。

将圆底烧瓶放在电炉上加热，使反应混合物保持微沸约15min，然后逐渐升高温度，维持在105℃（不要超过110℃）约1h。当反应生成的大部分水和少量醋酸已被蒸出时[3]，温度计读数会下降，表明反应已经完成。在不断搅拌下，趁热将反应物倒入盛有50mL冷水的烧杯中[4]，即有白色固体析出。待完全冷却后，减压过滤，用冷水洗涤除去吸附在固体表面的醋酸。将粗品经重结晶得纯乙酰苯胺（重结晶方法见实验3-1）

纯乙酰苯胺为白色片状结晶，熔点114℃。

【注释】

[1] 久置的苯胺颜色深有杂质，会影响乙酰苯胺的质量，故最好用新蒸的无色或浅黄色的苯胺。

[2] 此处加入锌粉的目的是为了防止苯胺在反应过程中被氧化。但加入量不能太多，否则后处理时，醋酸锌水解生成氢氧化锌，它不溶于水，混杂在粗制品中。

[3] 收集醋酸及水的总体积约为4mL。

[4] 反应物冷却后，固体产物立即析出，沾在瓶壁不易处理。

【思考与讨论】

1. 常用的乙酰化试剂有哪些？
2. 此反应中加入的锌粉目的是什么？
3. 反应结束后，体系中未反应的苯胺和醋酸如何除去的？

实验3-3 阿司匹林的合成

阿司匹林（Aspirin）学名为乙酰水杨酸，是一种广泛使用的具有解热、镇痛、治疗感冒、预防心血管等多种疗效的药物。人工合成已有百年，由于其价格低廉、疗效显著，且防治疾病范围广，因此仍为现代生活中不可缺少的药物之一。

阿司匹林的历史可追溯到1763年。当时有人发现柳树皮的提取物是一种强效的止痛退热和抗炎消肿药，可用于治疗风湿病和关节炎。后经鉴定，其中活性成分为水杨酸。但水杨酸作为一种药物，由于它的酸性严重刺激胃壁的黏膜，若用量过大，将导致内出血。为了克服这种缺点，有人将它变为钠盐，但又产生出令人不愉快的甜味，以致病人不愿意服用。直到19世纪初才出现新的转机，有人发明了合成乙酰水杨酸切实可行的路线，这个产品与水杨酸或其钠盐具有相同的药效，并称为阿司匹林。因为它经过胃时不起变化，副作用小，可以在肠中被肠液的碱性所水解，释放出水杨酸而产生疗效，所以得到了广泛的应用。通过本实验，掌握乙酰水杨酸的合成原理和实验方法；巩固洗涤，重结晶操作；学习熔点的测定。

【实验提要】

水杨酸（邻羟基苯甲酸）是一个既具有酚羟基又具有羧基的双官能团化合物，因此它能进行两种不同的酯化反应。它既能与醇反应，也能与酸反应。在乙酸酐存在下，生成乙酰水杨酸（阿司匹林）。而在过量甲醇存在下，产品则是水杨酸甲酯（冬青油）。在本实验中利用前一种反应合成阿司匹林，反应可表示为：

$$\underset{OH}{\underset{|}{C_6H_4}}COOH + (CH_3CO)_2O \xrightarrow{H_2SO_4} \underset{OCOCH_3}{\underset{|}{C_6H_4}}COOH + CH_3COOH$$

合成阿斯匹林实验中，使用水杨酸和新蒸的乙酸酐在干燥的锥形瓶中反应。这是因为乙酸酐遇水会水解生成乙酸：

$$(CH_3CO)_2O + H_2O \longrightarrow 2CH_3COOH$$

影响产率。同时，用浓硫酸（或浓磷酸）来破坏水杨酸分子内氢键，使反应温度大大降低（不加酸时为150~160℃）。反应温度过高易发生副反应。实验中由于水杨酸在酸存在下会发生缩聚反应，因此有少量副产物聚合物产生：

$$n\underset{OH}{\underset{|}{C_6H_4}}COOH \xrightarrow[-(n-1)H_2O]{H^+} \left[\underset{O}{\underset{|}{C_6H_4}}CO\right]_n$$

该聚合物不溶于碳酸氢钠，而阿司匹林可与 $NaHCO_3$ 生成溶于水的钠盐，借此可将聚合物与阿司匹林分离。

$$\underset{OCOCH_3}{\underset{|}{C_6H_4}}COOH + NaHCO_3 \longrightarrow \underset{OCOCH_3}{\underset{|}{C_6H_4}}COONa + H_2O + CO_2$$

然后酸化得在水中溶解度小的阿司匹林。

$$\underset{OCOCH_3}{\underset{|}{C_6H_4}}COONa + H^+ \longrightarrow \underset{OCOCH_3}{\underset{|}{C_6H_4}}COOH + Na^+$$

最可能存在于最终产物中的杂质是水杨酸本身，它的存在是由于乙酯化反应不完全，或者由于产物在分离步骤中发生水解造成的，此物可通过重结晶被除去。

【仪器和试剂】

1. 仪器和材料

锥形瓶（100mL），布氏漏斗，抽滤瓶，水泵，表面皿，烧瓶，回流冷凝管，烧杯，温度计。

2. 试剂

水杨酸，乙酸酐，饱和碳酸氢钠水溶液，浓硫酸，浓盐酸，乙酸乙酯，乙醇和水的混合溶剂（体积比＝1∶3）。

【实验前的准备】

1. 合成阿司匹林实验中，当水杨酸∶乙酸酐＝1∶2时，产率可达79.1%。本实验如需合成3.5g阿司匹林，求各原料的用量？（乙酸酐需求体积）

2. 合成阿司匹林时，乙酸酐为何要用新蒸馏的？

3. 为什么反应物要温热时慢慢加入冰水？加入冰水的目的又是什么？为何要用冰水冷却？

4. 滤渣为何物？滤液中加1∶2盐酸水溶液，发生了什么反应？

【实验内容】

在干燥的50mL锥形瓶中放入称量好的水杨酸、乙酸酐，滴入5滴浓硫酸，轻轻摇荡锥形瓶使之混合均匀。放入水浴中加热至80~90℃，在此温度反应约20min，从水浴中移出锥形瓶，当内容物温热时[1]慢慢滴入3~5mL冰水，此时反应放热，甚至沸腾。反应平稳后，再加入40mL冰水，用冰水浴冷却，并用玻棒不停搅拌，使结晶完全析出。抽滤，用少量冰水洗涤两次，将阿司匹林的粗产物转移到另一烧杯中，加入25mL饱和$NaHCO_3$溶液，搅拌，直至无CO_2气泡产生，抽滤，用少量水洗涤，将洗涤液与滤液合并，弃去滤渣。

先在另一烧杯中放入5mL浓盐酸，并加入10mL水配好盐酸溶液，再将上述滤液倒入烧杯中，阿司匹林沉淀又析出，冰水冷却使结晶完全析出，抽滤，冷水洗涤，压干滤饼。

将待重结晶的阿司匹林置于圆底烧瓶（或锥形瓶中），加入乙醇和水的混合溶剂（体积比为1:3；溶剂的量为约3.5mL/g粗品），装上球形冷凝管。接通冷凝水后加热到沸腾，并不时振摇[2]，以加速溶解。若所加的溶剂不能使阿司匹林全部溶解，则应从冷凝管上端继续加入少量溶剂，每次加入后应略为振摇并继续加热，观察是否完全溶解，待完全溶解后再补加20%的溶剂，加热，完全溶解，移去热源，冷却，结晶，用布氏漏斗抽滤收集晶体。如果粗品有颜色，则移去热源，稍冷后取下冷凝管，加入少许活性炭，再装上冷凝管，并稍加摇动，重新加热煮沸约5分钟[3]。移去热源，将溶液趁热过滤，冷却，结晶。晶体用布氏漏斗抽滤收集。放在红外灯下烘干[4]。待干燥后测其熔点[5]。称量并计算产率。乙酰水杨酸在$CHCl_3$中的红外光谱图见图3-1。

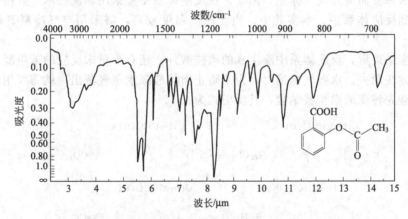

图3-1 乙酰水杨酸（阿司匹林）在$CHCl_3$中的红外光谱图

【注释】
[1] 若温度太低，过量的乙酸酐水解缓慢。
[2] 用手抓住铁架台的铁杆，前后来回摇动。
[3] 若溶液没有颜色，也可不进行此步。
[4] 红外灯烘干，一定要控制好温度，防止受热分解。
[5] 阿司匹林受热易分解，分解温度为128~135℃，因此它的熔点不明显。

【思考与讨论】
1. 在合成阿司匹林时，所用仪器为何一定要干燥？
2. 反应中所加浓硫酸有何作用？
3. 反应结束后反应体系中除了阿司匹林外还有哪些化合物？加入饱和碳酸氢钠碱化、过滤、酸化，这一系列操作的目的是什么？
4. 水杨酸在浓硫酸催化下与甲醇作用生成什么？写出反应式。
5. 阿司匹林在沸水中长时间加热，取少量水溶液加入$FeCl_3$会显紫色，这是为什么？写出反应式。
6. 为什么聚合物不溶于碳酸氢钠，而乙酰水杨酸可以？

实验 3-4 肉桂酸的制备

肉桂酸主要用于制备酯类，供配制紫丁香花香香精及用作医药（心可定）的中间体。也可用作测定铀和钡的试剂。通过实验学习芳醛与酸酐制备肉桂酸的原理，加深对加成-消去反应的理解；初步掌握回流反应、水蒸气蒸馏和重结晶等技术。

【实验提要】

芳香醛和酸酐在碱性催化剂作用下，可以发生类似羟醛缩合的反应，生成 α、β-不饱和芳香酸，这个反应称为 Perkin 反应。催化剂通常是相应酸酐的羧酸钾或钠盐，也可用碳酸钾或叔胺。本实验用苯甲醛和醋酸酐在无水醋酸钾（钠）的存在下发生 Perkin 反应，制备肉桂酸。其反应可表示为：

$$C_6H_5CHO + (CH_3CO)_2O \xrightarrow[150 \sim 170^\circ C]{CH_3COOK} C_6H_5CH=CHCOOH + CH_3COOH$$

在肉桂酸的制备中，反应在 150～170℃下进行，可采用油浴加热。在此反应温度下，反应物会不断挥发而离开反应体系，因此，在反应体系中要采用回流技术，以使挥发的组分冷凝再返回到反应体系中。本实验中，由于回流温度较高，需采用空气冷凝管代替球形冷凝管。

回流反应结束后，反应体系中除生成的肉桂酸外，还有少量未反应的苯甲醛，可采用水蒸气蒸馏的方法除去。水蒸气蒸馏时，为了防止肉桂酸随水蒸气蒸出，就需要用饱和碳酸钠溶液将肉桂酸先转变成肉桂酸钠盐，其反应式为：

$$2\ C_6H_5CH=CHCOOH + Na_2CO_3 \longrightarrow 2\ C_6H_5CH=CHCOONa + CO_2 + H_2O$$

$$C_6H_5CH=CHCOONa + HCl \longrightarrow C_6H_5CH=CHCOOH + NaCl$$

将该粗产品进行重结晶，进一步除去可能存在的其他杂质。

【仪器与试剂】

1. 仪器和材料

250mL 三口烧瓶，电炉，空气冷凝管，75°蒸馏弯头，直形冷凝管，玻璃套管，尾接管，布氏漏斗，抽滤瓶，水泵。

2. 试剂

苯甲醛，乙酸酐，无水醋酸钾，饱和碳酸钠溶液，浓盐酸。

【实验前的准备】

1. 在合成肉桂酸中，当苯甲醛：乙酸酐：醋酸钾＝1：1.56：0.62（摩尔比）时，产率约 54%（以苯甲醛为基准计算）。本实验如需合成 4.0g 肉桂酸，求各原料的用量？（苯甲醛、乙酸酐需求体积）

2. 在合成肉桂酸过程中，为什么要用回流装置？为什么不能用塞子塞住回流冷凝管的顶端？

3. 在制备肉桂酸过程中，需加入少量活性炭并回流 5～10min，此操作有何目的？

4. 在趁热过滤活性炭时，应如何选择过滤方式？并简述其操作过程？

【实验内容】

在 250mL 三口烧瓶中，加入一定量的无水醋酸钾[1]、新蒸馏的乙酸酐、苯甲醛[2]和几粒沸石。装上回流冷凝管，用油浴加热 1～1.5h，温度控制在 150～170℃。

回流完毕后，拆下回流装置。然后慢慢向反应液中加入适量的饱和碳酸钠溶液[3]，使溶液呈碱性（pH≈9）。按图 2-22 进行水蒸气蒸馏，直至馏出液无油珠后即可停止水蒸气蒸馏。

拆除水蒸气蒸馏装置，在上述 250mL 三口烧瓶中，加入少量活性炭，装上回流冷凝管，加热回流 5～10min，过滤，将滤液转移至烧杯中，冷水冷却下，搅拌滤液并慢慢滴加浓盐酸至溶液呈明显酸性。待结晶全部析出后，减压过滤收集结晶，并以少量冷水洗涤晶体。粗品用热水或 70%乙醇进行重结晶，在 100℃以下干燥，称量，计算产率，并测定其熔点。肉桂酸有顺、反异构体，通常以反式为主，为白色单斜棱晶，熔点为 131.5～132℃，沸点 300℃。肉桂酸的红外光谱图见图 3-2。

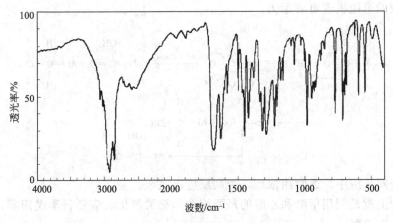

图 3-2 肉桂酸的红外光谱图

【注释】

[1] 无水醋酸钾需新鲜熔焙。方法是将含水醋酸钾放入蒸发皿中加热，盐首先在自己的结晶水中熔化，水分蒸发后又结成固体，再猛烈加热使其熔融，不能搅拌，趁热倒在金属板上，冷却后研碎，放入干燥器中备用。

[2] 苯甲醛久置，由于自动氧化而生成较多苯甲酸，这不但影响反应的进行，而且苯甲酸混在产品中不易除净，将影响产品质量。故本反应所需苯甲醛应事先蒸馏，截取 170～180℃的馏分供使用。

[3] 加入饱和碳酸钠溶液时，一定要慢慢加入，防止产生大量 CO_2 气体，以免使液体冲出烧瓶。

【思考与讨论】

1. 此反应中使用醋酸钾作碱，能否用碳酸钾作碱？
2. 在合成肉桂酸过程中，为什么要用油浴加热而不能用电炉直接加热？
3. 为什么水蒸气蒸馏之前要加碱将溶液的 pH 调为 9？此时溶液中有哪些物质存在？
4. 活性炭脱色过滤后加浓盐酸将溶液调为强酸性是什么目的？
5. 用水蒸气蒸馏必须具备哪些前提条件？
6. 水蒸气蒸馏实验装置中采取哪些措施防止系统发生倒吸和堵塞？

实验 3-5　呋喃甲醇和呋喃甲酸的合成

呋喃甲醇（俗称糠醇）可用于制备各种性能的呋喃型树脂。呋喃甲酸（俗称糠酸）用于合成四氢呋喃、糠酰胺及糖酸酯等；在塑料工业中可用于生产塑料、热固性树脂等；在食品工业中可用做防腐剂。也可用做涂料添加剂、医药香料等的中间体。本实验通过呋喃甲醛合成呋喃甲醇和呋喃甲酸，学习无α-氢原子的醛在浓碱条件下进行康尼查罗（Cannizzaro）反应制备相应醇和酸的原理和方法；了解芳香杂环衍生物的性质；巩固搅拌技术；掌握运用冰水浴冷却反应体系操作技术；掌握反应过程中连续加料、反应体系温度控制以及液态有机物的萃取、干燥、分离等技术；练习低沸点溶剂乙醚的蒸馏操作；巩固减压蒸馏和重结晶操作。

【实验提要】

芳醛和无α-氢的醛在浓碱作用下发生自身氧化还原反应，称为歧化反应，又叫作康尼查罗（S·Cannizzaro）反应。反应中一分子醛被氧化为酸，另一分子醛被还原为醇。

歧化反应的可能机理可表示为：

$$Ar-\overset{H}{\underset{}{C}}=O + OH^- \rightleftharpoons Ar-\overset{H}{\underset{}{C}}-O^- \xrightarrow{Ar-\overset{H}{\underset{}{C}}=O} Ar-\overset{OH}{\underset{}{C}}=O + Ar-\overset{H}{\underset{H}{C}}-O^-$$

$$\longrightarrow Ar-\overset{O^-}{\underset{}{C}}=O + Ar-\overset{H}{\underset{H}{C}}-OH$$
$$\overset{OH}{\underset{}{}}$$
$$Ar-\overset{}{\underset{H}{C}}=O$$

在康尼查罗反应中，通常用浓碱，否则反应不完全。

例如工业上就是利用甲醛和乙醛的羟醛缩合和交叉歧化反应制备季戊四醇，季戊四醇是一种重要的化工原料。

呋喃甲醛又称糠醛，是一种无色液体，在空气中易氧化变黑。糠醛也是重要的工业原料，可用于合成酚醛树脂、医药、农药等。

像苯甲醛一样，糠醛也是不含α-氢的醛，在浓碱存在下可发生康尼查罗反应，生成呋喃甲醇和呋喃甲酸钠，反应如下：

$$2 \text{ } \underset{O}{\boxed{}}\text{—CHO} + NaOH \longrightarrow \underset{O}{\boxed{}}\text{—CH}_2\text{OH} + \underset{O}{\boxed{}}\text{—COONa}$$

在碱性条件下，反应生成呋喃甲醇和呋喃甲酸钠，利用呋喃甲醇在乙醚中的溶解度大于水中溶解度，用乙醚萃取呋喃甲醇，使其与呋喃甲酸钠分离，然后酸化使呋喃甲酸游离出来，反应式如下：

$$\underset{O}{\boxed{}}\text{—COONa} + HCl \longrightarrow \underset{O}{\boxed{}}\text{—COOH} + NaCl$$

【仪器和试剂】

1. 仪器和材料

三口烧瓶，Y形管，滴液漏斗，温度计，电动搅拌器，搅拌棒，聚四氟乙烯搅拌套管，量筒，圆底烧瓶，锥形瓶，蒸馏头，直形冷凝管，接液管，减压蒸馏装置。

2. 试剂

呋喃甲醛，氢氧化钠，乙醚，无水碳酸钾，盐酸。

【实验前的准备】

1. 合成呋喃甲醇和呋喃甲酸的实验中，当呋喃甲醛：氢氧化钠＝1∶1时（摩尔比），产率两者均可达70%，本实验如需合成3.5g呋喃甲醇和4.0g呋喃甲酸，求各原料的用量？（呋喃甲醛需求体积数）

2. 写出呋喃甲醛在浓碱条件下生成呋喃甲醇和呋喃甲酸的反应机理。

3. 用乙醚萃取时，醚层中有何物？为什么要用乙醚（每次10mL）萃取3次，而不是一次用30mL萃取？水相中有何物，如何处理，写出反应式？

4. 蒸除乙醚过程中，要注意哪些问题？

5. 假设你制得4.0g呋喃甲酸，应加入多少毫升水才能使它完全溶解？用水进行重结晶时加入多少水为宜，为什么？

【实验内容】

在装有电动搅拌器、温度计、Y形管和滴液漏斗的100mL三口烧瓶中，加入呋喃甲醛9mL，烧瓶浸于冰水浴中冷却。另取10mL 33%氢氧化钠溶液于滴液漏斗中，在搅拌下，慢慢将氢氧化钠溶液滴加到呋喃甲醛中，调节滴加速度使反应温度不超过12℃[1]，约滴加30min[2]，在此温度下继续搅拌40min，使反应完全，此时反应物为米黄色浆状物。

在搅拌下向反应物中加约15mL水[3]，将析出的沉淀完全溶解，溶液呈完全透明的暗红色。将溶液转入分液漏斗中，用乙醚（每次10mL）萃取3次，合并醚层（保留水层，待下面实验使用），用无水碳酸钾干燥。滤出干燥剂，在水浴上蒸出乙醚[4]。然后进行减压蒸馏，收集沸程为71～73℃/2kPa(15mmHg)的馏分，称重，计算产率。

纯的呋喃甲醇为无色透明液体，沸点170～172℃，折射率n_D^{20}＝1.4868。

将乙醚提取后的水层在搅拌下加入浓盐酸酸化至pH为2～3(用刚果红试纸检验)[5]。冷却结晶，抽滤，用少量水洗涤晶体，抽干。

粗产品用水重结晶时[6]，加适量活性炭脱色，趁热过滤，冷却，析出晶体，过滤，抽干。得白色呋喃甲酸晶体，称重，计算产率。

纯的呋喃甲酸熔点为133～134℃。

呋喃甲酸在水中的溶解度见表3-2。

表3-2 呋喃甲酸在水中的溶解度

温度/℃	0	5	15	100
溶解度/(g/100mL)	2.7	3.6	3.8	25.0

【注释】

[1] 反应温度如高于12℃，则反应进行得很快，反应难于控制，反应物变成深红色，副产物增多。如温度过低，反应过慢，造成氢氧化钠积累，一旦发生反应又过于猛烈，难于控制。一般反应温度控制在12℃左右为好。

[2] 氢氧化钠溶液不应加得过快，因为混合物很快变稠，不能充分搅拌，此时会使氢氧化钠局部过多，局部反应剧烈，温度上升，这种局部过热常引起树脂状物的生成。

[3] 得到的黄色浆状物加水不宜过多，否则会损失一部分产品。

[4] 蒸除乙醚要用水浴，周围不能有明火，水浴温度降低时，可适当加入热水。

[5] 酸要加够，保证pH＝2～3左右，使呋喃甲酸充分结晶出来，这一步是影响呋喃甲酸收率的关键。

[6] 重结晶呋喃甲酸粗品时，不要长时间加热，否则部分呋喃甲酸会被破坏，出现焦油状物。

【思考与讨论】
1. 写出苯甲醛、甲醛在浓氢氧化钠溶液中的反应方程式。
2. 在所给实验条件下，丙醛与氢氧化钠溶液如何进行反应？三甲基乙醛与氢氧化钠溶液如何进行反应？
3. 如何将呋喃甲醛全部转化成呋喃甲醇？

实验 3-6　氯化三乙基苄基铵的合成

氯化三乙基苄基铵属于季铵盐类化合物，是阳离子型表面活性剂、相转移催化剂，在科研和化工生产中有广泛的应用。通过本实验学习季铵盐的制备原理和方法；掌握回流反应的基本操作。

【实验提要】

由叔胺和卤代烃反应可制得季铵盐。本实验由氯化苄和三乙胺在 1,2-二氯乙烷作溶剂的条件下反应而得：

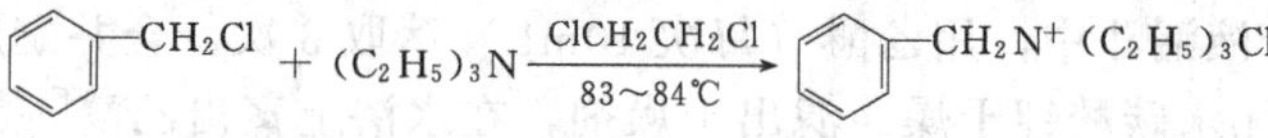

$$PhCH_2Cl + (C_2H_5)_3N \xrightarrow[83\sim84℃]{ClCH_2CH_2Cl} PhCH_2N^+(C_2H_5)_3Cl^-$$

【仪器与试剂】

1. 仪器和材料

100mL 圆底烧瓶，回流冷凝管，烧杯，抽滤瓶，布氏漏斗。

2. 试剂

3g 氯化苄 2.8mL(0.025mol)，2.5g 三乙胺 3.5mL(0.025mol)，12.3g 1,2-二氯乙烷 10mL。

【实验前的准备】

1. 了解季铵盐的制备原理。
2. 了解蒸馏及抽滤等基本操作。

【实验内容】

在干燥的 100mL 圆底烧瓶[1]中，依次加入 2.8mL 新蒸过的氯化苄[2]、3.5mL 三乙胺和 10mL 1,2-二氯乙烷，装上回流冷凝管，将反应物加热回流 1.5h，并间歇振荡之。反应液倒入小烧杯中，冷却后析出白色结晶，过滤[3]，用少量 1,2-二氯乙烷洗涤结晶，100℃下真空干燥，隔绝空气保存[4]。

产量：约 5g。

【注释】

[1] 本实验若用以下装置进行反应则效果更佳：在 100mL 三口烧瓶上，装好机械搅拌、回流冷凝管和玻璃塞。

[2] 久置的氯化苄常伴有苄醇和水。

[3] 若用砂芯漏斗过滤则操作更方便。

[4] TEBA 为季铵盐类化合物，极易在空气中受潮分解。

【思考与讨论】

1. 简述季铵盐类化合物的基本化学性质。
2. 季铵盐类化合物有哪些重要用途？

实验 3-7 2,4-二氯苯氧乙酸（植物生长素）的合成

2,4-二氯苯氧乙酸（2,4-dichlorophenoxyacetic acid）又称 2,4-D，纯品为无色无臭晶体，是一种应用十分广泛的除草剂和植物生长素。低浓度 2,4-二氯苯氧乙酸对植物生长具有刺激作用，能促进作物早熟增产，防止果实如番茄等早期落花落果，并可以导致无籽果实的形成。有趣的是，高浓度 2,4-二氯苯氧乙酸对植物具有灭杀作用，对于双叶子杂草具有良好的防治效果。通过本实验学习芳烃氯化反应原理，掌握次氯酸氯化的方法，初步掌握半微量重结晶技巧。

【实验提要】

2,4-二氯苯氧乙酸的合成方法主要有两类：先氯化法和后氯化法。前者以苯酚为原料，先氯化，再与氯乙酸缩合；后者以苯酚和氯乙酸为原料，先缩合，再氯化。

先氯化法：

$$\text{PhOH} \xrightarrow{Cl_2} \text{2-Cl-PhOH} \xrightarrow[\text{NaOH}]{\text{ClCH}_2\text{COOH}} \text{2,4-Cl}_2\text{-C}_6\text{H}_3\text{OCH}_2\text{COONa} \xrightarrow{\text{HCl}} \text{2,4-Cl}_2\text{-C}_6\text{H}_3\text{OCH}_2\text{COOH}$$

后氯化法：

$$\text{PhOH} \xrightarrow{\text{NaOH}} \text{PhONa} \xrightarrow[\text{NaOH}]{\text{ClCH}_2\text{COOH}} \text{PhOCH}_2\text{COONa}$$

$$\xrightarrow{\text{HCl}} \text{PhOCH}_2\text{COOH} \xrightarrow{Cl_2} \text{2,4-Cl}_2\text{-C}_6\text{H}_3\text{OCH}_2\text{COOH}$$

由于酚羟基对苯环具有很强的致活作用，在先氯化法工艺中容易产生三氯苯氧乙酸副产物。相比较而言，用后氯化法生产的 2,4-二氯苯氧乙酸质量好，收率高，因而后氯化法的应用更为广泛一些。工业上的氯化反应通常采用经压缩贮于钢瓶中的氯气作氯化剂，这在实验教学中是有困难和危险的。本实验采取先缩合后氯化的路线合成 2,4-二氯苯氧乙酸，其中氯化反应是以次氯酸作氯化剂在酸催化下进行，其氯化历程为：

$$\text{HOCl} \xrightleftharpoons{H^+} \text{H}_2\text{O}^+\text{Cl} \xrightleftharpoons{-\text{H}_2\text{O}} \text{Cl}^+ \xrightleftharpoons{\text{C}_6\text{H}_6} [\text{C}_6\text{H}_6\text{Cl}]^+ \xrightleftharpoons{-H^+} \text{C}_6\text{H}_5\text{Cl}$$

反应式：

$$\text{PhOCH}_2\text{COOH} + \text{NaOCl} \xrightarrow{H^+} \text{2,4-Cl}_2\text{-C}_6\text{H}_3\text{OCH}_2\text{COOH}$$

【仪器和试剂】

1. 仪器和材料

三口烧瓶，滴液漏斗，分液漏斗，抽滤瓶。

2. 试剂

1g 苯氧乙酸（0.007mol），21g 5%次氯酸钠水溶液（20mL，0.014mol），12mL 冰醋酸，50mL 二氯甲烷。

【实验前的准备】

1. 写出在酸催化下次卤酸与芳烃发生卤代反应的机理。
2. 在反应物后处理过程中，二氯甲烷和碳酸钠水溶液分别萃取的是什么？
3. 对碳酸钠萃取液酸化时，pH 值应调至何值为宜？
4. 在苯氧乙酸的氯化反应中，如何避免三氯化物的生成？

【实验内容】

在 50mL 三口烧瓶上配置搅拌器、温度计和滴液漏斗。依次向三口烧瓶中加入 1g 苯氧

乙酸和 12mL 冰醋酸[1]。

开动搅拌器，使苯氧乙酸全部溶解。然后在 20～25℃条件下边搅拌边滴加 20mL 5％次氯酸钠水溶液。注意控制温度，必要时可用冰浴冷却。

加料完毕，在室温下继续搅拌 5min。将反应液倒入盛有 50mL 水的烧瓶中，用玻璃棒边搅拌边用滴管滴加 20％盐酸，将混合物的 pH 值调为 3～5。

用 50mL 二氯甲烷分 2 次对酸化后的反应混合物进行萃取。二氯甲烷萃取层用 15mL 水洗涤，然后以 5％碳酸钠水溶液对二氯甲烷萃取层作反萃取（2×30mL），合并水相[2]，并将水相倒入盛有 25g 碎冰的烧杯中，再用 20％盐酸酸化，有产物析出。过滤后水洗，再抽滤。烘干后称重、测熔点并计算产率。粗品可用四氯化碳重结晶（参见 2.2.6）。

2,4-二氯苯氧乙酸为无色晶体，m.p.137～138℃。

记录 2,4-二氯苯氧乙酸的红外光谱，并与图 3-3 作比较，其核磁共振谱见图 3-4。

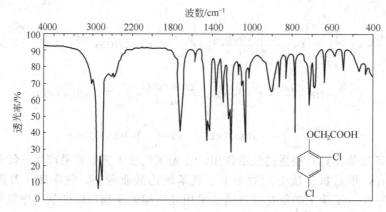

图 3-3　2,4-二氯苯氧乙酸的红外光谱图（研糊法）

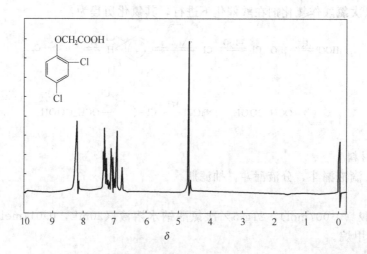

图 3-4　2,4-二氯苯氧乙酸（DMSO-d_6＋CDCl$_3$）的核磁共振谱图

【注释】

[1] 冰醋酸有腐蚀性，量取时要小心。

[2] 注意要分清究竟哪一层是水相，哪一层是有机相。简便的分辨方法是用滴管向分液漏斗中滴 2～3 滴水，如果水滴穿过上层液层落入下层，则下层是水层；如果水滴直接落入上层，则上层为水层。通常在实验结束前不要弃去分离相，万一弄错还可补救。

【思考与讨论】
1. 影响收率的主要因素有哪些？
2. 分析图 3-3，指出 OH、C=O、C—O 等吸收峰在红外光谱中的位置。
3. 试解析 2,4-二氯苯的核磁共振谱图（图 3-4），指出与各吸收峰所对应的质子。

实验 3-8　对溴乙酰苯胺的合成

对溴乙酰苯胺是重要的有机合成中间体。对溴乙酰苯胺水解可得到对溴苯胺，其氨基可以通过重氮化而转化为其他基团，例如卤素、羟基甚至苯环等。通过本实验，学习芳烃卤代反应基本理论，掌握芳烃溴化的方法，以及重结晶及熔点测定技术。

【实验提要】

芳烃卤代一般以亲电取代反应为主。从功能基团的转换功能来看，对溴苯胺的作用要比对溴乙酰苯胺更为直接。为什么不直接由苯胺溴化直接制取对溴苯胺呢？因为氨基是一强供电子基，对苯环有很强的活化作用。直接溴化几乎全是三取代产物。事实上，在溴的水溶液中就会迅速反应，生成三取代产物，几乎是定量的。

$$\text{C}_6\text{H}_5\text{NH}_2 \xrightarrow{\text{Br}_2/\text{H}_2\text{O}} \text{2,4,6-三溴苯胺} + \text{HBr} \quad 99\%$$

苯胺经乙酰化后降低了氨基对苯环的活化作用，在温和条件下，例如用乙酸稀释溴作溴化剂，就能得到溴化乙酰苯胺。由于乙酰氨基仍具有一定的活化作用，故在溴代时不必加入铁粉或三溴化铁作催化剂。在乙酰苯胺分子中，由于乙酰氨基属邻、对位定位基，理论上讲，应有两种产物。然而事实上，在本实验中，主要产物为对位产物（约95%），仅有少量邻位产物。其主要原因是乙酰氨基体积较大，在形成邻位产物时，会产生较强的空间位阻效应，从而导致乙酰苯胺溴化时以对位产物为主。

相对来讲，一溴代乙酰苯胺的分离纯化比较容易。通常二取代芳烃异构体中，对位的结构相对邻位更对称，所以对位的熔点一般要比邻位高。在溶解性方面有类似规律。例如，在同一溶剂中，对位异构体的溶解度要比邻位异构体的小，因而可以通过分级结晶将它们分离。

$$\text{C}_6\text{H}_5\text{NHCOCH}_3 + \text{Br}_2 \xrightarrow{\text{HAc}} \text{邻-Br-C}_6\text{H}_4\text{NHCOCH}_3 + \text{对-Br-C}_6\text{H}_4\text{NHCOCH}_3$$
（少量 m.p.99℃）　　（m.p.167℃）

【仪器和试剂】
1. 仪器和材料

三口烧瓶，滴液漏斗，温度计，回流冷凝管。

2. 试剂

13.5g 乙酰苯胺（0.1mol），16g 溴（5mL，0.1mol），36mL 冰醋酸，1~2g 亚硫酸氢钠。

【实验前的准备】
1. 了解对溴乙酰苯胺的合成原理
2. 使用溴时主要应注意什么？
3. 了解重结晶的原理和方法。

【实验内容】
在 250mL 三口烧瓶上，配置搅拌器、滴液漏斗和回流冷凝管，回流冷凝管连接气体吸收装置以吸收反应中产生的溴化氢。

向三口烧瓶中加入 13.5g 乙酰苯胺和 30mL 冰醋酸，用温水浴稍稍加热，使乙酰苯胺溶解。然后，在 45℃浴温条件下，边搅拌边滴加 16g 溴和 6mL 冰醋酸配成的溶液。滴加速度以棕红色溴能较快褪去为宜。

滴加完毕，在 45℃浴温下继续搅拌反应 1h，然后将浴温提高至 60℃，再搅拌一段时间，直到反应混合物液面不再有红棕色蒸气逸出为止。

将反应混合物倾入盛有 20mL 冷水的烧杯中（如果产物带有棕红色，可事先将 1g 亚硫酸氢钠溶入冷水中；如果产物颜色仍然较深，可适量再加一些亚硫酸氢钠）。用玻璃棒搅拌 10min，待反应混合物冷却至室温后过滤，用冷水洗涤滤饼并抽干，在 50~60℃温度下干燥，产物可直接用于对溴苯胺的制备。

对溴乙酰苯胺可以用甲醇或乙醇重结晶。产物经干燥后，称重、测熔点并计算产率。对溴乙酰苯胺为无色晶体，m.p.164~166℃。

【思考与讨论】
1. 乙酰苯胺的一溴代产物为什么以对位异构体为主？
2. 在溴化反应中，反应温度的高低对反应结果有何影响？
3. 在对反应混合物的后处理过程中，用亚硫酸氢钠水溶液洗涤的目的是什么？
4. 产物中可能存在哪些杂质，如何除去？

实验 3-9　2,4-二硝基氯苯的合成

2,4-二硝基氯苯为淡黄色晶体，有苦杏仁气味。由于 2,4-二硝基氯苯分子中的氯原子很活泼，它在碳酸钠水溶液中共热回流，即可水解得到 2,4-二硝基苯酚。2,4-二硝基氯苯主要用于染料制备。也是合成二硝基苯胺、苦味酸、4-硝基-2-氨基苯酚的中间体。还可合成农药二硝散等。2,4-二硝基氯苯在相转移催化剂作用下与亚硫酸氢钠反应，生成染料中间体 2,4-二硝基苯磺酸钠盐。

通过本实验，学习芳烃硝化反应的基本原理和硝化方法，加深对芳烃亲电取代反应历程的理解。掌握重结晶操作技术。

【实验提要】
芳香族硝基化合物可以通过芳香族化合物的硝化而制得。常用的硝化试剂是浓硝酸和浓硫酸的混合物（俗称混酸）。本实验以氯苯为原料通过硝化制得 2,4-二硝基氯苯。其反应可表示为：

$$\text{C}_6\text{H}_5\text{Cl} + \text{HONO}_2 \xrightarrow{\text{H}_2\text{SO}_4(\text{浓})} \text{2,4-(NO}_2\text{)}_2\text{C}_6\text{H}_3\text{Cl}$$

芳烃的硝化属于亲电取代反应，根据芳环上的取代基不同，其反应的速率和产物的结构不同。本实验的原料——氯苯，其取代基为氯原子，是邻、对位定位基，在硝化时，单取代产物分别为邻硝基氯苯和对硝基氯苯。生成单取代产物后，由于硝基为吸电子基，因此再硝化生成二硝基氯苯较难。但可通过提高反应温度、增大混酸浓度等措施来制备。

【仪器和试剂】

1. 仪器和材料

锥形瓶，100mL 三口烧瓶，冷凝管，滴液漏斗，温度计。

2. 试剂

6.7g 氯苯（6mL，0.06mol），25g 浓硫酸（$d=1.52$）（17mL，0.4mol），31g 浓硫酸（$d=1.83$）（17mL，0.32mol），30mL 乙醇。

【实验前的准备】

1. 了解芳烃亲电取代反应原理。
2. 根据亲电取代反应机理，本实验采取什么措施来制备 2,4-二硝基氯苯？

【实验内容】

将盛有 17mL 浓硝酸的锥形瓶置于冷水浴中，在摇荡下慢慢加入 17mL 浓硫酸，制成混酸备用[1]。

在 100mL 四口烧瓶上配置搅拌器、温度计、冷凝管和滴液漏斗。先加入 6mL 氯苯，然后在搅拌下慢慢滴加上述混酸[2]，反应温度控制在 50～55℃。

混酸加完后（约需 20min），在水浴上加热（50～60℃）1h，并保持搅拌。然后，将反应物倾入盛有 50g 碎冰的烧杯中，2,4-二硝基氯苯立刻析出[3]。然后减压过滤，收集固体粗产物[4]。

粗产物经水洗至中性，减压过滤，用玻璃盖将滤饼压干。

粗产物可用乙醇重结晶，重结晶时，每克 2,4-二硝基氯苯粗品约需 2mL 95% 乙醇。产物经干燥后称重、测熔点并计算产率。

2,4-二硝基氯苯为针状结晶，m.p.53℃[5]。

【注释】

[1] 浓硝酸和浓硫酸是强腐蚀性试剂！万一溅到手上应用大量水冲洗。

[2] 搅拌要均匀，否则一旦发生反应，温度极易失控。

[3] 如果将粗产物倒入 50mL 冷水中，需静置片刻才析出晶体。

[4] 2,4-二硝基氯苯有毒，对皮肤及黏膜有刺激作用，过滤操作时要格外小心。如果不慎让 2,4-二硝基氯苯沾到皮肤上，应先用乙醇擦洗，再用肥皂洗涤。

[5] 2,4-二硝基氯苯有三种不同熔点的晶型：α 型 m.p.53℃，β 型 m.p.43℃，γ 型 m.p.27℃。它们的沸点相同：b.p.315℃。本实验方法制得的产物 m.p.52～53℃。

【思考与讨论】

1. 本实验能否用浓硝酸替代混酸对氯苯进行二硝基化反应？
2. 如果制备邻硝基氯苯或对硝基氯苯，应该选择什么样的硝化条件？
3. 以混酸作硝化剂进行硝化反应时，浓硫酸起什么作用？

实验 3-10　间二硝基苯的制备及其精制

硝化反应是芳香族化合物重要而典型的亲电取代反应之一。由硝基苯制备间二硝基苯，首先是硝化试剂中发烟硝酸与浓硫酸作用产生硝基正离子，由于硝基苯上的硝基是间位定位基，致使硝基正离子对硝基苯的间位发生亲电加成反应，从而生成间二硝基苯。本实验通过间二硝基苯的制备和精制，使学生了解芳香族化合物硝化反应的原理和方法，学会有机固体化合物的洗涤方法，并掌握减压过滤、重结晶等基本操作技术。

【实验提要】

主反应：

$$HONO_2 + 2H_2SO_4 \rightleftharpoons \overset{+}{NO_2} + H_3O^+ + HSO_4^-$$

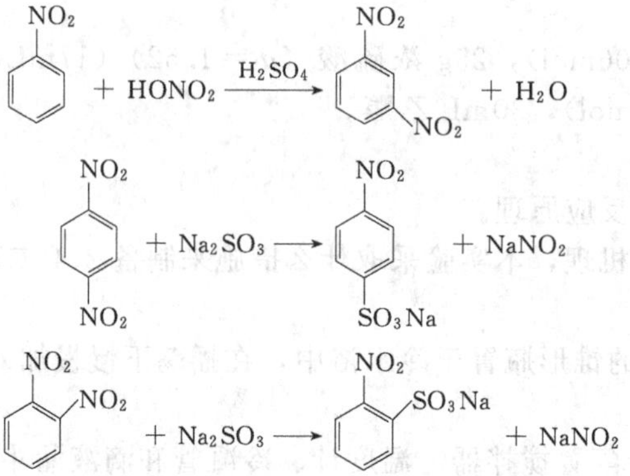

$$\text{PhNO}_2 + HONO_2 \xrightarrow{H_2SO_4} \text{m-}C_6H_4(NO_2)_2 + H_2O$$

$$\text{1,4-}(NO_2)_2C_6H_4 + Na_2SO_3 \longrightarrow \text{4-}NO_2\text{-}C_6H_4\text{-}SO_3Na + NaNO_2$$

$$\text{1,2-}(NO_2)_2C_6H_4 + Na_2SO_3 \longrightarrow \text{2-}NO_2\text{-}C_6H_4\text{-}SO_3Na + NaNO_2$$

副反应：

$$\text{o-}C_6H_4(NO_2)\text{H} + HONO_2 \xrightarrow{H_2SO_4} \text{1,2-}(NO_2)_2C_6H_4 + H_2O$$

$$\text{PhNO}_2 + HONO_2 \xrightarrow{H_2SO_4} \text{1,4-}(NO_2)_2C_6H_4 + H_2O$$

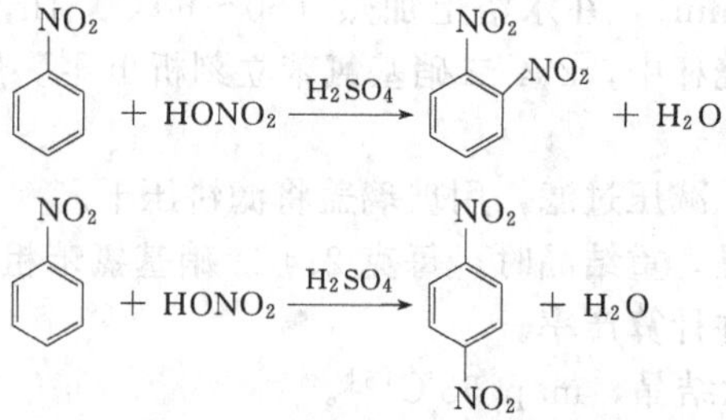

【仪器与试剂】

1. 仪器和材料

三口烧瓶，空气冷凝管，布氏漏斗，循环水泵，电动搅拌器，吸滤瓶，锥形瓶，蒸馏头，空心塞，温度计，螺口接头，试管，量筒。

2. 试剂

硝基苯（A.R.），硝酸（$d=1.4$），浓硫酸（$d=1.84$），无水碳酸钠（A.R.），95%乙醇，肥皂，亚硫酸钠（A.R.）。

【实验前的准备】

1. 如何控制本硝化反应只在间位发生而不在其他位置？
2. 本实验中的各试剂的用量是多少？
3. 反应的最后产率应该怎样计算？
4. 实验过程中有哪些应该特别注意的地方？
5. 间二硝基苯精制的原理是什么？

【实验内容】

1. 制备

（1）反应装置的组装及反应液配制

在干燥的50mL的圆底烧瓶中放入8.5mL浓硫酸。把烧瓶置于冷水浴中，缓慢地加入

6.3mL 硝酸，同时不断摇动烧瓶，然后加入 2.0mL 硝基苯[1]。在烧瓶上装一个空气冷凝管。将烧瓶放在沸水浴上加热 1h（见图 3-5），间歇地摇动烧瓶[2],[3]。

（2）反应终点的确定

用吸管吸取少许上层反应物，滴入盛有冷水的试管中，如果立刻有淡黄色的固体析出，表示反应已经完成；如果呈半固体状，则需继续加热，直到反应完成。

（3）反应产物的简单处理

当反应混合物冷却至约 70℃时，在剧烈搅拌下，把反应物以细流慢慢地倒入盛有 40mL 冷水的烧杯中。粗二硝基苯成块状物沉入器底。冷却后，倾去酸液。烧杯中加入 25mL 热水，加热至固体溶化。搅拌数分钟后，冷却之，倾去稀酸液。烧杯中再加入 25mL 热水，加热至固体溶化，然后一边搅拌，一边分几次加入粉状碳酸钠，直到水溶液呈显著碱性为止。冷却后，倾去碱液。粗二硝基苯再用 50mL 热水分两次洗涤。冷却后减压过滤，尽量挤去水分。取出产物，用 95%乙醇进行重结晶。

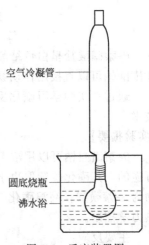

图 3-5　反应装置图

（4）数据处理

称出间二硝基苯的质量，计算产率。

2. 粗间二硝基苯的精制

（1）精制装置的组装

在装有电动搅拌器的 100mL 三口烧瓶中，放入 8.4g 粗间二硝基苯和 30mL 水，一侧口装温度计，另一侧口盖上塞子（见图 3-6）。

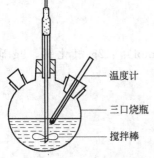

图 3-6　精制装置图

（2）精制实验步骤

开动搅拌器，在石棉网上用小火加热至 80℃，使粗间二硝基苯溶解。加入 0.3g 肥皂后加热至 90～95℃，在 30min 内往悬浮液中加入 1.5g 亚硫酸钠晶体，继续搅拌 2h。反应混合物中的邻、对位异构体溶解到溶液中，颜色变为暗棕色。在继续搅拌下冷却反应物至室温。

固体用布氏漏斗抽滤，挤压出水分，取出固体。将固体放在 30mL 水加热溶解，在搅拌下冷却至室温。抽滤，得到淡黄色晶体。

【注释】

[1] 本实验中的硝基苯、间二硝基苯均为有毒物质，且硝酸、浓硫酸为强腐蚀性物质，进行操作时必须小心谨慎，不要接触皮肤。

[2] 烧瓶和冷凝管都应该用铁夹夹紧。摇动时注意不要让连接处松开。

[3] 本实验操作应在通风橱中进行，保持良好的通风。

【思考与讨论】

1. 为什么制备间二硝基苯要在较强烈的反应条件下进行？
2. 进行硝化反应时，最后通常是将反应混合物倒入大量水中，这步操作的目的何在？
3. 制得的间二硝基苯中有什么杂质？如何去除？
4. 在精制过程中，抽滤后的固体放入 30mL 水中加热溶解，在搅拌下冷却到室温再抽滤，这种精制方法有什么好处？被精制的物质必须具备什么性质？

实验 3-11 β-萘磺酸钠的合成

β-萘磺酸盐呈白色结晶或粉末，由于它含有强极性基团—SO_3Na，故其水溶性极好。β-萘磺酸钠可以直接用作动物胶的乳化剂，也可方便地转化为 β-萘酚。

通过本实验学习磺化反应的原理和实验方法，掌握用脱硫酸钙法分离和纯化磺酸钠盐的技术。

【实验提要】

β-萘磺酸钠可以用浓 H_2SO_4 对萘进行磺化，再经中和成盐后而制得。萘的磺化反应是可逆的，其磺化位置取决于反应条件。实验表明，萘在低温条件下磺化（<80℃），主要产物为 α-萘磺酸；高温磺化（约180℃），主要产物为 β-萘磺酸。前者为动力学控制，后者为热力学控制。

主要反应：

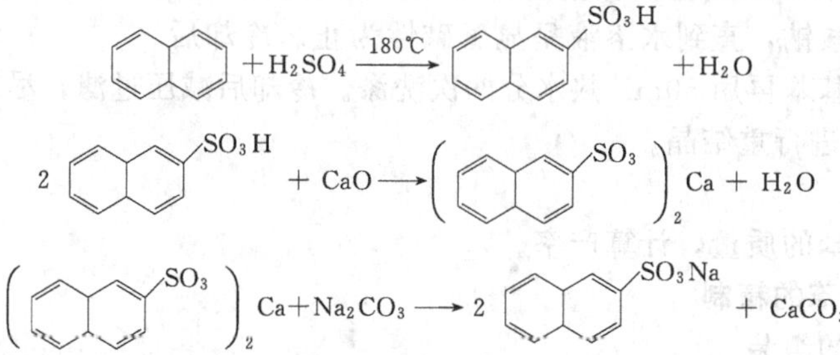

$$\text{萘} + H_2SO_4 \xrightarrow{180℃} \text{萘-2-}SO_3H + H_2O$$

$$2\,\text{萘-2-}SO_3H + CaO \longrightarrow (\text{萘-2-}SO_3)_2Ca + H_2O$$

$$(\text{萘-2-}SO_3)_2Ca + Na_2CO_3 \longrightarrow 2\,\text{萘-2-}SO_3Na + CaCO_3$$

【仪器和试剂】

1. 仪器和材料

100mL 三口烧瓶，温度计，抽滤瓶，布氏漏斗。

2. 试剂

9g 萘（0.07mol），10g 浓硫酸（$d=1.84$）（5.5mL，0.1mol），12g 氧化钙，9g 碳酸钠。

【实验前的准备】

1. 了解磺化反应的基本原理。
2. 为什么萘磺化产物随温度变化？

【实验内容】

在 100mL 三口烧瓶上，配置搅拌器和温度计，加入 9g 研细的萘和 5.5mL 浓硫酸，置于油浴中于 170~180℃ 加热 1h[1]。

静置稍冷，在搅拌下将反应混合物慢慢倒入盛有 150mL 冷水的烧杯中，未反应完全的萘以固体形式析出，经过滤除去，保留滤液。

对滤液加热至温热，搅拌下加入用 12g 氧化钙与水配成的悬浊液，使溶液呈中性[2]。静置冷却，有硫酸钙沉淀析出。

过滤除去沉淀物。如果滤液仍然混浊，再用滤纸过滤一遍，保留滤液。此时，β-萘磺酸钙盐溶解于滤液之中。

将 β-萘磺酸钙盐的稀溶液置于蒸发皿中浓缩，直到用玻璃棒沾一滴液体就开始析出结晶为止[3]。然后静置，冷却，使之结晶。

过滤所得到的 β-萘磺酸钙盐，用少量水洗涤，再将其溶于热水中，加入饱和碳酸钠水溶液至溶液呈弱碱性。静置冷却，有碳酸钙沉淀析出。

过滤后,弃去碳酸钙,将滤液置于蒸发皿中蒸发浓缩至有结晶出现,停止加热,静置冷却,使结晶析出。过滤后,再将滤液浓缩一次,可以获得第二批结晶。

将两批结晶合并干燥,即得 β-萘磺酸钠盐。产物呈透明片状晶体。称重、计算产率。

图 3-7 和图 3-8 分别为 β-萘磺酸钠的红外光谱和核磁共振谱。

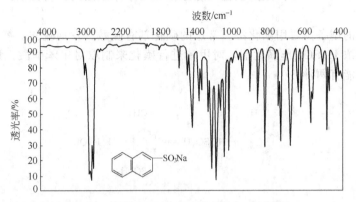

图 3-7　β-萘磺酸钠的红外光谱图(研糊法)

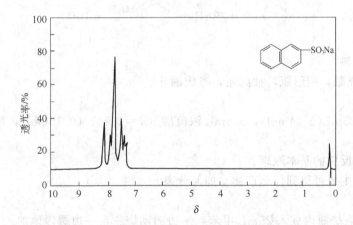

图 3-8　β-萘磺酸钠(D_2O)的核磁共振谱图

【注释】

[1] 浓硫酸有强腐蚀性,量取时要当心!高温油浴时,千万不要溅进水,以防油浴暴沸引起烫伤。

[2] 也可以用碳酸钙中和,以除去过剩的硫酸。

[3] 与 β-萘磺酸钙相比,α-萘磺酸钙的水溶性更强。利用它们在溶解度上的差异,通过浓缩,β-萘磺酸钙先析出,从而除去 α-异构体。

【思考与讨论】

1. 在萘的磺化过程中,选择什么样的条件有利于 β-异构体的生成?

2. 萘的磺化反应结束后,可否随意加入其他碱溶液(如碳酸钠)对反应液进行中和?

3. 在浓缩提取 β-萘磺酸钙盐时,能否将溶剂全部蒸干以获取更多的产物?

4. 在提纯 β-萘磺酸钠盐时,如何除去其 α-异构体?

5. 本实验也可采用盐析法分离出 β-萘磺酸钠盐,试依盐析法拟定 β-萘磺酸钠盐的分离纯化步骤。

实验 3-12 对甲苯磺酸的制备

对甲苯磺酸是重要的有机合成中间体,主要用于医药、农药、纺织、染料、塑料、涂料等行业。通过本实验,学习芳烃的磺化反应原理和对甲苯磺酸的制备方法。

【实验提要】

对甲苯磺酸的制备主要用磺化法。常用的磺化剂有硫酸、发烟硫酸、氯磺酸和三氧化硫等。本实验采用浓 H_2SO_4 作磺化剂,对甲苯进行磺化来制取对甲苯磺酸,该反应为亲电取代反应。产物可能有两种:

主反应:

$$\text{C}_6\text{H}_5\text{CH}_3 + \text{HOSO}_3\text{H} \rightleftharpoons \text{CH}_3\text{-C}_6\text{H}_4\text{-SO}_3\text{H} + \text{H}_2\text{O}$$

副反应:

$$\text{C}_6\text{H}_5\text{CH}_3 + \text{HOSO}_3\text{H} \rightleftharpoons o\text{-CH}_3\text{-C}_6\text{H}_4\text{-SO}_3\text{H} + \text{H}_2\text{O}$$

【仪器和试剂】

1. 仪器和材料

50mL 圆底烧瓶,锥形瓶,抽滤瓶,布氏漏斗。

2. 试剂

21.7g 甲苯 25mL(0.24mol),5.5mL 浓硫酸($d=1.84$)(0.10mol),精盐,浓盐酸。

【实验前的准备】

1. 了解磺化反应的基本原理。
2. 甲苯磺化主要可得到什么产物?如何分离?

【实验内容】

在 50mL 圆底烧瓶内放入 25mL 甲苯,一边摇动烧瓶,一边缓慢地加入 5.5mL 浓硫酸,投入几根上端封闭的毛细管,毛细管的长度应能使其斜靠在烧瓶颈内壁。在石棉网上用小火加热回流 2h 或至分水器中积存 2mL 水为止。

静置。冷却反应物。将反应物倒入 60mL 锥形瓶内,加入 1.5mL 水,此时有晶体析出。用玻璃棒慢慢搅动,反应物逐渐变成固体。用布氏漏斗抽滤,用玻璃塞挤压以除去甲苯和邻甲苯磺酸,得粗产品约 15g。(实验到此约需 3h)

若欲获得较纯的对甲苯磺酸,可进行重结晶。在 50mL 烧杯(或大试管)里,将 12g 粗产品溶于约 6mL 水里。往此溶液中通入氯化氢气体[1],直到有晶体析出。在通氯化氢气体时,要采取措施,防止"倒吸"[2]。析出的晶体用布氏漏斗快速抽滤。晶体用少量浓盐酸洗涤。用玻璃塞挤压去水分,取出后保存在干燥器里。

纯对甲苯磺酸水合物($\text{CH}_3\text{-C}_6\text{H}_4\text{-SO}_3\text{H}\cdot\text{H}_2\text{O}$)为无色单斜晶体,熔点 104~105℃。

实验所需时间:4~6h。

【注释】

[1] 此操作必须在通风橱内进行。发生氯化氢气体最常用的方法是:在广口圆底烧瓶里放入粗盐,加入浓盐酸至浓盐酸的液面盖住食盐表面。配一橡皮塞,钻三孔,一孔插滴液漏斗,一孔插压力平衡管,一孔插氯化氢气体导出管。滴液漏斗上口与玻璃平衡管通过橡皮塞

紧密相连接（不能漏气）。在滴液漏斗中放入浓硫酸。滴加浓硫酸，就产生氯化氢气体。

[2] 为了防止"倒吸"，可不用插入溶液中的玻璃管来引入氯化氢气体。而是使气体通过一略微倾斜的倒悬漏斗让溶液吸收，漏斗的边缘有一半浸入溶液中，另一半在液面之上。

【思考与讨论】

1. 按本实验的方法，计算对甲苯磺酸的产率时应以何原料为基准，为什么？
2. 利用什么性质除去对甲苯磺酸中的邻位衍生物？
3. 在本实验条件下，会不会生成相当量的甲苯二磺酸？为什么？

实验 3-13 二苯酮的合成

二苯酮是紫外线吸收剂，有机颜料、医药、香料、杀虫剂的中间体，医药工业中用于生产双环己哌啶、苯甲托品氢溴酸盐、苯海拉明盐酸盐等。本品本身是苯乙烯聚合抑制剂和香料定香剂，能赋予香精以甜的气息，用在许多香水和皂用香精中。通过本实验，加深对 Friedel-Crafts 反应的理解；进一步熟练对溶于水的有毒尾气的处理；熟练重结晶、回流、蒸馏、搅拌、萃取等技术。

【实验提要】

芳烃在无水三氯化铝催化剂的作用下与烷基化剂（如卤代烷）或酰基化剂（如酰卤、酸酐）反应，芳环上的氢被烷基或酰基取代，这一类反应统称为 Friedel-Crafts 反应，简称傅-克反应。其中酰基化反应是合成芳酮的重要方法之一。本实验就是用苯与苯甲酰氯在无水三氯化铝存在下发生傅-克酰基化反应合成二苯酮。其反应可表示为：

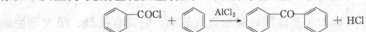

反应生成的芳酮（二苯酮）可与三氯化铝形成配合物，因此要得到芳酮必须用酸（如盐酸）分解该配合物。该配合物水解时产生碱式铝盐和 HCl 气体。生成的碱式铝盐用盐酸溶解，同时放出大量的热，因此要注意降温并吸收 HCl 气体。

【仪器与试剂】

1. 仪器和材料

三颈瓶（250mL），冷凝管，干燥管，长颈漏斗，搅拌器，量筒，烧瓶，分液漏斗，锥形瓶，布氏漏斗，吸滤瓶，水泵。

2. 试剂

无水苯，新蒸苯甲酰氯，无水三氯化铝，乙醚，5% NaOH 溶液，浓盐酸，无水硫酸镁，石油醚（60~90℃），活性炭。

【实验前的准备】

1. 了解二苯酮的合成原理和方法。
2. 合成二苯酮实验中，当无水苯：新蒸苯甲酰氯：无水三氯化铝＝80：14：17（摩尔比）时，产率达 52.0%。本实验需合成 5.3g 二苯酮，求各原料的用量？（苯、苯甲酰氯需求体积数）。

【实验内容】

在 250mL 三颈瓶上分别装置搅拌器、滴液漏斗及冷凝管[1]。在冷凝管上端装一氯化钙干燥管，后者再接一氯化氢气体吸收装置。

向三颈瓶中迅速加入研碎的无水三氯化铝[2]和无水苯，在搅拌下慢慢滴加新蒸苯甲酰氯和10mL无水苯的混合液。反应很快就开始，随着反应的进行和氯化氢气体不断放出，三氯化铝逐渐溶解，反应温度也升高。应控制滴加速度，滴加时间约需20min。加完后在70℃左右水浴上加热回流，至无HCl气体逸出，约需40min。冷却后在搅拌下慢慢加入30g冰和18mL浓盐酸的混合液。当瓶内固体完全溶解后，水层用10mL苯萃取一次，合并苯层。苯层依次用20mL×2水、20mL 50% NaOH、20mL水洗涤。苯层用无水硫酸镁干燥。干燥后滤去干燥剂。在苯溶液中加入活性炭（约0.3g），煮沸脱色，滤去活性炭。用小火蒸去苯。冷却后，得到二苯酮粗品。粗品用石油醚（60~90℃）进行重结晶，可得纯的二苯酮产品。

纯二苯酮有两种晶型，α型较稳定，熔点48.1℃；β型熔点26.1℃；$d_4^{20}=1.1460$，$n_D^{49}=1.6077$。

【注释】

[1] 所用仪器和药品必须充分干燥。

[2] 无水三氯化铝的质量是实验好坏的关键因素。研细、称量和投料时都要迅速。

【思考与讨论】

1. 本实验成功的关键是什么？
2. 反应完成后为什么要加入冰和浓盐酸的混合物？
3. 实验室中可用什么试剂代替苯甲酰氯来合成二苯酮？

实验3-14　2-叔丁基对苯二酚（食用抗氧剂）的合成

2-叔丁基对苯二酚，又称叔丁基氢醌，属酚类抗氧剂，它具有抗氧、阻聚等性能，并且低毒、价廉。因此，2-叔丁基对苯二酚不仅可用作橡胶、塑料抗氧剂，而且还大量用作食品添加剂。通过本实验学习傅-克烷基化理论，初步掌握以醇作烷基化试剂的烷基化实验方法；掌握水蒸气蒸馏和重结晶等操作技术。

【实验提要】

2-叔丁基对苯二酚可以通过烷基化反应而制得的。常用的烷基化试剂有卤代烃、烯烃、醇等。本实验由叔丁醇作烷基化试剂，在酸催化下与对苯二酚发生烷基化反应而制得：

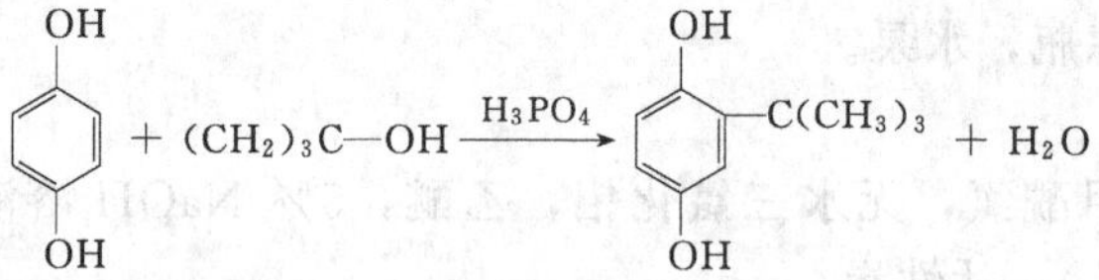

对苯二酚 + $(CH_3)_3C-OH$ $\xrightarrow{H_3PO_4}$ 2-叔丁基对苯二酚 + H_2O

其反应可通过下列方式完成：

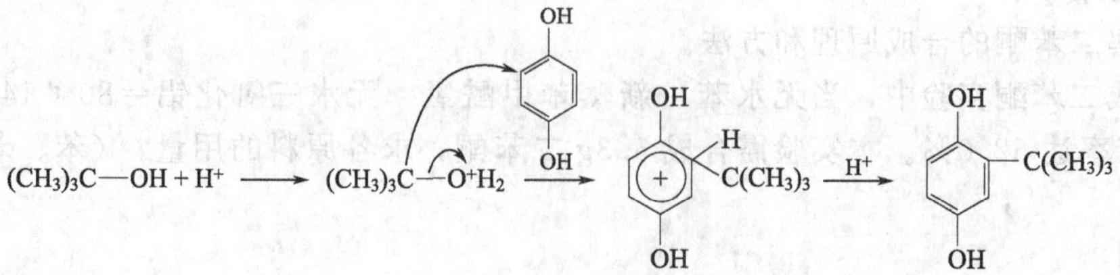

$(CH_3)_3C-OH + H^+ \longrightarrow (CH_3)_3C-O^+H_2 \longrightarrow$ 中间体 $\xrightarrow{H^+}$ 产物

【仪器与试剂】

1. 仪器和材料

100mL三口烧瓶，搅拌器，滴液漏斗，球形冷凝管，水蒸气发生器。

2. 试剂

2.2g 对苯二酚（0.02mol），1.5g 叔丁醇（2mL，0.02mol），8mL 浓磷酸，10mL 甲苯。

【实验前的准备】

1. 了解烷基化反应的基本原理。
2. 了解水蒸气蒸馏的基本原理和操作方法。
3. 了解重结晶的基本原理和操作步骤。

【实验内容】

在 100mL 四口烧瓶上，配置搅拌器、滴液漏斗、温度计和回流冷凝管。

依次将 2.2g 对苯二酚、8mL 浓磷酸[1]和 10mL 甲苯加入三口烧瓶中[2]。

在搅拌下，用水浴加热使反应瓶中的混合物升温至 90℃，然后自滴液漏斗向反应瓶慢慢滴加 2mL 叔丁醇，控制反应温度在 90～95℃。

滴加完毕（需时约 15min），在 90℃条件下继续搅拌 20min 左右，直到混合物中的固体物全部溶解为止[3]。

反应完毕，趁热将反应物倒入分液漏斗并分出磷酸层。再将有机相转入三口瓶中，并加入 20mL 水，直接进行水蒸气蒸馏（见图 2-22），蒸除溶剂。

蒸馏完毕，将烧瓶中的残余水溶液趁热过滤[4]，弃去不溶物，滤液转入烧杯中[5]。

如果残余液体积不足 20mL，应补加热水，使产物尽可能被热水所提取。

让滤液静置冷却至室温，有白色晶体析出，过滤，滤饼用冷水洗涤两次，抽滤后干燥，即得 2-叔丁基对苯二酚，称重、测熔点并计算产率。

2-叔丁基对苯二酚可用水重结晶，纯品为无色针状结晶，m.p.127～129℃。

记录 2-叔丁基对苯二酚的红外光谱，并与图 3-9 作比较，其核磁共振谱见图 3-10。

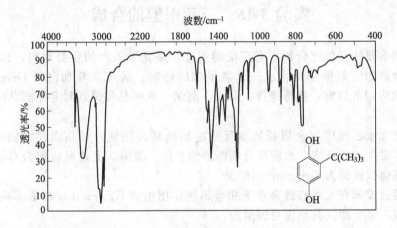

图 3-9 2-叔丁基对苯二酚的红外光谱图（研糊法）

【注释】

[1] 磷酸具有腐蚀性，量取时要当心。

[2] 甲苯作为反应溶剂。羟基和甲基相比较，羟基对苯的活化效应更强，故在对苯二酚的烷基化反应中，只要烷基化试剂不过量，甲苯可以作为惰性溶剂来使用。

[3] 对苯二酚不溶于甲苯，而 2-叔丁基对苯二酚溶于甲苯。因此，当固体物质对苯二酚完全溶解时，可以认为反应即告结束。

[4] 过滤用的漏斗要事先预热，以防漏斗堵塞。

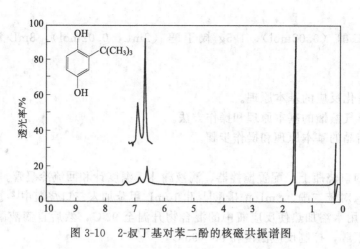

图 3-10　2-叔丁基对苯二酚的核磁共振谱图

[5] 2-叔丁基对苯二酚溶于热水中，微溶于冷水；二取代物 2,5-叔丁基对苯二酚不溶于热水。

【思考与讨论】
1. 本实验以甲苯作溶剂是否会产生甲苯烷基化产物？
2. 本实验可能有哪些副反应？为了减少副反应，实验中采取了什么措施？
3. 水蒸气蒸馏时，如何判断终点？
4. 水蒸气蒸馏结束后，为什么要趁热对残余液过滤？
5. 试根据图 3-9 和图 3-10 说明产物的主要结构特征。

实验 3-15　三苯甲醇的合成

醇是一类重要的有机化合物，有广泛的用途，是化工生产的重要原料，也是常用的溶剂。本实验合成的三苯甲醇是合成三苯氯甲烷的原料。通过实验加深对 Grignard 反应及 Grignard 试剂应用的理解；熟练搅拌、回流、蒸馏、重结晶和熔点测定等技术。

【实验提要】

卤代烃在无水乙醚中与金属镁发生反应生成烃基卤代镁，烃基卤代镁能和环氧乙烷、醛、酮、酯等发生加成反应，水解后分别得到伯、仲、叔醇。上述反应称为 Grignard 反应，中间产物烃基卤代镁称为 Grignard 试剂。

本实验通过溴苯在无水乙醚存在下和金属镁作用生成 Grignard 试剂苯基溴化镁再与二苯酮反应合成三苯甲醇。其反应可表示为：

$$\text{C}_6\text{H}_5\text{-Br} \xrightarrow[\text{Et}_2\text{O}]{\text{Mg}} \text{C}_6\text{H}_5\text{-MgBr} \xrightarrow[\text{Et}_2\text{O}]{\text{Ph}_2\text{CO}} \text{Ph}_3\text{COMgBr} \xrightarrow{\text{NH}_4\text{Cl, H}_2\text{O}} \text{Ph}_3\text{COH}$$

反应必须在无水和无氧条件下进行，因为 Grignard 试剂遇水分解，遇氧会继续发生插入反应：

$$\text{C}_6\text{H}_5\text{-MgBr} + \text{H}_2\text{O} \longrightarrow \text{RH} + \text{Mg(OH)X}$$

$$\text{RMgX} + [\text{O}] \longrightarrow \text{ROMgX} \xrightarrow{\text{H}^+}_{\text{H}_2\text{O}} \text{ROH} + \text{Mg(OH)X}$$

本实验中用无水乙醚作溶剂，由于无水乙醚的挥发性大，可借乙醚蒸气赶走容器中的空气，因此也可获得无氧条件。

Grignard 试剂生成反应是放热反应，因此应控制溴苯滴加速度，不宜太快，以保持反应液微沸为宜。Grignard 试剂与酮加成物酸性水解时也是放热反应，因此要在冷却条件下进行。

【仪器和试剂】

1. 仪器和材料

100mL 三颈瓶，搅拌器，冷凝管，干燥管，滴液漏斗，蒸馏烧瓶，烧杯，量筒，温度计，接液管，蒸馏头。

2. 试剂

溴苯，无水乙醚，碘片，二苯酮，氯化铵，乙醇，石油醚。

【实验前的准备】

1. 了解三苯甲醇合成的原理和方法。
2. 影响三苯甲醇产率的因素有哪些？
3. 合成三苯甲醇时，当溴苯：镁：二苯酮＝1∶1∶1 时（摩尔比），产率达 51%。本实验如需合成 2.6g 三苯甲醇，求各原料的用量？（溴苯需求体积）

【实验内容】

在三颈瓶上分别装置搅拌器，冷凝管及滴液漏斗[1]，并在冷凝管的上口装置氯化钙干燥管。瓶内放置镁[2]，一小粒碘。滴液漏斗中装入溴苯及 15mL 无水乙醚，混合均匀。先滴入约 6mL 混合液至三颈瓶中，片刻后即起反应，碘的颜色逐渐消失。如不发生反应，可用温水浴温热。反应开始后开动搅拌，继续缓慢滴入其余的溴苯乙醚溶液[3]，以保持溶液微微沸腾。加料完毕后，用温水浴加热回流半小时，使反应完全。

将三颈瓶在冰水浴中冷却，搅拌下滴加二苯酮和 10mL 无水乙醚的混合溶液。滴加完后，用温水浴回流加热半小时，促使反应完全。

用冰水冷却反应瓶，自滴液漏斗慢慢滴入用 4g NH_4Cl 配制的饱和液（约 14～16mL 水）分解加成产物[4]。先分出醚层，再用热水浴蒸去乙醚[5]，然后加入 20mL 水，进行蒸馏，蒸去一半水，除去未作用的溴苯和副产物联苯，至无油状物质馏出为止。瓶中三苯甲醇呈固体析出，冷却、抽滤，收集固体并用水洗涤。再用乙醇：石油醚＝3∶1 的混合溶剂重结晶，干燥。测定熔点。

纯三苯甲醇为无色棱形晶体，熔点 160～162℃。

【注释】

[1] 本实验的反应仪器必须充分干燥。
[2] 镁条长期放置后，表面带有一层氧化膜，使用时可用砂纸把它擦净。
[3] 溴苯醚溶液不宜滴入太快，否则反应过于剧烈，并会增加副产物联苯的生成。
[4] 如反应中絮状氢氧化镁未全溶时，可加少许稀盐酸促使全部溶解。
[5] 蒸除乙醚用预先热好的水浴，附近应禁止明火，绝不能用明火直接加热。

【思考与讨论】

1. 本实验中为什么要用饱和氯化铵溶液分解产物？除此之外还有什么试剂可代替？
2. 本实验中溴苯滴入太快或一次加入，有什么不好？
3. 合成三苯甲醇还有什么方法？

实验 3-16 己二酸的制备

己二酸是一种重要的化工原料，其主要用途是与己二胺缩聚生产聚酰胺类合成纤维——

尼龙 66，工业上用量很大。通过本实验，了解用硝酸作为氧化剂的氧化反应；了解制备己二酸的基本原理和方法；掌握吸滤、重结晶等基本操作和有毒气体（二氧化氮）的处理方法。

【实验提要】

在工业上己二酸可由苯酚或环己烷制得。

(1) 苯酚法

苯酚氢化生成环己醇，再经硝酸氧化，先生成环己酮，继续氧化得到己二酸。

$$\text{C}_6\text{H}_5\text{OH} + \text{H}_2 \xrightarrow[\triangle, \text{压力}]{\text{镍}} \text{环己醇} \xrightarrow{[\text{O}]} \text{环己酮} \xrightarrow{[\text{O}]} \begin{array}{c} \text{CH}_2\text{CH}_2\text{COOH} \\ | \\ \text{CH}_2\text{CH}_2\text{COOH} \end{array}$$

(2) 环己烷直接氧化法

环己烷可由苯加氢制得，然后在催化剂存在下，分两步氧化而得到己二酸。

$$\text{C}_6\text{H}_6 + 3\text{H}_2 \xrightarrow{\text{镍}} \text{环己烷} \xrightarrow[\text{环烷酸钴}]{[\text{O}]} \text{环己酮} + \text{环己醇} \xrightarrow{[\text{O}]} \begin{array}{c} \text{CH}_2\text{CH}_2\text{COOH} \\ | \\ \text{CH}_2\text{CH}_2\text{COOH} \end{array}$$

本实验采用环己醇氧化来制备己二酸。仲醇氧化得到酮，酮不能被弱氧化剂氧化，但遇强氧化剂如高锰酸钾、硝酸等则被氧化。这时碳链断裂生成多种碳原子数较少的羧酸混合物，在合成上意义不大。

而环己酮由于环状结构，氧化断链后得到单一产物——己二酸，它是合成尼龙 66 的原料。

反应过程是：

$$\text{环己醇} \xrightarrow{[\text{O}]} \text{环己酮} \xrightarrow{[\text{O}]} \begin{array}{c} \text{CH}_2\text{CH}_2\text{COOH} \\ | \\ \text{CH}_2\text{CH}_2\text{COOH} \end{array}$$

总的反应是：

$$3\,\text{C}_6\text{H}_{11}\text{OH} + 8\text{HNO}_3 \longrightarrow 3\begin{array}{c} \text{CH}_2\text{CH}_2\text{COOH} \\ | \\ \text{CH}_2\text{CH}_2\text{COOH} \end{array} + 8\text{NO} + 7\text{H}_2\text{O}$$

$$2\text{NO} + \text{O}_2 \longrightarrow 2\text{NO}_2$$

反应放热较多，因此必须控制在一定的温度下进行，以免引起爆炸。

【仪器和试剂】

1. 仪器和材料

三口烧瓶，搅拌器，回流冷凝管，滴液漏斗，烧杯。

2. 试剂

5.2mL 环己醇（5g，0.05mol），16.5mL 50% HNO_3（21g，0.17mol），0.01g 偏钒酸铵（NH_4VO_3），冰。

【实验前的准备】

1. 了解制备羧酸的一般方法。
2. 了解硝酸的性质和使用方法。
3. 反应的有毒气体可以排入大气吗？如何处理？
4. 了解重结晶的原理和步骤。

5. 本实验中为什么必须控制反应温度和环己醇的滴加速度？

6. 为什么有些实验在加入最后一个反应物前要预先加热（如本实验方法一中先预热到50℃），而开始滴加时却又不能滴得太快？等反应开始后反而可以适当加快加料速度，原因何在？

7. 从给出的溶解度数据，从理论上计算己二酸粗产物经一次重结晶后损失了多少？是否与实际损失有差别？为什么？

【实验内容】

方法一

在 150mL 三颈瓶中，加入 50% HNO₃ 16.5mL 和偏钒酸铵[1]约 0.01g，装置如图 3-11。由于硝酸蒸气和二氧化氮都能强烈地腐蚀软木塞，因此软木塞要包一层塑料薄膜。反应过程中放出来的二氧化氮[2]，用碱液吸收。

用另一只量筒[3]量取环己醇 5.2mL，倒入滴液漏斗中。用水 2~3mL 洗涤量筒[4]，洗液一并倒入滴液漏斗。然后在石棉网上把烧瓶内的液体加热至近沸，停止加热，自滴液漏斗慢慢地滴入环己醇。当瓶内液体沸腾并有红棕色的气体放出时，表示反应已经开始。控制滴加速度[5]，使瓶内保持沸腾状态。如果反应过于剧烈，发生冲料，要赶快用冷水浴冷却。环己醇全部滴加完毕约需 15min。加完后加热回流一刻钟，至几乎无红棕色气体放出为止。反应结束，在通风橱内或室外，趁热将烧瓶中的混合液倒入一个空烧杯中。冷却后，析出己二酸。吸滤，晶体用 10mL 冰水洗涤，干燥，得粗品约 5g。如果要获得纯品，可以水为溶剂进行重结晶。

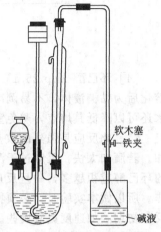

图 3-11 制备己二酸的装置

己二酸是白色棱状晶体。m.p.153℃，d_4^{25} 1.360，易溶于乙醇，15℃时在水中溶解度为 1.44g[6]，在乙醚中溶解度为 0.6g。

方法二

将装有 5mL 10% 氢氧化钠溶液和 50mL 水的 250mL 烧杯安装在磁力搅拌器上。启动搅拌，加入 9.1g 高锰酸钾。待高锰酸钾溶解后用滴管慢慢加入 2.1mL 环己醇。控制滴速以维持反应温度在 45℃左右。滴完后继续搅拌至温度开始下降。用沸水浴加热烧杯 5min 使反应完全并使二氧化锰沉淀凝结。用玻棒蘸一滴反应混合物到滤纸上做点滴试验，如有高锰酸盐存在，则在二氧化锰斑点的周围出现紫色的环，可向反应混合物中加少量亚硫酸氢钠固体至点滴试验无紫色的环出现为止。

趁热抽滤混合物，用少量热水洗涤二氧化锰滤渣 3 次。合并滤液与洗涤液，用约 4mL 浓盐酸酸化，至溶液呈强酸性，加少量活性炭煮沸脱色，趁热过滤。滤液隔石棉网加热浓缩至 14~15mL 左右，冷却后抽滤收集晶体，干燥后重约 1.8~2.2g，收率 61.6%~75.3%，m.p.151~152℃，己二酸的红外光谱图见图 3-12。

【注释】

[1] 偏钒酸铵 NH_4VO_3 常称钒酸铵，实际结构是四钒酸铵 $(NH_4)_4V_4O_{12}$。

[2] 二氧化氮有毒，故用碱液吸收。仪器装置要求严密不漏气，以防二氧化氮散逸在实验室中。

[3] 量过硝酸的量筒，不能再用来量环己醇，因为两者混合会发生剧烈反应，容易造成事故。

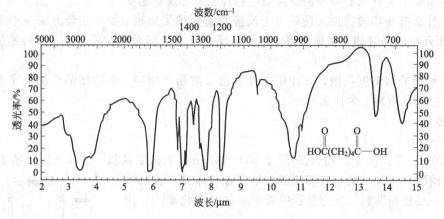

图 3-12 己二酸的红外光谱图

[4] 环己醇 m.p.25.1℃，b.p.161.1℃，d_4^{20} 0.9624，n_D^{20} 1.4641。它是无色针状晶体，熔化后为黏稠液体，不易倒净，损失较大。因此要用少量水洗涤量筒。在环己醇中掺入少量水还可以降低其熔点，避免室温低时析出晶体，堵塞滴液漏斗。

[5] 此反应是强烈的放热反应，必须等到先加入的环己醇全部作用后，才能再继续滴加。若滴加太快，反应过于激烈，会使反应物冲出烧瓶；滴加太慢，反应过于缓慢，未作用的环己醇越积越多，一旦反应变得剧烈，积聚的环己醇迅速被氧化，放热太多也会引起爆炸。所以做本实验时，必须特别注意控制环己醇的滴加速度，保持反应物处于沸腾状态，在反应初期滴加速度更应慢些。

[6] 己二酸在水中的溶解度（g/100mL）为 1.44(15℃)；3.08(34℃)；8.46(50℃)；34.1(70℃)；94.8(80℃)；100(100℃)。所以洗涤晶体的滤液或重结晶滤出晶体后所得母液若经浓缩后再冷却结晶，还可收回一部分纯度较低的产品。

【思考与讨论】

1. 一些反应剧烈的实验，开始时加料速度较慢，等反应开始后反而可以适当地加快，为什么？

2. 试根据浓硝酸试剂瓶上标明的浓度和密度，配制 21g 50% HNO_3，要求做到计算准确，操作规范。

3. 实验室常用的浓硝酸、浓硫酸、浓盐酸的浓度、密度是多少？这三种酸（工业品）的价格哪一种最贵？哪一种最便宜？

实验 3-17 二苯甲醇的合成

二苯甲醇是一种无色针状晶体，易溶于乙醇、氯仿等有机溶剂。主要用于有机合成，在医药工业中作为苯甲托品、苯海拉明的中间体，近年来在钢铁工业中应用显著。

通过本实验学习由醛、酮还原制备醇的基本原理和方法；掌握回流、抽滤、萃取、干燥等操作技术。

【实验提要】

将醛、酮还原为醇是制备醇类化合物的一条重要途径。还原的方法很多，主要可归为两大类：催化氢化和化学还原剂还原。对于实验室制备来讲，采用化学还原剂还原设备简单，操作方便，其中最经济最常用的是用金属还原，也称溶解金属还原，其基本原理为：

$$(C_6H_5)_2CO \xrightarrow{Zn, NaOH/EtOH} (C_6H_5)_2CHOH$$

另一种常用的方法是用硼氢化钠还原。其基本原理是硼氢化钠作为氢负离子供体，氢负离子带着电子向被还原的底物的羰基碳原子的转移，然后带负电荷的羰基氧原子与硼原子结合，形成还原的中间产物，最后经水解而生成醇。反应可表示如下：

$$(C_6H_5)_2C=O + NaBH_4 \longrightarrow NaB[OCH(C_6H_5)_2]_4 \xrightarrow{H_2O} (C_6H_5)_2CHOH$$

反应历程可能是：

$$\begin{array}{c}\text{C}_6\text{H}_5\\ \text{C}_6\text{H}_5\end{array}\!\!\!\!\!>\!\!\text{C}=\!\text{O} \xrightarrow{NaBH_4} \begin{array}{c}\text{C}_6\text{H}_5\\ \text{C}_6\text{H}_5\end{array}\!\!\!\!\!>\!\!\overset{\overset{\overset{NaBH_3}{|}}{H}}{\text{C}=\text{O}} \longrightarrow \begin{array}{c}\text{C}_6\text{H}_5\\ \text{C}_6\text{H}_5\end{array}\!\!\!\!\!>\!\!\!\underset{OBH_3Na}{\overset{H}{C}}$$

$$\xrightarrow{3(C_6H_5)_2CO} [(C_6H_5)_2CHO]_4BNa \xrightarrow{H_2O} 4(C_6H_5)_2CHOH$$

此法试剂较昂贵，通常只用于小量合成。

【仪器和试剂】

1. 仪器和材料

锥形瓶，回流冷凝管，圆底烧瓶，分液漏斗。

2. 试剂

二苯酮，乙醇，氢氧化钠，浓盐酸，锌粉，硼氧化钠，乙醚，硫酸镁。

【实验前的准备】

1. 了解醛、酮还原的基本原理。
2. 了解硼氢化钠的性质及使用方法。
3. 了解萃取的基本原理及操作技术。

【实验内容】

方法一：锌粉-乙醇还原

在50mL锥形瓶中称取1.5g氢氧化钠，再加入1.5g二苯酮（0.08mol）、1.5g锌粉（0.023mol）和15mL 95%乙醇，装上回流冷凝管。将装置牢固地安装在铁架台上。将铁架台稍微倾斜，使其三只脚离开台面，只有一只脚下接触实验台，用力摇动反应20~25min。然后投入两粒沸石，用80℃水浴加热50~60min。将反应混合物抽滤，用少量乙醇洗涤滤渣。将所得滤液倒入事先用冰水浴冷却的80mL水中，摇匀后用浓盐酸小心地酸化至pH值为5~6[1]。抽滤，将所得晶体在红外灯下烘干后用15mL石油醚重结晶。精制品为针状晶体，干燥后重约1g，收率约68%，熔点68~69℃。

纯粹的二苯甲醇为针状晶体，m.p.69℃，b.p.298.5℃。

方法二：用硼氢化钠还原

$$(C_6H_5)_2C=O + NaBH_4 \longrightarrow NaB[OCH(C_6H_5)_2]_4 \xrightarrow{H_2O} (C_6H_5)_2CHOH$$

在50mL圆底烧瓶中将1.5g二苯酮（0.008mol）溶于20mL甲醇，再小心加入0.4g硼氢化钠[2]（0.01mol），混匀后室温放置20min并不时摇动。在水浴上蒸出大部分甲醇后，将残液倒入盛有40mL水的分液漏斗中，充分摇振混合。用10mL乙醚荡洗烧瓶，用洗出液萃取分液漏斗中的水溶液，分出乙醚层。再每次用10mL乙醚重复荡洗和萃取二次。合并乙醚萃取液，用无水硫酸镁干燥后滤除干燥剂，在水浴上蒸去乙醚。再用水泵减压抽去残余的乙醚。残留物用15mL石油醚重结晶，得二苯甲醇针状晶体约1g，收率约68%，m.p. 68~69℃。

【注释】
　　[1] 酸化时溶液酸性不宜过强，否则不易析出结晶。
　　[2] 硼氢化钠有较强腐蚀性，操作时宜小心，勿触及皮肤。
【思考与讨论】
　1. 使用乙醚时应注意什么问题？
　2. 比较两种方法的优缺点。

实验 3-18　对甲苯胺的合成

　　对甲苯胺（p-toluidine）是重要的精细化工原料，用它可以合成偶氮染料，三苯基甲烷染料，还可用以制备药物乙胺嘧啶和农药杂草隆等。通过本实验学习利用芳香族硝基化合物还原制备芳香族胺类化合物的原理和方法；掌握回流搅拌、抽滤、蒸馏等基本操作。

【实验提要】
　　芳香族胺类化合物常通过还原芳香族硝基化合物而得。本实验是将对硝基甲苯在酸性条件下用金属铁还原而得。其反应可表示为：

$$\underset{NO_2}{\underset{|}{C_6H_4}}-CH_3 \xrightarrow[H_2O, H^+]{Fe} \underset{NH_2}{\underset{|}{C_6H_4}}-CH_3$$

【仪器和试剂】
　　1. 仪器和材料
　　三口烧瓶，搅拌器，回流冷凝管，分液漏斗，蒸馏装置。
　　2. 试剂
　　对硝基甲苯 14g(0.1mol)，氯化铵 2g，铁粉 17g（约 0.3mol），苯 150mL，5％碳酸钠水溶液 10mL，5％盐酸 75mL，20％氢氧化钠 20mL。
【实验前的准备】
　1. 了解硝基化合物还原为氨基化合物的基本原理。
　2. 了解对硝基甲苯的性质及使用方法。
　3. 了解萃取原理及分液漏斗的使用方法。
　4. 了解蒸馏的基本操作。
【实验内容】
　　在 250mL 三口烧瓶上，配置搅拌器和回流冷凝管。向烧瓶中加入 17g 铁粉、2g 氯化铵和 50mL 水。边搅拌边加热，小火沸煮 15min。稍冷却后，将 14g 对硝基甲苯投入三口烧瓶中[1]。
　　搅拌、加热回流 1.5h，将反应混合物冷却至室温，慢慢加入 4mL 5％碳酸钠水溶液和 60mL 苯，搅拌 3min[2]。抽滤，用少许苯洗涤滤饼，收集滤液，用分液漏斗将滤液中的苯层分出，水层用苯萃取 3 次（每次 15mL）后合并苯层。然后用 5％盐酸对苯层萃取 3 次（每次 25mL）。合并盐酸萃取液，在搅拌下向盐酸萃取液中慢慢加入 20mL 20％氢氧化钠水溶液，溶液中有对甲苯胺晶体析出，抽滤并用少量水洗涤。滤液可用 20mL 苯萃取，萃取液与对甲苯胺粗品合并。先用水浴蒸除苯，然后向残留物中加 1g 锌粉，在石棉网上加热蒸馏，收集 198～201℃的馏分[3]。称重、测熔点并计算产率。

对甲苯胺为无色片状晶体，m.p.43~44℃，b.p.200.3℃，在空气及光的作用下因发生氧化作用而易变黑。

记录对甲苯胺的红外光谱，并与图 3-13 作比较，其核磁共振谱见图 3-14。

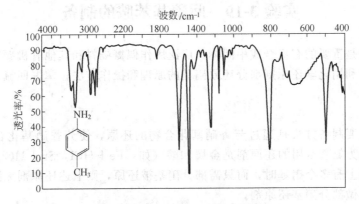

图 3-13　对甲苯胺的红外光谱图

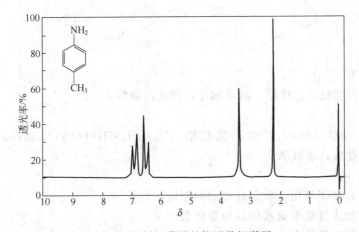

图 3-14　对甲苯胺的核磁共振谱图

【注释】

[1] 对硝基甲苯有毒，能经皮肤吸收，称取时应戴防护手套。

[2] 加入碳酸钠稀溶液，以控制 pH 值在 7~8。溶液碱性过强会产生胶状氢氧化铁，使分离发生困难。

[3] 除蒸馏法外，还可用乙醇-水混合溶剂进行重结晶的方法纯化对甲苯胺。这样得到的产物为对甲苯胺的水合物，m.p.42~43℃。

【思考与讨论】

1. 在还原反应开始前，为什么要对铁粉做预处理？

2. 在后处理时，首先加入碳酸钠水溶液和苯，其目的是什么？接下来又用 5% 盐酸对萃取层萃取，萃取什么？

3. 在蒸馏提取对甲苯胺时，为什么要加入锌粉？

4. 如果产物中含有邻甲苯胺，如何加以分离？

5. 在对甲苯胺的红外光谱中，3450~3200 cm^{-1} 处有两个强峰，1250 cm^{-1} 处有一个强峰，试指出与其对应的基团。

6. 试解析对甲苯胺的核磁共振谱，指出各峰所对应的质子（见图 3-14）。从图 3-14 中是否能看出对位二取代苯的结构特征？

实验 3-19 间硝基苯胺的制备

间硝基苯胺是重要的有机合成中间体。广泛用作偶氮染料和其他有机颜料的原料。通过本实验要求了解利用化学还原剂部分还原硝基的原理和操作方法；掌握回流、抽滤、重结晶等基本操作。

【实验提要】

芳香胺的主要制备方法是通过芳香硝基化合物的还原，使芳香硝基化合物转化为芳香胺。将硝基还原为氨基常用的还原剂是金属和酸（如：Fe＋HCl，Sn＋HCl 等），或催化氢化法。而当芳环上有多个硝基时，而只需部分硝基被还原，则上述还原剂无法完成。实验中采用多硫化物来做部分硝基还原剂。

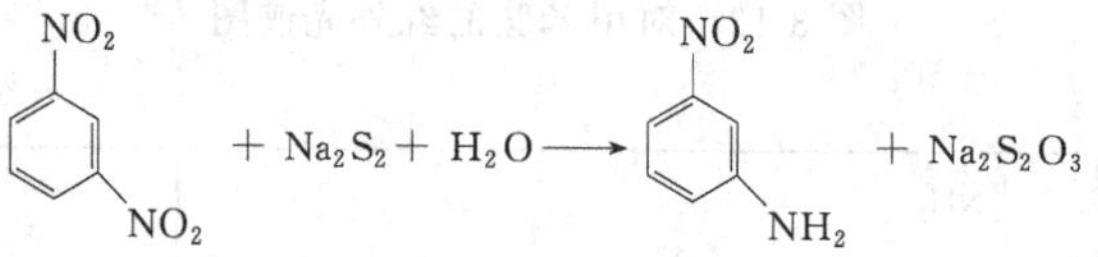

$$\text{间二硝基苯} + Na_2S_2 + H_2O \longrightarrow \text{间硝基苯胺} + Na_2S_2O_3$$

【仪器和试剂】

1. 仪器和材料

锥形瓶，三口烧瓶，搅拌器，滴液漏斗，回流冷凝管。

2. 试剂

间二硝基苯 5g(0.03mol)，结晶硫化钠（$Na_2S \cdot 9H_2O$）8g(0.033mol)，硫磺粉 2g(0.063mol)，浓盐酸，浓氨水。

【实验前的准备】

1. 了解芳香族多硝基化合物部分还原的原理。
2. 在滤液中加入过量浓氨水的目的是什么？
3. 使用芳香族硝基化合物或氨基化合物主要应注意什么？

【实验内容】

本实验应在通风橱中进行[1]。

1. 多硫化钠溶液[2]的制备

将 8g 硫化钠晶体溶于盛有 30mL 水的 125mL 锥形瓶中，加入 2g 硫磺粉，在石棉网上加热，不断搅拌或振荡，直到硫磺粉全部溶解。如有不溶物，过滤。得澄清溶液，冷却备用。

2. 间硝基苯胺的制备

在装配有搅拌器、滴液漏斗和回流冷凝管的 100mL 三口烧瓶中，加入 5g 间二硝基苯和 40mL 水。加热到微沸。开动搅拌器使熔融的间二硝基苯与水充分混合，成很细的悬浮液。把多硫化钠溶液倒入滴液漏斗中，漏斗的下端离液面约 10mm。在加热和搅拌下，约于 25～30min 内把全部多硫化钠溶液滴加完，继续加热煮沸 30min。

静置或加入约 20g 碎冰，使反应混合物迅速冷却。将析出的粗间硝基苯胺减压过滤，挤压去水分。用冷水洗涤三次，每次 10mL，以除去残留的硫代硫酸钠。取出粗产物，放入盛有稀盐酸（由 30mL 水和 7mL 浓盐酸配制）的 150mL 烧杯中，加热使间硝基苯胺溶解。冷却后，把剩下的硫磺和未反应的间二硝基苯减压过滤除去。在搅拌下，往滤液中加入过量浓氨水（使 pH=8），溶液中渐渐析出黄色的间硝基苯胺。减压过滤，挤压去碱液，再用冷水洗涤到中性，挤压去水分。取出粗产物，晾干。

产量：约 3g。

粗产物用水重结晶，得黄色晶体。

纯间硝基苯胺为浅黄色针状晶体，熔点 114℃。

【注释】

[1] 间二硝基苯及间硝基苯胺都有毒，操作时需小心，勿使接触皮肤。

[2] 也可用硫化钠、硫氢化钠、硫化铵或硫氢化铵做还原剂。

实验 3-20 氢化肉桂酸的合成

催化氢化是一项重要的实验方法，与化学试剂还原比较，它具有反应产物纯、后处理简单、催化剂能反复使用和无环境污染等优点。由于催化氢化一般可在常温常压下进行，因此对高温或酸碱敏感化合物的还原尤为适用。

通过本实验了解催化氢化反应的原理及操作方法；掌握 Raney 镍的制备方法和氢化装置的使用；熟悉纸色谱的鉴定和减压蒸馏技术。

【实验提要】

实验室或工业上最常用的氢化催化剂是 Raney 镍，它是采用镍铝合金经氢氧化钠溶液处理及洗涤后制得的海绵状镍。使用时根据氢化对象不同采用不同的处理方法，产生不同的活性。它价格便宜，制备简单，活性也较理想。

催化氢化反应机理被认为是氢和有机分子中不饱和键首先被吸附在催化剂表面，被催化剂的活化中心活化后，分步完成加成反应，生成饱和的有机分子，最后从催化剂表面解吸附。由于两个氢原子通常是从不饱和键的同一侧加上去的，因此催化氢化一般是顺式加成。

烯烃的结构对反应有着明显的影响，随着不饱和键取代基数目的增多和体积增大，反应活性降低，氢化速度减慢；取代基电子效应也会影响反应的活性；此外，氢化用的溶剂、反应温度和压力等因素对氢化速率也有明显的影响。由于催化氢化多为三相反应——气相（氢气）、固相（催化剂）及液相（溶剂），分子相互间接触碰撞机会少，所以搅拌或振荡对催化氢化是有利的。

本实验用高活性的 Raney 镍，在常温常压下，用氢气将肉桂酸还原成氢化肉桂酸，反应几乎是定量进行的。生成的氢化肉桂酸熔点为 48.5℃，比肉桂酸的熔点（135.6℃）低得多，因此很容易鉴别。也可用纸层析对反应产物进行鉴别。反应过程可表示为：

$$NiAl_2 + 6NaOH \longrightarrow Ni + 2Na_3AlO_3 + H_2$$

$$C_6H_5CHCHCOOH + H_2 \xrightarrow[\text{常温常压}]{Ni} C_6H_5CH_2CH_2COOH$$

【仪器与试剂】

1. 仪器和材料

250mL 烧杯，50mL 平底烧瓶（氢化瓶），500mL 贮氢筒，500mL 分液漏斗（平衡瓶），电磁搅拌器，50mL 圆底烧瓶，层析缸。

2. 试剂

镍铝合金（含镍 40%~50%）3g，肉桂酸 1.5g(0.01mol)，氢氧化钠，95%乙醇。

【实验前的准备】
1. 了解氢化反应的基本原理。
2. 氢气有哪些主要性质？使用时应注意哪些问题？

【实验内容】

1. Raney 镍的制备

在 250mL 烧杯中，放置 3g 镍铝合金及 30mL 蒸馏水，旋摇烧杯使混合均匀。然后分批加入 5g 固体氢氧化钠，并时加旋摇。反应强烈放热，并伴有大量氢气逸出。控制碱的加入速度，以泡沫不溢出为宜，至无明显的氢气逸出为止。反应物在室温放置 10min，然后在 70℃水浴中保温 0.5h。用倾倒法倾去上层清液，依次以蒸馏水和 95％乙醇各洗涤 2～3 次，用 10mL 95％乙醇覆盖备用。使用时将乙醇倾去，每毫升催化剂含镍约 0.6g[1]。

2. 肉桂酸的催化氢化

简易常压催化氢化装置如图 3-15 所示，由 50mL 平底烧瓶（氢化瓶）、贮氢筒（500mL）、分液漏斗（平衡瓶，500mL）及电磁搅拌组成。三通活塞 1 接氢气贮存系统氢气袋[2]，三通活塞 2 接真空系统。

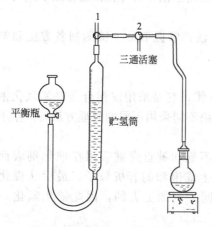

图 3-15　常压催化氢化装置图

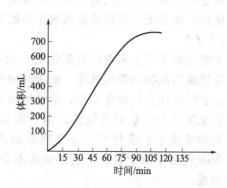

图 3-16　时间-吸氢体积曲线示意图

在氢化瓶内溶解 1.5g 肉桂酸于 25mL 温热的 95％乙醇中。冷至室温后加入 1mL 已制好的催化剂，并用少量乙醇冲洗瓶壁。放入磁棒后塞紧插有导气管的橡皮塞，使与氢化系统相连，检查整个系统是否漏气。

检查的方法是：将整个氢化系统与带有压力计的水泵相连，开启水泵，当抽至一定压力后，关闭水泵，切断与氢气系统的连接，观察压力计读数是否发生变化。若系统漏气，应逐次检查玻璃活塞、磨口塞是否塞紧及橡皮管连接处是否紧密等。

氢化开始前，旋转活塞 1，把盛有蒸馏水的平衡瓶的位置提高，使贮氢筒内充满水，赶尽筒内的空气。关闭活塞 1，打开三通活塞 2，使与真空系统相连，抽真空排除整个氢化系统内的空气。抽到一真空度后关闭活塞 2，打开与氢气袋相连的活塞 1 进行充气。如此抽真空充氢重复 2～3 次，即可排除整个系统内的空气[3]，最后再对贮氢筒内进行充氢。

方法是：关闭与真空系统相连的活塞 2，打开与氢气袋相连的活塞 1，使氢气与贮氢筒连通，同时降低平衡瓶的位置，用排水集气法使贮氢筒内充满氢气，关闭活塞 1。取下平衡瓶，使其平面与贮氢筒中水平面高度持平[4]，记下贮氢筒内氢气的体积，即可开始氢化反应。开动电磁搅拌器，记下氢化反应开始的时间，每隔一定时间后，将平衡瓶水平面与贮氢筒内水平面置于同一水平线上，记录贮氢筒内氢气的体积变化，作出时间-吸氢体积曲线

(见图 3-16)。当吸氢体积无明显变化后，表明反应已经完成。

反应结束后，关闭连接贮氢筒的活塞 1，打开水泵相连的活塞 2，放掉系统内的残余氢气，取下氢化瓶，用折叠滤纸去除催化剂。催化剂应放入指定的回收瓶中，切勿随便扔入废物缸，以免引起着火。

将滤液转入 50mL 圆底烧瓶中，在水浴上尽量蒸去乙醇，趁热将产品倒入一已称重的表面皿内，冷却后即得略带淡绿色或白色的氢化肉桂酸结晶。干燥后称重，产量约 1.3g，熔点 47～48℃。产物可用纸层析进行鉴别[5]。如需进一步纯化，可用半微量装置进行减压蒸馏，收集 145～147℃/2.4kPa(18mmHg) 或 194～197℃/10kPa(75mmHg) 馏分。

按投入肉桂酸量计算理论吸氢量[6]，并与实验吸氢量进行比较。

【注释】

[1] 用这种方法制备的催化剂，是略带碱性的高活性催化剂。催化剂的储存导致活性显著降低，故最好新鲜制备。催化剂制好后，挑少许于滤纸上，待溶剂挥发后，催化剂能立即自燃，表示活性较好，否则需要重新制备。

[2] 所用氢气袋由氢气钢瓶进行充氢。使用前应了解氢气袋所承受的最大压力及钢瓶的使用方法。氢气易燃易爆，实验过程中必须注意安全！严格按操作规程进行，并注意室内通风，熄灭一切火源。

[3] 氢化前须排除系统内的空气，氢化过程严禁空气进入氢化系统内。

[4] 反应时，平衡瓶的水平面应略高于贮氢筒内的水平面，以增大反应体系的压力。

[5] 取少量肉桂酸和氢化肉桂酸，分别溶于乙醇，并分别在两条 15cm×1.5cm 的滤纸上点样，待干燥后用 6:40:160(体积比) 的浓氨水-水-乙醇展开。当溶剂到达"终止线"时，取出干燥，用溴酚绿（0.2g/100mL）和 3% 醋酸铅水溶液显色，在蓝色背景上出现黄色样点。计算 R_f 值。

[6] 理论吸氢量可按气态方程 $pV=nRT$ 计算：
$$V=nRT/p=n\times 0.082\times(273+t)\times 1000$$

由于新制备的催化剂 Raney 镍是多孔且表面积很大的海绵状细小固体，氢化过程中，催化表面也吸附较多的氢，故实际吸氢量略大于理论吸氢量。

【思考与讨论】

1. 为什么氢化反应过程中，搅拌或振荡速度对氢化反应有显著的影响？

2. 计算氢化 1.5g 肉桂酸所需的氢气体积，并以此监测氢化反应的进程。

实验 3-21　含酚环己烷的提纯

环己烷是一种重要的化工原料，大部分用于制造己二酸、己内酰胺及己二胺（占总消费量 98%），小部分用于制造环己胺及其他方面。可用作有机溶剂和重结晶介质，如用作纤维素醚类、脂肪类、油类、蜡沥青、树脂及生胶的溶剂，涂料和清漆的去除剂。如果环己烷中含有一些杂质，则会给生产带来不利影响，因此提纯环己烷是生产前的重要任务。本实验通过含酚环己烷的提纯，掌握液体有机物洗涤，干燥与蒸馏的原理和操作方法。

【实验提要】

大多数酚和三氯化铁的水溶液作用能够显色，其中与苯酚作用显紫色，这是由于溶液中有配位化合物生成：

$$6 \bigcirc\!\!-\!\!OH + FeCl_3 \longrightarrow H_3\left[Fe\left(O\!\!-\!\!\bigcirc\right)_6\right] + 3HCl$$

以此可鉴定混合物中是否有酚的存在。酚在环己烷中的溶解度大于在水中的溶解度，显然用水洗涤不能有效地除去环己烷中的酚。而用氢氧化钠溶液使酚转化为在水中的溶解度大于在环己烷中溶解度的酚钠盐：

$$\bigcirc\!\!-\!\!OH + NaOH \longrightarrow \bigcirc\!\!-\!\!O^-Na^+ + H_2O$$

即可以采用洗涤法除掉环己烷中的酚。此后，环己烷中虽不含酚，但含有许多水分，如不干燥脱水，直接蒸馏将会有很多的前馏分，其中也可能与水形成共沸物而夹杂在馏出液中，用无水氯化钙进行干燥，可使水分基本上除去。为了得到更纯的环己烷，进行常压蒸馏。

【仪器和试剂】

1. 仪器和材料

分液漏斗，量筒，锥形瓶，圆底烧瓶，蒸馏头，直形冷凝管，尾接管，温度计。

2. 试剂

含酚环己烷，1% $FeCl_3$ 溶液，5% 氢氧化钠溶液，无水氯化钙。

【实验前的准备】

1. 如何正确使用分液漏斗？
2. 洗涤时如出现乳化现象，应如何处理？
3. 干燥剂的选择和使用应注意哪些方面？
4. 熟悉蒸馏原理和操作方法。

【实验内容】

在试管中加入含酚环己烷 0.5mL、水 0.5mL，再滴加 3～4 滴 1% 三氯化铁溶液，振荡，观察溶液颜色。

取含酚环己烷 20mL 注入分液漏斗[1]，用 5% NaOH 溶液 20mL 分别洗涤两次，分液。环己烷层再用水 20mL 洗一次，分去下层的水，上层环己烷经检查不含酚后，从分液漏斗上口倒入干燥的 50mL 锥形瓶中，加入少量的无水氯化钙[2]，振荡后放置直至液体澄清透明。

按图 2-8 安装好蒸馏装置[3]，加几粒沸石，将干燥好的环己烷，通过长颈漏斗（少许棉花塞入）倒入蒸馏瓶中，装上温度计[4]，接通冷凝水[5]，水浴加热，收集 80～81℃ 的馏分。

纯环己烷的沸点 80.7～81℃，$d_4^{20}=0.7785$，$n_D^{20}=1.4266$。

【注释】

[1] 分液漏斗要预先用水检验，以免洗涤时出现漏液。

[2] 如是块状氯化钙，要压碎成黄豆大小的颗粒，但不能研成粉末，否则将影响过滤。干燥期间要旋摇几次，使锥形瓶中溶液由浑浊变澄清，并可使干燥时间缩短。

[3] 整套装置应从下往上，从左往右按顺序连接好，全套装置从正面或侧面看，都应在同一平面内。

[4] 蒸馏时温度计水银球的上端应恰好位于蒸馏烧瓶支管的底边所在水平线上。

[5] 冷凝水的流速以能保证蒸气充分冷凝为宜，通常只需缓缓的水流即可。

【思考与讨论】

1. 分液漏斗洗涤环己烷时，如何简便地判断上层是有机层还是水层？
2. 分液过程中如出现乳化现象该如何处理？

3. 分液漏斗中的上层液体和下层液体怎么放出来？
4. 分液后有机相通常需要干燥。实验室常用的干燥剂有哪些？
5. 为什么干燥需要放置一定时间？最终蒸馏纯化前为什么要进行过滤，不过滤直接蒸馏会导致什么结果？
6. 蒸馏为什么要加入沸石？如果已经加热而忘记加沸石，应如何处理？
7. 为什么蒸馏时烧瓶内的液体不能完全蒸干？
8. 为什么蒸馏过程中用直形冷凝管而不用球形冷凝管？

实验 3-22　1-溴丁烷的合成

卤代烃是一类重要的有机合成中间体和重要的有机溶剂。在以醇为原料的有机合成中，卤代烃起着桥梁作用。因为—X 是较—OH 更易离去的基团，所以卤代烃可以发生许多醇不能发生的反应。例如，在无水乙醚中，由卤代烃和镁制备的 Grignard 试剂，可以和醛、酮等羰基化合物及二氧化碳反应，制备各种不同结构的醇和羧酸。本实验合成的 1-溴丁烷，可用于医药麻醉药盐酸丁卡因的中间体，也可用于染料和香料生产，还可用来合成醚化合物。通过本实验，学习由醇制备溴代烷的原理和方法，掌握回流、气体吸收及折射率测定原理和操作方法。

【实验提要】

在实验室中，饱和烃的一卤代烷通常以醇与氢卤酸作用制得：

$$R-OH + HX \rightleftharpoons R-X + H_2O$$

若用此法制备溴代烷，氢溴酸可以用 47.5% 的浓氢溴酸，也可以借溴化钠和硫酸作用的方法制得。醇和氢卤酸的反应是一个可逆反应。为了使反应平衡向右方移动，可以增加醇或氢卤酸的浓度，也可以设法不断地除去生成的卤代烷或水，或者两者并用。在制备 1-溴丁烷时，通过增加溴化钠的用量，同时加入过量的浓硫酸以吸收反应中生成的水，来提高产物产率，反应为：

$$NaBr + H_2SO_4 \longrightarrow HBr + NaHSO_4$$

$$CH_3CH_2CH_2CH_2OH + HBr \rightleftharpoons CH_3CH_2CH_2CH_2Br + H_2O$$

在制备 1-溴丁烷的反应中，除生成 1-溴丁烷以外，还有其他副反应发生。正丁醇在浓硫酸作用下，先形成锌盐，另一分子正丁醇与锌盐结合，生成二烷基锌盐离子，然后失去质子得到正丁醚，反应为：

$$C_4H_9OH \xrightleftharpoons{H^+} C_4H_9 \overset{H}{\underset{}{-}}\overset{+}{O}-H \xrightleftharpoons{C_4H_9OH} C_4H_9 \overset{C_4H_9}{\underset{}{-}}\overset{+}{O}-H \xrightarrow{-H^+} C_4H_9-O-C_4H_9$$

在反应过程中也会有副产物丁烯生成，即正丁醇发生分子内脱水，其反应式为：

$$CH_3CH_2CH_2CH_2OH \xrightleftharpoons{-H_2O} CH_3CH_2CH=CH_2$$

在该化合物的合成中，所处理的混合物，既有水溶性物质，又有非水溶性物质。为达到初步分离，常先用蒸馏方法蒸出易挥发的组分和水，以除去不挥发的硫酸和硫酸氢钠。馏出液有时呈红棕色，这是由于在蒸馏时，氢溴酸与浓硫酸反应生成溴溶解于产物所致，其反应式为：

$$2HBr + H_2SO_4(浓) \longrightarrow Br_2\uparrow + SO_2\uparrow + 2H_2O$$

馏出液中除产物外，还会有多种杂质，其中溴化氢可用水洗去，同时也洗去部分正丁醇，而大量的正丁醇和正丁醚则要用硫酸除去，但随后又遗留下微量硫酸。为了除去硫酸，需依次用水、碳酸氢钠水溶液和水洗涤，最后经干燥脱水、蒸馏，得到纯的1-溴丁烷。操作过程：

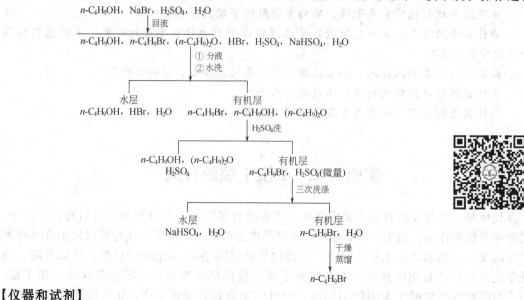

【仪器和试剂】

1. 仪器和材料

100mL、25mL圆底烧瓶，球形冷凝管，锥形瓶，长颈漏斗，直形冷凝管，尾接管，蒸馏头，温度计，量筒，分液漏斗。

2. 试剂

正丁醇，溴化钠（无水），浓硫酸，10%碳酸钠溶液，无水氯化钙。

【实验前的准备】

1. 合成1-溴丁烷实验中，当正丁醇：溴化钠：浓H_2SO_4＝17：20：45（摩尔比）时，产率可达70%，本实验如需合成6.4g 1-溴丁烷，求各原料的用量？（正丁醇、浓硫酸需求体积）

2. 若使用$NaBr \cdot 2H_2O$作为原料，请计算$NaBr \cdot 2H_2O$加入量。

3. 气体吸收装置应如何安装？吸收液可用什么？气体导管出口处能否浸没液面？为什么？

4. 有的同学认为制备1-溴丁烷是将几种原料在烧瓶中混在一起加热，因此投料先后次序无关紧要，他先将溴化钠和浓H_2SO_4混合，然后再加正丁醇和水，你认为是否可以？说明理由。

5. 用分液漏斗进行洗涤时为什么要放气？怎样放气？分液漏斗下口应朝何方？

6. 用哪种干燥剂干燥洗涤后的粗产品？它为什么能吸水？写出反应方程式。蒸馏前为什么要把它滤出？不滤去放在一起蒸馏是否可以？说明理由。

7. 最后一次蒸馏时，蒸馏用的仪器是否要预先烘干？为什么？蒸馏时沸石或素烧瓷片用过一次是否可以再用？为什么？接受瓶是否应预先称重？

【实验内容】

在100mL圆底烧瓶中加入几粒沸石、溴化钠和正丁醇，参照图3-17安装好带有气体吸收装置的回流装置（注意：不要使漏斗全部埋入水中，以免发生突然倒吸）。另外在一个锥形瓶中加入10mL水，冷水冷却下慢慢加入反应计算量的浓硫酸，混合均匀冷却至室温后，将稀释好的硫酸分数次从冷凝管上端加入烧瓶，每加一次都要充分振荡烧瓶，微沸5min[1]，再加热到沸腾，使反应物保持沸腾而平稳[2]地回流30min[3]。

反应结束后，反应液冷却（注意：不能冷却时间过长，否则大量的盐析出），拆去回流及气体吸收装置，向反应液中加 20mL 水，倒入分液漏斗中。

分液，分掉下面的水层，上层的油层从上口倒入一干燥的锥形瓶中，锥形瓶用冷水浴冷却，然后将 6mL 浓 H_2SO_4[4] 分两次加入瓶内，每加一次都要摇匀锥形瓶。将混合物慢慢倒入分液漏斗中（注意：此时不要摇晃分液漏斗），放出下层的浓 H_2SO_4 层。油层依次用 10mL 水、5mL 10% Na_2CO_3 溶液和 10mL 水洗涤（注意：每次洗涤正确判断油层水层），将产物移至干燥的锥形瓶中，加入合适的干燥剂（无水氯化钙）干燥。

安装好蒸馏装置，加几粒沸石，通过长颈漏斗（少许棉花塞入）将干燥后澄清透明的液体倒入 25mL 圆底烧瓶中，加热蒸馏，收集 99~102℃的馏分[5]，计算产率。

纯 1-溴丁烷沸点 101.6℃。

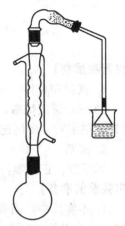

图 3-17 回流冷凝装置

【注释】

[1] 加热温度过高，反应生成的 HBr 来不及反应就被蒸出。
[2] 反应温度太高，生成的溴丁烷会被蒸出。
[3] 回流时间太短，反应不充分，收率降低。
[4] 浓硫酸能溶解存在于粗产物中的少量未反应的正丁醇及副产物正丁醚、烯等杂质。
[5] 收集的产品应清亮透明，否则需重新干燥、蒸馏。

【思考与讨论】

1. 反应过程中的浓硫酸为何要稀释？不稀释会产生什么后果？
2. 后处理洗涤过程中为什么用浓硫酸洗涤而不用稀释的硫酸？浓硫酸洗涤除去哪些杂质？写出反应式。
3. 1-溴丁烷的密度比水大，反应过程中为什么处于上层？
4. 浓硫酸洗涤时为什么会出现棕黄色？碳酸钠洗涤后正溴丁烷层的棕黄色为什么会消失？发生了什么反应？
5. 后处理碱洗的前后都要用水洗一次，为什么？
6. 干燥液体时如何判断是否干燥完全？
7. 一般什么样的反应需要用到回流装置？什么样的反应需要用到尾气吸收装置？

实验 3-23　苯甲酸正丁酯的合成

苯甲酸正丁酯具有愉快的水果香气和百合花香韵，用于配制香水香精和皂用香精；也用作纤维素酯的溶剂及增塑剂。

【实验提要】

酯化反应是一个可逆反应，为了提高酯的产量，必须使化学反应平衡尽量向右方向移动。为此常采用的方法是：不断移去反应中生成的酯和水；加入过量的醇或酸。具体是酸过量还是醇过量，取决于原料是否易得、价格的高低及操作是否方便等因素。本实验使用过量的正丁醇和苯甲酸作用，以浓 H_2SO_4 作催化剂，用环己烷为带水剂合成苯甲酸正丁酯。

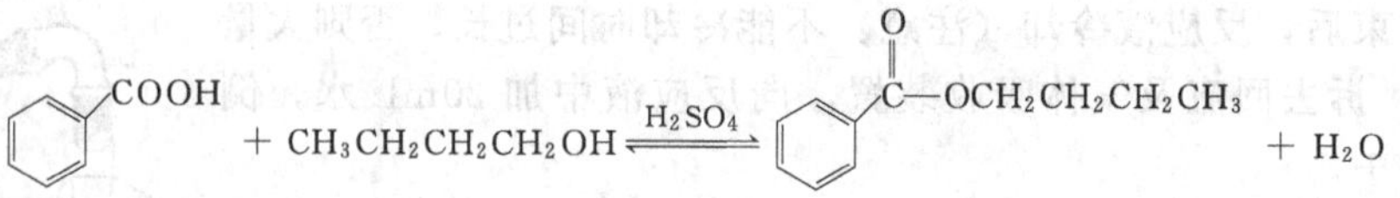

$$\text{C}_6\text{H}_5\text{COOH} + \text{CH}_3\text{CH}_2\text{CH}_2\text{CH}_2\text{OH} \xrightleftharpoons{\text{H}_2\text{SO}_4} \text{C}_6\text{H}_5\text{COOCH}_2\text{CH}_2\text{CH}_2\text{CH}_3 + \text{H}_2\text{O}$$

【仪器和试剂】

1. 仪器和材料

100mL 圆底烧瓶，球形冷凝管，量筒，分水器，分液漏斗，锥形瓶，蒸馏头，直形冷凝管，尾接管，多尾连接管，油泵，安全瓶。

2. 试剂

苯甲酸，正丁醇，浓硫酸，环己烷，10%氢氧化钠溶液，无水硫酸镁，饱和食盐水。

【实验前的准备】

1. 本实验中，当苯甲酸：正丁醇＝11：51(摩尔比)时，产率可达 74%。本实验如需合成 8.7g 苯甲酸正丁酯，求各原料的用量？

2. 用分液漏斗分出粗产品时，如何判断分液漏斗中的水层和油层？

3. 产品干燥应选用哪一种干燥剂？干燥剂用量应如何确定？该干燥剂的作用原理是什么？写出干燥过程的化学反应方程式。

4. 了解减压蒸馏的基本原理，如何正确安装减压蒸馏装置？

【实验内容】

在 100mL 圆底烧瓶中，加入苯甲酸、正丁醇、10mL 环己烷和 5～8 滴浓硫酸，摇匀后加入沸石。将油水分离器加水与支管平，然后放去约 3mL 水。将水分离器装在圆底烧瓶上，再在油水分离器上端接一回流冷凝管［如图 2-24(b)］。

用油浴加热[1]至回流，开始时回流速度要慢[2]。随着回流的进行，油水分离器的液体分成两层。约 1h[3]后停止加热，放出油水分离器中的所有液体。继续用油浴[4]加热，使部分的环己烷和丁醇蒸至油水分离器中，当充满时可由活塞放出。

将瓶中残液冷却后倒入盛有 60mL 冷水的烧杯中，搅拌下分批加入饱和碳酸钠溶液[5]，中和到无二氧化碳气体产生。用 pH 试纸检验至呈中性。(如果乳化严重，可小心加入饱和食盐水直至出现分层现象。)

混合液倒入分液漏斗中分出粗产物，用约等体积的饱和食盐水洗涤一次，分液，用无水硫酸钠干燥。过滤至蒸馏瓶中，常压蒸馏蒸去残留的正丁醇，然后进行油泵减压蒸馏，收集苯甲酸正丁酯，称量，计算收率。

【注释】

［1］油浴温度控制在 110℃，否则易炭化。

［2］如回流速度过快易形成液泛。

［3］再增加回流时间对产量的影响不大。

［4］油浴温度可提高至 120℃，蒸去部分环己烷和正丁醇，否则难以蒸出。此步是为了浓缩后体积减小，便于下面的操作。

［5］加碳酸钠是为了除去硫酸和未作用的苯甲酸，如加得太快，会产生大量的气泡，使液体溢出。

【思考与讨论】

1. 有机实验中常用到共沸蒸馏带水，将反应中生成的水从反应体系中除去，从而使反应平衡向产物方向移动以达到提高产率的目的。本实验用环己烷作为带水剂，简述其是如何将反应中生成的水除去的？

2. 实验中常用的带水剂有哪些？
3. 什么情况下选择用减压蒸馏？
4. 减压蒸馏装置为了保护真空泵，通常会采取哪些保护措施？各个保护装置起什么作用？
5. 为什么减压蒸馏前要把低沸点的组分先除去？
6. 减压蒸馏装置准备好后，是先加热后减压还是先减压后加热？为什么？
7. 为什么减压蒸馏用克氏蒸馏头而不用常规的蒸馏头？
8. 如果减压蒸馏不用毛细管产生气化中心，而直接用沸石代替，会产生什么结果？
9. 减压蒸馏的接收瓶应该选择锥形瓶还是圆底烧瓶？为什么？
10. 减压蒸馏结束时，如何停止操作？

实验 3-24　正丁基苯基醚的合成

醚是良好的有机溶剂，常用来提取有机物或作有机反应溶剂。本实验合成的正丁基苯基醚，主要用于有机合成，制造香料，杀虫剂和医药（局部麻醉药盐酸达克罗宁）的原料。通过本实验，学习用相转移催化法合成正丁基苯基醚的基本原理；掌握搅拌、回流装置的操作方法。

【实验提要】

以苯酚和 1-溴丁烷合成正丁基苯基醚有两种方法。第一种是传统的威廉森（Williamson）法。其反应条件比较苛刻，一般认为是酚氧负离子与溴丁烷进行 $S_N 2$ 反应，其反应过程可表示为：

$$2CH_3CH_2OH + 2Na \longrightarrow 2CH_3CH_2ONa + H_2$$

$$C_6H_5{-}OH + CH_3CH_2ONa \longrightarrow C_6H_5{-}ONa + CH_3CH_2OH$$

$$C_6H_5{-}ONa + BrCH_2CH_2CH_2CH_3 \longrightarrow C_6H_5{-}OCH_2CH_2CH_2CH_3 + NaBr$$

第二种方法是利用相转移催化技术合成。所谓相转移催化是指一种催化剂能加速或者能使分别处于互不相溶的两种溶剂（液-液两相体系，或固-液两相体系）中的物质发生反应。反应时，催化剂把一种实际参加反应的实体（如负离子）从一相转移到另一相中，以便使它与底物相遇而发生反应。用相转移催化法合成正丁基苯基醚的反应式为：

$$C_6H_5{-}OH + BrCH_2CH_2CH_2CH_3 \xrightarrow[\text{PTC}]{\text{NaOH}} C_6H_5{-}O{-}CH_2CH_2CH_2CH_3 + HBr$$

【仪器和试剂】

1. 仪器和材料

三口烧瓶，球形冷凝管，电动搅拌器，搅拌棒，聚四氟乙烯搅拌套管，量筒，分液漏斗，圆底烧瓶，锥形瓶，蒸馏头，直形冷凝管，尾接管，空气冷凝管。

2. 试剂

苯酚，1-溴丁烷，氢氧化钠，6%溴化四丁基铵，10%氢氧化钠溶液，无水硫酸钠，饱和食盐水。

【实验前的准备】

1. 用相转移催化法合成正丁基苯基醚的实验中，当苯酚∶1-溴丁烷∶氢氧化钠＝67∶

135∶130时（摩尔比），产率可达65%。本实验如需合成6.5g正丁基苯基醚，求各原料的用量？（1-溴丁烷需求体积）

2. 产品经干燥剂干燥后，为何还需蒸馏？蒸馏时，干燥剂是否可以与产品一起倒入蒸馏瓶中蒸馏？为什么？

【实验内容】

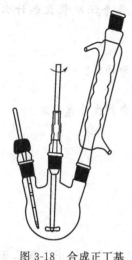

图3-18 合成正丁基苯基醚的实验装置

合成正丁基苯基醚的实验装置如图3-18所示。在装有电动搅拌器[1]、球形冷凝管的100mL三口烧瓶中，加入计算量的苯酚、氢氧化钠、25mL水、1-溴丁烷和0.5mL溴化四丁基铵溶液[2]。

检查装置无误后，开动搅拌，加热回流70min。冷却后分出水层，用饱和食盐水（10mL×3）洗至中性[3]，用合适的干燥剂（无水硫酸钠）干燥。蒸馏回收未反应的1-溴丁烷后，当温度计读数升至130℃，停止加热。冷却后，改用空气冷凝管，补加几粒沸石再加热，收集200~210℃馏分，计算产率。

【注释】

[1] 装置电动搅拌器时，要注意观察搅拌棒和搅拌器轴是否在一条垂直线上。此外，搅拌棒与搅拌套管间用密封垫圈予以密封。

[2] 催化剂配成一定浓度的溶液加入反应体系中较为方便。

[3] 由于有相转移催化剂的存在，在分水及洗涤分层过程中，分液漏斗不宜摇动过分激烈，以免乳化不易分层。在静置分层时，静置时间要稍长些，待彻底分层后再分去水层，否则会降低产率。

【思考与讨论】

1. 非均相的有机反应中通常采用加入相转移催化剂来加快反应速度，提高产率。本实验用到四正丁基溴化铵作为催化剂，详细描述其是如何使反应加速的？
2. 电动搅拌器中的搅拌叶片应该放在反应瓶中的什么位置？
3. 简述直形冷凝管、球形冷凝管和空气冷凝管的差别和使用场合。
4. 在洗涤过程中常用到饱和食盐水洗涤，和用水洗涤相比有什么好处？

实验3-25　水杨酸甲酯（冬青油）的合成

自然界中许多水果和花草的芳香之味，均是由于存在酯的缘故。低级酯一般是具有芳香气味或特定水果香味的液味。例如，醋酸异戊酯俗称香蕉油，丁酸甲酯具有苹果香味，醋酸苄酯具有桃味，丁酸乙酯具有菠萝香味，乙酸正丁酯具有梨的香味。许多酯是重要的香料。

本实验将要合成一种具有清香气味的有机酯——水杨酸甲酯（俗称冬青油）。水杨酸甲酯在1843年首次从冬青植物中被提取出来。此后，发现这个化合物有止痛和退热特性，内服时其效果几乎等同于水杨酸（见"阿司匹林的合成"），这可能是因为水杨酸甲酯容易在肠道内弱碱性条件下被水解成水杨酸。我们已经知道水杨酸具有止痛和退热性质。水杨酸甲酯可以内服或通过皮肤吸收，因此它在制作搽剂方面大有用处。当将其搽在皮肤上时，使人有轻度烧灼感和镇静的感觉，这可能是由于其酚羟基的作用所致，这个酯还具有令人愉快的气味，故在小范围内被用作调味要素。通过本实验，学习酯化反应的基本原理，掌握减压蒸馏原理和操作方法。

【实验提要】

有机酸酯常用醇和羧酸在少量酸性催化剂（如浓 H_2SO_4）存在下，进行酯化反应而得：

$$RCOOH + R'OH \xrightleftharpoons{H^+} RCOOR' + H_2O$$

酯化反应是一个典型的、酸催化的可逆反应。为了使反应平衡向右移动，可以用过量的醇或酸，也可以把反应中生成的酯或水及时蒸出，或者两者并用。

本实验是由水杨酸和甲醇在浓硫酸作用下合成水杨酸甲酯，其反应可表示为：

$$\text{HOC}_6\text{H}_4\text{COOH} + CH_3OH \xrightleftharpoons{H^+} \text{HOC}_6\text{H}_4\text{COOCH}_3 + H_2O$$

由于该酯沸点很高，甲醇又与水混溶，把反应中生成的酯或水及时蒸出去的方法不适用。为使平衡有利向酯形成的方向进行，实验中使用大大过量的甲醇。甲醇有毒，特别对于视力损害较大，实验结束时未反应的甲醇需回收。

在酸性或碱性条件下，酯可被水解成羧酸和醇。在洗涤反应产物过程中，用5％ $NaHCO_3$ 溶液，而不用5％ NaOH 溶液，就是因为发生如下反应：

$$\text{HOC}_6\text{H}_4\text{COOCH}_3 + NaOH \longrightarrow \text{NaOC}_6\text{H}_4\text{COONa} + CH_3OH + H_2O$$

高沸点的水杨酸甲酯在常压下蒸馏提纯往往不能令人满意，在所需的高温时，被蒸馏的酯会部分地甚至全部分解，从而造成产品的损失和馏出液的污染。因此，采用减压蒸馏能避免上述问题。

【仪器与试剂】

1. 仪器和材料

圆底烧瓶，球形冷凝管，分液漏斗，量筒，锥形瓶，克氏蒸馏头，温度计，直形冷凝管，三尾接液管，减压蒸馏装置。

2. 试剂

水杨酸，甲醇，浓硫酸，5％碳酸氢钠溶液，无水氯化钙。

【实验前的准备】

1. 合成水杨酸甲酯实验中，当水杨酸：甲醇：浓 H_2SO_4 ＝1∶15∶3（摩尔比）时，产率可达85.4％。本实验如需合成6.5g水杨酸甲酯，求各原料的用量？（甲醇、浓 H_2SO_4 需求体积数）

2. 合成水杨酸甲酯实验中为什么甲醇的用量大大过量于水杨酸？

3. 反应完毕后，将烧瓶冷却，加入50mL水的目的是什么？

4. 依次用50mL 5％ $NaHCO_3$，30mL水各洗一次，各步洗涤目的？

5. 了解减压蒸馏的应用范围及原理。

6. 减压蒸馏过程中，为何要用毛细管代替常压蒸馏中的沸石？为何不能用锥形瓶作为接受器？应该用什么？如何选择加热方式？

7. 说出减压蒸馏装置中，吸收塔中 $CaCl_2$、NaOH、石蜡片各起什么作用？

8. 减压蒸馏时，发现漏气，如何处理？

9. 蒸馏完毕或需要中断时，如何操作？

【实验内容】

在 100mL 圆底烧瓶内[1]放入水杨酸和甲醇,小心加入浓 H_2SO_4[2],充分摇匀后,加 1~2 粒沸石,装上回流冷凝管,在石棉网上加热回流 1.5h。

反应完毕,将烧瓶冷却,加入 50mL 水,然后转移至分液漏斗中,分出下层产物,从上口倒出上层水层(勿倒掉,回收)。有机层再倒入分液漏斗中,依次用 50mL 5% $NaHCO_3$ 洗涤一次[3],30mL 水洗涤一次,将产物移至干燥的锥形瓶中加 0.5g 无水 $CaCl_2$ 干燥。

用 50mL 圆底烧瓶和克氏蒸馏头按图 2-16 装好减压蒸馏装置,接上减压系统,检查并记下体系的真空度[4]。将由 3~4 个学生制得的水杨酸甲酯粗品置于蒸馏烧瓶内,用油泵减压蒸馏[5]。收集 1.87kPa(14mmHg) 冬青油馏分。

用常压蒸馏回收上层水层中的甲醇,倒入回收瓶。

纯水杨酸甲酯的沸点 222℃,$d_4^{25}=1.1787$,$n_D^{20}=1.5369$。

【注释】

[1] 反应用仪器一定要干燥,且任何时候都不能让水进入到反应瓶中,否则冬青油产率将会大大地降低。

[2] 将浓 H_2SO_4 加到液体中,而不能相反。

[3] 加碳酸氢钠溶液的速度不能太快,否则将引起溶液溢出。

[4] 全部仪器之间的接头都应涂真空脂,如真空度不符合要求应查明漏气原因。

[5] 圆底烧瓶放入油浴之前,应擦去瓶外的水迹,否则油水相混,加热时一起溅出,引起烫伤。

【思考与讨论】

1. 浓硫酸在该合成中起什么作用?
2. 为什么在洗涤时要用 5% $NaHCO_3$?用 5% NaOH 将会发生怎样的情况?
3. 试写出水杨酸甲酯在体内水解的反应方程式。
4. 减压蒸馏时为什么一定要达到大致所需的真空度后才开始加热,而不是先加热后减压?

实验 3-26 乙酸乙酯的制备

乙酸乙酯主要作为化工生产中的溶剂和涂料的稀释剂。通过本实验了解酯化反应的基本原理和实验方法;掌握蒸馏、洗涤等基本操作。

【实验提要】

酯的制备归纳起来有以下几种方法:羧酸与醇的酯化反应;羧酸盐与卤代烃的亲核取代反应;酸酐或酰卤的醇解反应等。一般酯的制备常用羧酸与醇直接进行酯化反应:

$$RC\underset{\parallel}{-}OH + R'OH \underset{}{\overset{H^+}{\rightleftharpoons}} RC\underset{\parallel}{-}OR' + H_2O$$
$$O\phantom{-OH + R'OH \overset{H^+}{\rightleftharpoons} RC}O$$

反应的结果是醇分子中的烷氧基将羧基中的羟基取代,生成酯和水。该反应需要酸催化。常用的催化剂是硫酸、盐酸或苯磺酸等。

酯化反应是一个可逆反应,为了提高酯的产量,必须使化学反应平衡尽量向右方向移动。为此常采用的方法是:不断移去反应中生成的酯和水[1];加入过量的醇或酸。具体是酸过量还是醇过量,取决于原料是否易得、价格的高低及操作是否方便等因素。本实验使用过量的乙醇和乙酸作用,以浓 H_2SO_4 作催化剂合成乙酸乙酯。

$$CH_3COOH + CH_3CH_2OH \xrightleftharpoons[120\sim125℃]{浓 H_2SO_4} CH_3COOC_2H_5 + H_2O$$

【仪器和试剂】

1. 仪器和材料

100mL 圆底烧瓶，直形冷凝管，接液管，蒸馏头，分馏柱，锥形瓶，滴液漏斗。

2. 试剂

冰醋酸，乙醇，浓 H_2SO_4，饱和碳酸钠溶液，饱和氯化钙溶液，无水碳酸钾，饱和食盐水。

【实验前的准备】

1. 实验中如何提高乙酸乙酯收率？浓 H_2SO_4 在反应中起什么作用？
2. 蒸出的粗乙酸乙酯中主要有哪些杂质？
3. 粗乙酸乙酯中的杂质如何除去？

【实验内容】

在 100mL 三口烧瓶的一侧口装配一恒压滴液漏斗，滴液漏斗的下端通过一橡皮管连接一个 J 形玻璃管，伸到烧瓶内离瓶底约 3mm 处，另一侧口固定一温度计，中口装配一分馏柱、蒸馏头、温度计及直形冷凝管（图 3-19）。冷凝管末端连接接液管及圆底烧瓶，锥形瓶用冰水浴冷却。

在一小锥形瓶内放入 3mL 乙醇，一边摇动，一边慢慢地加入 3mL 浓硫酸，将此溶液倒入三口烧瓶中。配制 20mL 乙醇和 14.3mL 冰醋酸的混合液，倒入滴液漏斗中。用油浴加热烧瓶，保持油浴温度在 140℃左右，这时反应混合物的温度 120℃左右[2]。然后把滴

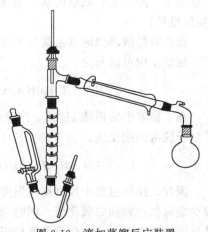

图 3-19 滴加蒸馏反应装置

液漏斗中的乙酸和冰醋酸的混合液慢慢地滴入三口烧瓶中。调节加料的速度，使酯蒸出的速度大致相等，加料时间约需 90min。这时，保持反应混合物的温度为 120~125℃。滴加完毕后，继续加热约 10min，直到不再有液体馏出为止。

反应完毕后，将饱和碳酸钠溶液很缓慢加入馏出液中，饱和碳酸酸钠溶液要小量分批地加入，并要不断地摇动，直到无二氧化碳气体逸出为止。把混合液倒入分液漏斗中，静置，放出下面的水层。用石蕊试纸（或 pH 试纸）检验酯层。如果酯层仍显酸性，再用饱和碳酸钠溶液洗涤，直到酯层不显酸性为止。用等体积的饱和食盐水洗涤，再用等体积的饱和氯化钙溶液洗涤两次。放出下层废液。从分液漏斗上口将乙酸乙酯倒入干燥的小锥形瓶内，加入无水碳酸钾干燥[3]。放置约 30min，在此期间要间歇振荡锥形瓶。

通过长颈漏斗（漏斗上放折叠式滤纸或脱脂棉）把干燥的粗乙酸乙酯滤入 50mL 蒸馏烧瓶中。装配蒸馏装置，在水浴上加热蒸馏，收集 74~80℃的馏分[4]。

纯乙酸乙酯是具有果味的无色液体，沸点 77.2℃，d_4^{20} 0.901。

【注释】

[1] 乙酸乙酯可以与水形成共沸物，其沸点比乙醇和乙酸的沸点低，很容易从反应体系中蒸出。

[2] 也可在石棉网上加热，保持反应混合物的温度为 120~125℃。

[3] 也可用无水硫酸镁作干燥剂。

[4] 乙酸乙酯与水形成沸点为 70.4℃的二元恒沸混合物（含水 8.1%）；乙酸乙酯、乙

醇与水形成沸点为 70.2℃ 的三元恒沸混合物（含乙醇 8.4%，水 9%）。如果在蒸馏前不把乙酸乙酯中的乙醇和水除尽，就会有较多的前馏分。

【思考与讨论】
1. 能否用浓氢氧化钠溶液代替饱和碳酸钠溶液来洗涤蒸馏液？
2. 用饱和氯化钙溶液洗涤能除去什么？为什么先要用饱和食盐水洗涤？是否可用水代替？

实验 3-27 正丁醚的合成

醚是良好的有机溶剂，常用来提取有机物或用于有机反应的溶剂。通过本实验，学习在酸催化下，醇脱水合成醚的基本原理和操作方法。掌握回流操作和分水器的使用。

【实验提要】

脂肪族低级单醚通常由两分子醇在酸性脱水催化剂的存在下共热来制备。由正丁醇合成正丁醚的反应可表示为：

$$2CH_3CH_2CH_2CH_2OH \xrightarrow[130\sim140℃]{浓 H_2SO_4} (CH_3CH_2CH_2CH_2)_2O + H_2O$$

在实验室中常用浓 H_2SO_4 作脱水剂。但在此反应体系中，可能局部温度过高，发生醇单分子脱水的副反应。

$$CH_3CH_2CH_2CH_2OH \xrightarrow[约160℃]{浓 H_2SO_4} CH_3CH_2CH=CH_2 + H_2O$$

因此，操作过程中控制反应温度非常关键。此外，由于浓硫酸具有强氧化性，往往还生成少量氧化产物和二氧化硫。同时为了提高产品的产率，本实验利用分水器将生成的水不断从反应体系中除去，使化学平衡向正反应方向移动。

【仪器和试剂】

1. 仪器和材料

三口烧瓶，分水器，回流冷凝管，分液漏斗，锥形瓶，圆底烧瓶，蒸馏头，接液管。

2. 试剂

正丁醇，浓 H_2SO_4，NaOH 溶液，饱和 $CaCl_2$ 溶液，无水氯化钙。

【实验前的准备】

1. 本实验中，若制备 8.0g 正丁醚，当收率为 36%，反应原料正丁醇要多少克？
2. 实验室制备醚类化合物的基本方法有哪些？
3. 粗产品洗涤时，各步洗涤的目的是什么？

【实验内容】

(1) 在 100mL 三口烧瓶中加入计算量的正丁醇，将 4.5mL 浓硫酸分数批加入，每加入一批即充分摇振[1]，加完后再用力充分摇匀，然后投入数粒沸石。在三口烧瓶的中口安装油水分离器，一侧口安装温度计，塞住另一侧口。

(2) 将三口烧瓶安装在铁架台上，沿油水分离器支管口对面的内壁小心地贴壁加水（注意切勿使水流入三口烧瓶内）。待水面上升至恰与支管口下沿相平齐时为止。小心开启活塞，放出 3.5mL 水[2]，在油水分离器的上口安装回流冷凝管，如图 2-24(a) 装置。

(3) 隔石棉网加热三口烧瓶，反应液沸腾后蒸气进入冷凝管，被冷凝成混合液滴滴入油水分离器内，水层下沉，油层浮于水面上。待油层液面升于支管口时即流回三口烧瓶中。平稳回流直至水面上升至与支管口下沿相平齐时，即可停止反应，历时约 1.5h，反应液温度约 135~137℃[3]。

(4) 稍冷后开启活塞，放出油水分离器中的水，然后拆除装置。将反应液倒入盛有 50mL 水的分液漏斗中，充分摇振，静置分层，弃去下层水液。上层粗产物依次用 25mL 水、15mL 5％氢氧化钠溶液[4]、15mL 水和 15mL 饱和氯化钙溶液洗涤[5]。最后分净水层，将粗产物自漏斗上口倒入洁净干燥的小锥形瓶中，加入 1~2g 无水氯化钙，塞紧瓶口干燥半小时以上。

(5) 将干燥好的粗产物滤入 25mL 蒸馏瓶中，蒸馏收集 140~144℃的馏分，称重并计算收率。所得为无色透明液体，产量 7~8.8g，收率 31.9%~40.1%。

纯的正丁醚为无色透明液体，b.p.142.4℃，n_D^{20} 1.3992。

【注释】

[1] 如不充分摇匀，在酸与醇的界面处会局部过热，使部分正丁醇炭化，反应液很快变为红色甚至棕色。

[2] 本实验理论出水量 3.5mL。

[3] 制备正丁醚的适宜温度是 130~140℃，但在本反应条件下会形成下列共沸物：醚-水共沸物（b.p.90.6℃，含水 33.4%）、醇-水共沸物（b.p.93.0℃，含水 44.5%）、醇-水-醚三元共沸物（b.p.90.6℃，含水 29.9%及醇 34.6%），所以在反应开始阶段温度计的实际读数约在 100℃。随着反应进行，出水速度逐渐减慢，温度也缓缓上升，至反应结束时一般可升至 135℃或稍高一些。如果反应液温度已经升至 140℃而分水量仍未达到理论值，还可再放宽 1~2℃，但若温度升至 142℃而分水量仍未达到 3.5mL，也应停止反应。否则会有较多副产物生成。

[4] 碱洗时摇振不宜过于剧烈，以免严重乳化，难于分层。

[5] 上层粗产物的洗涤也可采用下法进行：先每次用 12mL 冷的 50％硫酸洗涤两次，再每次用 12mL 水洗涤两次。50％硫酸可洗去粗产物中的正丁醇，但正丁醚也能微溶，故收率略有降低。

【思考与讨论】

1. 实验中为什么要采用分水器分水？
2. 分析产品收率较低的原因。

实验 3-28 溴乙烷的制备（取代反应）

卤代烃是一类重要的有机合成中间体和重要的有机溶剂。由于 C—X 键的极性较大，且 X 原子外层的电子云较易极化，易发生亲核取代反应。特别是在以醇为原料的有机合成中，更是起着桥梁作用。例如：在无水乙醚中，由卤代烃和金属镁制成的 Grignard 试剂，可以和醛、酮等羰基化合物及 CO_2 反应，生成各种不同结构的醇和羧。通过本实验的学习，加深对饱和碳原子上的双分子亲核取代反应（S_N2）历程的理解。学习用蒸馏法从反应混合物中分离低沸点有机物的基本操作。

【实验提要】

在实验室中，溴乙烷常用乙醇与溴化钠，浓硫酸共热制得，其反应为：

$$NaBr + H_2SO_4 \longrightarrow HBr + NaHSO_4$$

$$CH_3CH_2OH + HBr \rightleftharpoons CH_3CH_2Br + H_2O$$

溴化钠和 H_2SO_4 反应生成氢溴酸。所用浓 H_2SO_4 是过量的，其作用是：①吸收反应中生成的水使氢溴酸保持较高的浓度，加速反应进行；②使醇羟基质子化，使它容易离去；

③使反应中生成的水质子化,阻止卤代烃通过水的亲核取代变回到醇。

反应按 S_N2 历程进行:

$$CH_3CH_2-\ddot{O}H + H^+ \underset{}{\overset{快}{\rightleftharpoons}} CH_3CH_2\overset{H}{\overset{|}{O^+}}-H$$

$$Br^- + CH_3CH_2-\overset{H}{\overset{|}{O^+}}-H \overset{慢}{\rightleftharpoons} CH_3CH_2Br + H_2O$$

为了使平衡向右移动,提高产率,减少副反应造成的损失,制备时增加乙醇的量,同时把生成的产物——溴乙烷及时地从混合物中蒸馏出来。

但浓硫酸的存在,可能会发生如下副反应:

$$2CH_3CH_2OH \xrightarrow{H_2SO_4(浓)} C_2H_5OC_2H_5 + H_2O$$

$$CH_3CH_2OH \xrightarrow{H_2SO_4(浓)} CH_2CH_2 + H_2O$$

$$2HBr + H_2SO_4(浓) \longrightarrow Br_2 + SO_2 + 2H_2O$$

【仪器和药品】

1. 仪器和材料

200mL 圆底烧瓶,冷凝管,温度计,接液管。

2. 试剂

无水溴化钠 22.5g(0.219mol),浓硫酸($d=1.84$)29mL(约 0.533mol),乙醇(95%)15mL(约 0.248mol)。

【实验前的准备】

1. 实验室制备卤代烃的基本方法有哪些?本实验制取溴乙烷的基本原理是什么?
2. 蒸馏难溶于水,比水重的低沸点有机物时,应注意哪些问题?为什么?
3. 本实验有哪些副反应?采取什么措施加以抑制?

【实验内容】

在 200mL 圆底烧瓶中,加入 15mL 95%乙醇和 13.5mL 水[1]。将烧瓶放在冷水中冷却,一边振摇一边慢慢加入 29mL 浓硫酸。冷至室温,然后在振摇下再加入 22.5g 研细的溴化钠[2]和 2~3 粒沸石或素烧瓷片。按图 2-10 装好仪器。因溴乙烷的沸点很低,极易挥发,故连接口要严密不漏气,接液管的末端应稍稍浸没在锥形瓶中冰水液面之下,锥形瓶要放在冰浴中冷却[3]。

将反应物用小火[4]加热,使瓶内液体微微沸腾,此时馏出物呈乳白色油状液体沉于瓶底,约半小时后,慢慢加大火焰,直到无油状物蒸出为止[5]。

精制:将馏出液倒入分液漏斗中,静置几分钟,将粗制溴乙烷(在哪一层?)放入 50mL 干燥的锥形瓶里。为了除去乙醚、乙醇、水等杂质[6],将锥形瓶浸于冰水浴中,用滴管慢慢滴加 3~5mL 浓硫酸,边加边振荡至液体澄清透明为止[7]。接着把此液体移入干燥的分液漏斗中,静置分层。分净下层硫酸,溴乙烷由分液漏斗上口倒入 50mL 蒸馏烧瓶中,加入 1~2 粒沸石或素烧瓷片,在热水浴中加热蒸馏。用已称量过的干燥的锥形瓶作接受器,放入冰浴中冷却。收集 36~40℃的馏分,产量约 16g,贴上标签,交指导教师验收。

纯溴乙烷 b.p.38.40℃,d_4^{20} 1.460,n_D^{20} 1.4239,0℃时在水中的溶解度为 1.06g。

【注释】

[1] 加水的主要目的是减少氢溴酸的挥发,降低硫酸浓度,减少副产物乙醚、乙烯的生成。

[2] 加入的溴化钠易结块,影响 HBr 的顺利产生,故加料时应该不断振摇并搅拌,若

用含结晶水的溴化钠（NaBr·2H$_2$O），其用量要经过换算，并相应减少加入的水量。如无NaBr，也可用KBr代替，但价格较贵。

［3］溴乙烷比水重，在水中的溶解度甚小，低温时又不与水作用。凡不溶或难溶于冷水、密度比水大、又不与水发生化学反应的易挥液体，一般都可采用这样的装置来收集馏分。

［4］开始加热时，常有很多气泡如乙烯等产生，要是加热太猛，常常发生冲料，导致实验失败。加热后，瓶内物呈橘红色，这是由于少许溴产生的缘故。

［5］蒸馏速度不要太快，否则溴乙烷蒸气来不及冷却而逸出，造成损失。而馏出液由浑浊变成澄清时，表示已经蒸完。蒸馏结束，应先将接受器与接液管分开，再移开热源，以防倒吸。烧瓶内的残液应趁热慢慢地倒入废液缸中，以免硫酸氢钠等冷后结块，不便倾倒。

［6］分液时，注意不要把水滴带入溴乙烷中，否则下一步用浓硫酸洗涤时放热而使产物挥发，影响产率。

水、乙醇能与溴乙烷分别形成共沸物。溴-乙烷-水三元共沸物的沸点为37℃，含水约1%；溴乙烷-乙醇二元共沸点为37℃，含乙醇3%。如不除去，影响产品提纯。

［7］乙醇、乙醚溶于浓硫酸，而溴乙烷既不溶于水，也不溶于浓硫酸，故精制溴乙烷采用浓硫酸作洗涤剂。

【思考与讨论】

1. 用浓硫酸洗涤粗制品，可以除去哪些杂质？为什么？
2. 实验室制备溴乙烷，一般产率不高，试分析其原因。
3. 如用NaBr·2H$_2$O做本实验，反应物的用量应如何调整？通过计算回答？
4. 是否可用碘化钠代替溴化钠来制备碘乙烷？为什么？

实验 3-29　溴苯的合成

卤代芳烃是一类重要的有机化工原料，主要用作有机合成、制药、农药等中间体，也可作为特殊的溶剂。本实验合成的溴苯，主要用作试剂、农药、医药等精细有机合成的中间体，在分析方面，用于铜的比色测定和作为标准折射率液。通过本实验加深对芳环上亲电取代反应的理解；熟练对有毒尾气的吸收处理方法；进一步熟练蒸馏、回流、液态有机物的洗涤、干燥、分离等技术；熟练装配和使用搅拌装置。

【实验提要】

苯与卤素如氯或溴反应生成卤化苯，是在三卤化铁（通常由铁和卤素的反应生成）催化剂的作用下，苯环上的氢原子被卤素原子所取代，生成卤代苯。

本实验合成的溴苯是利用溴在铁屑催化剂存在下取代苯环上的氢而生成的。反应式：

$$\text{C}_6\text{H}_6 + \text{Br}_2 \xrightarrow{\text{Fe}} \text{C}_6\text{H}_5\text{-Br} + \text{HBr}$$

催化剂的作用是产生亲电性强的Br$^+$。

本实验的副反应是溴苯继续被溴取代，生成二溴苯。溴局部过量（如加溴速度过快）及反应温度高均有利于副反应的发生。

【仪器和试剂】

1. 仪器和材料

三颈瓶（100mL），冷凝管，滴液漏斗，长颈漏斗，搅拌器，量筒，分液漏斗，布氏漏斗，抽滤瓶，水泵，烧杯，烧瓶，锥形瓶，蒸馏烧瓶，空气冷凝管。

2. 试剂

苯溴，铁屑，10%NaOH 溶液，无水氯化钙。

【实验前的准备】

1. 了解溴苯合成的原理和方法。

2. 合成溴苯实验中，当苯：溴：铁屑＝26：20：1（摩尔比）时，产率达 56.7%。本实验如需合成 8.9g 溴苯，求各原料的用量？（苯、溴需求体积数）

3. 溴化氢尾气吸收装置的原理是什么？

【实验内容】

用干燥的三颈瓶装配好搅拌装置，另两个瓶口分别装上干燥的滴液漏斗[1]和干燥的冷凝管[2]。冷凝管上口连接溴化氢气体吸收装置。在烧杯中装 10%NaOH 溶液，倒置的漏斗距液面 0.2～0.3cm，切勿浸入溶液中以防倒吸。

将无水苯、铁屑放入三颈瓶，将溴装入滴液漏斗[3]。先滴入 1mL 左右的溴到三颈瓶中，不要摇动，经片刻诱导期后反应即开始[4]，可观察到有溴化氢气体逸出。开动搅拌器，慢慢滴入其余的溴，控制滴速[5]，以保持溶液微沸为宜。约 30～40min 加完溴。在 60～70℃热水浴中回流约 15min，直至无 HBr 气体逸出且冷凝管中无红棕色溴蒸气为止。

通过滴液漏斗向三颈瓶中加入约 30mL 水，搅拌片刻后停止搅拌，拆下三颈瓶，抽滤除去铁屑。将滤液移入分液漏斗，依次用 20mL 水、10mL 10% NaOH 和 20mL 水洗涤后，在干燥的锥形瓶中用无水 $CaCl_2$ 干燥。将干燥后的粗产品滤去氯化钙，移入蒸馏烧瓶中，先用小火蒸去苯，当温度升到 135℃时迅速换上空气冷凝管，将此馏分再蒸馏，收集 154～160℃的馏分，即为溴苯产品。

纯溴苯的沸点 156℃，$d_4^{20}=1.4950$，$n_D^{20}=1.5597$。

【注释】

[1] 滴液漏斗活塞应涂凡士林防漏。

[2] 本实验所用烧瓶和滴液漏斗须干燥，最好事先在烘箱中烘干，有水存在有碍 Br^+ 生成，将使反应进行很慢，甚至不起反应。

[3] 溴是具有强烈腐蚀性和刺激性的物质，蒸气对呼吸道的毒害很大。操作应在通风橱内进行，应戴橡胶手套，并小心操作，防止溴滴溅到身上。

[4] 必要时可用水浴温热。

[5] 溴代苯的合成是放热反应。加溴速度过快，则反应剧烈，二溴苯产量增加，同时由于反应温度升高，逸出的溴和苯增加，因而溴苯产量下降。

【思考与讨论】

1. 为什么本实验中合成溴苯反应终止后，要向三颈瓶中加 30mL 水？并说出各步洗涤的目的？

2. 写出本实验制备溴苯的反应机理。

3. 溴不慎滴到手上如何处理？

实验 3-30 氯苯的制备

氯苯是重要的化工原料，可用于合成农药、染料、杀虫剂等。也可作为有机溶剂。通过本实验掌握重氮盐的制备技术，熟悉重氮盐制备的控制条件。了解桑德迈尔（Sardmeyer）

反应制卤化苯的方法。

【实验提要】

重氮盐通常是用伯芳胺在过量无机酸（常用盐酸和硫酸）的水溶液中与亚硝酸钠在低温下作用而制得：

$$C_6H_5-NH_2 + NaNO_2 + 2HCl \longrightarrow C_6H_5-N^+{\equiv}NCl^- + NaCl + 2H_2O$$

在制备重氮盐时，应注意以下几个问题。

(1) 严格控制在低温。重氮化反应是一个放热反应，同时大多数重氮盐极不稳定，在室温时易分解，所以重氮化反应一般都保持在 0～5℃ 进行。但芳环上有强的间位取代基的伯芳胺，如对硝基苯胺，其重氮盐比较稳定，往往可以在较高的温度下进行重氮化反应。

(2) 反应介质要有足够的酸度。重氮盐在强酸性溶液中比较稳定；过量的酸能避免副产物重氮氨基化合物等的生成。通常使用的酸量要比理论量多 25% 左右。

(3) 避免过量的亚硝酸。过量的亚硝酸会促进重氮盐的分解，会很容易和进行下一步反应所加入的化合物（例如叔芳胺）起作用，还会使反应终点难于检验。加入适量的亚硝酸钠溶液后，要及时用碘化钾淀粉试纸检验反应终点。过量的亚硝酸可以加入尿素来除去。

(4) 反应时应不断搅拌。反应要均匀地进行，避免局部放热，以减少副产物。

制得的重氮盐水溶液不宜放置过久，要及时地用于下一步的合成中。

最常见的重氮盐的化学反应有下列两种类型。

(1) 作用时放出氮气的反应。在不同的条件下，重氮基能被氢原子、羟基、氰基、卤原子等所置换，同时放出氮气。例如，桑德迈尔（Sandmeyer）反应：

$$C_6H_5-N^+{\equiv}NCl^- + HCl \xrightarrow{CuCl} C_6H_5-Cl + N_2$$

在实际操作中，往往将新制备的、冷的重氮盐溶液慢慢地加到冷的卤化亚铜的浓氢卤酸溶液中去，先生成深红色悬浮的复盐。然后缓缓加热，使复盐分解，放出氮气，生成卤代芳烃。

(2) 作用时保留氮的反应，其中最重要的是偶合反应。例如重氮盐与酚或叔芳胺在低温时作用，生成具有 Ar—N=N—Ar' 结构的稳定的有色偶氮化合物。

重氮盐与酚的偶合，一般在碱性溶液中进行，而重氮盐与叔芳胺的偶合，一般在中性或弱酸性溶液进行。

偶合反应也要控制在较低的温度下进行，要不断地搅拌，还要控制反应介质的酸碱度。

当溶解（有时是悬浮）在冷的无机酸水溶液中的芳香族伯胺用亚硝酸钠处理时会生成重氮盐：

$$CH_3-C_6H_4-NH_2 + NaNO_2 + HCl \xrightarrow{0\sim5℃} CH_3-C_6H_4-N^+{\equiv}NCl^- + NaCl + H_2O$$

重氮盐可进行许多反应，它在卤化亚铜或氰化亚铜的作用下会转变成相应的芳香族卤代物或氰化物。这是著名的桑德迈尔（Sandmeyer）反应。

$$C_6H_5-N^+{\equiv}NX^- \xrightarrow{CuX} C_6H_5-X + N_2$$

本实验以苯胺为原料在苯环上引入氯原子。

主反应：

$$C_6H_5-NH_2 + NaNO_2 + 2HCl \xrightarrow{0\sim5℃} C_6H_5-N^+{\equiv}NCl^- + NaCl + 2H_2O$$

$$C_6H_5-N^+{\equiv}NCl^- + HCl \xrightarrow{CuCl} C_6H_5-Cl + N_2$$

副反应:

$$\text{C}_6\text{H}_5\text{N}_2^+\text{Cl}^- + \text{H}_2\text{O} \xrightarrow{\text{H}^+} \text{C}_6\text{H}_5\text{OH} + \text{N}_2 + \text{HCl}$$

【仪器与试剂】

1. 仪器和材料

烧杯,抽滤装置,烧瓶。

2. 试剂

43.5g 硫酸铜（$CuSO_4 \cdot 5H_2O$）(0.17mol)，12.3g 苯胺 12mL(0.13mol)，10.5g 亚硝酸钠（0.15mol），浓盐酸，氯化钠，亚硫酸氢钠，氢氧化钠，浓硫酸，无水氯化钙。

【实验前的准备】

1. 了解重氮化反应的基本原理。
2. 重氮化时:
   (1) 为什么要用过量的盐酸？否则会发生什么副反应？
   (2) 为什么反应要在不超过 5℃下进行？
   (3) 为什么加亚硝酸钠时要不断搅拌？
   (4) 为什么要用碘化钾淀粉试纸检验反应的终点？亚硝酸过量有何影响？
3. 了解水蒸气蒸馏的基本原理和操作方法。

【实验内容】

1. 氯化亚铜溶液的制备

在 400mL 烧杯内，将 43.5g 硫酸铜和 13.5g 氯化钠溶解于 135mL 水中，加热到 60~70℃，减压过滤，除去不溶的杂质，得溶液Ⅰ。另将 11g 亚硫酸氢钠[1]和 5.5g 氢氧化钠溶解于 55mL 水中，也加热到 60~70℃，减压过滤，除去不溶物，得溶液Ⅱ。在搅拌下，把溶液Ⅱ在 5~10min 内加到溶液Ⅰ中，这时溶液的蓝色褪去，析出白色氯化亚铜。冷却至室温，用含少量亚硫酸氢钠的水以倾泻法洗涤氯化亚铜（为什么？）。然后将已冷却到 5℃以下的 70mL 浓盐酸倒入氯化亚铜中，搅拌，使氯化亚铜完全溶解。把氯化亚铜的盐酸溶液尽快地倒入 500mL 长颈圆底烧瓶中，用软木塞塞紧（氯化亚铜易被空气氧化，溶液颜色逐渐变深）。将烧瓶放在冰盐浴中冷却。

2. 重氮盐的制备

在 400mL 烧杯中，依次放入 12mL 苯胺、20g 冰、10mL 水和 40mL 浓盐酸，搅拌，使苯胺完全溶解。将烧杯置于冰盐浴中，使溶液的温度降至 0℃。在另一个小烧杯中，把 10.5g 亚硝酸钠溶于 27mL 水中，也冷却到 0℃。在不断搅拌下，用吸管把亚硝酸钠溶液慢慢地滴入苯胺盐酸盐溶液中，保持反应温度不超过 5℃[2]。当加入 85%~90%的亚硝酸钠溶液后，即可开始用碘化钾淀粉试纸来检验亚硝酸是否过量[3]。接近终点时，重氮化反应进行较慢。这时，每加数滴亚硝酸钠溶液，就需搅拌 2min，然后再检验终点。如果试纸立刻变蓝色，那就表示重氮化反应已完成。在重氮化操作中，应该用刚果红试纸检验，始终保持反应液为酸性。

3. 氯苯的制备

将重氮盐溶液在 10min 内倒入已冷却到 0℃的氯化亚铜盐酸溶液中[4]，并不时振荡，反应温度保持在 15℃以下。这时，有深红色悬浮物析出（重氮盐和氯化亚铜形成的复盐[5]）。先将烧瓶在冰水浴中摇动 10min，然后在室温下摇动。待反应物的温度接近室温时，把烧瓶放在水浴中，慢慢加热到 50℃，直到没有气泡放出为止。

将反应混合物进行水蒸气蒸馏，直到馏出液中没有油珠时为止。把馏出液倒入分液漏斗中，分离出氯苯。用等体积的浓硫酸[6]洗涤一次，再用清水洗涤一次。分离出氯苯，用无水氯化钙干燥。将澄清透明的液体倒入60mL蒸馏烧瓶中，进行蒸馏，收集130～133℃的馏分。

产量：约10.5g。

纯氯苯是无色液体，沸点132℃，d_4^{20} 1.107。

【注释】

[1] 必须用优质的亚硫酸氢钠，否则会影响产率。

[2] 若温度高于5℃，重氮盐易分解，副产物增加。

[3] 过剩的游离亚硝酸把碘化钾氧化成碘，碘使淀粉变蓝。若有过量的亚硝酸，可用尿素水溶液分解之：

$$NH_2-CO-NH_2 + 2HONO \longrightarrow CO_2 + 2N_2 + 3H_2O$$

[4] 较快地把重氮盐溶液倒入氯化亚铜盐酸溶液中，有利于副产物偶氮苯的生成。

[5] 重氮盐与氯化亚铜形成复盐，其组成可能为：C₆H₅—N⁺≡NCl⁻·CuCl。此复盐极不稳定，约于15℃时即自行分解，放出氮气。在分解复盐时，反应温度对氯苯的产量有很大影响。适当地提高反应温度，可加速复盐的分解，但温度过高，则会由于副反应而产生焦油状物质，故必须严格控制复盐分解反应的温度。

[6] 浓硫酸可除去副产物苯酚和偶氮苯。

【思考与讨论】

1. 为什么重氮盐溶液和氯化亚铜溶液作用形成复盐时要保持低温？复盐分解反应的温度对氯苯的产量有何影响？

2. 为什么要用水蒸气蒸馏法分离氯苯？随氯苯一起蒸出的还有什么物质？

实验 3-31　对氯甲苯的合成

对氯甲苯是许多化工产品的合成原料，在农药、染料、医药等多方面都有重要的应用；也可用于合成树脂和橡胶的溶剂以及生产除草剂的原料。通过本实验学习重氮化反应的基本原理和重氮基的性质；掌握重氮盐的制备技术和水蒸气蒸馏的基本操作。

【实验提要】

芳香族伯胺和亚硝酸钠在冷的无机酸水溶液中生成重氮盐的反应称为重氮化反应：

$$C_6H_5-NH_2 + NaNO_2 + HCl \longrightarrow C_6H_5-N^+\equiv NCl^- + NaCl + H_2O$$

最常用的无机酸是盐酸和硫酸，一般制备重氮盐的方法是：将一级芳香胺溶于1∶1的盐酸水溶液中，制成盐酸盐水溶液。然后冷却至1～5℃，在此温度下慢慢滴加稍过量的亚硫酸钠水溶液进行反应，即得到重氮盐的水溶液，如继续反应则不需要分离。

重氮盐的用途很广，其反应可分为两类。一类是在卤代或氰化亚铜或其他试剂的作用下，重氮基可被—H、—OH、—F、—Cl、—Br、—CN、—NO₂、—SH等基团取代，制备出相应的芳香族化合物；另一类是偶联反应，可以制备染料。偶联反应一般在弱酸或弱碱介质中进行。

其反应可表示为：

$$CH_3-\text{C}_6\text{H}_4-NH_2 + NaNO_2 + HCl \xrightarrow{0\sim5℃} CH_3-\text{C}_6\text{H}_4-N^+\equiv NCl^- + NaCl + H_2O$$

$$2CuSO_4 + 2NaCl + NaHSO_3 + 2NaOH \longrightarrow 2CuCl + 2Na_2SO_4 + NaHSO_4 + H_2O$$

$$CH_3-\text{C}_6\text{H}_4-N^+\equiv NCl^- \xrightarrow[HCl]{CuCl} CH_3-\text{C}_6\text{H}_4-Cl + N_2$$

【仪器和试剂】

1. 仪器和材料

100mL烧瓶，烧杯，水蒸气蒸馏装置，分液漏斗。

2. 试剂

硫酸铜，精制盐，亚硫酸氢钠，氢氧化钠，浓盐酸，对甲苯胺，亚硝酸钠，淀粉-碘化钾试纸，浓硫酸，无水氯化钙。

【实验前的准备】

1. 了解重氮化反应的基本原理和重氮基的基本性质。

2. 什么叫重氮化反应？它在有机合成中有何用途？

3. 为什么重氮化反应必须在低温下进行？如果温度过高或溶液酸度不够会产生什么副反应？

【实验内容】

半微量合成

(1) 氯化亚铜的制备

在100mL的烧瓶中，加入3g(12mmol)五水硫酸铜（$CuSO_4 \cdot 5H_2O$）、0.9g(16mmol)精制盐和10mL水，加热使反应液温度保持在60～70℃[1]，在此温度下，边摇边加入由0.8g(7.65mmol)亚硫酸氢钠[2]和0.5g(12.5mmol)氢氧化钠与5mL水配成的溶液。此时，溶液由蓝色变为浅绿色，底部有白色粉末状固体[3]。用冷水冷却静置至室温，倾倒出上层液体（尽量将上层液体倒干净）。固体用水洗涤2次[4]，得到白色粉末状氯化亚铜，加入5mL冷的浓盐酸使沉淀溶解，得到褐色溶液，塞好瓶盖置于冰浴中备用[5]。

(2) 重氮盐溶液的制备

在25mL的烧杯中加入3mL水、3mL浓盐酸（或1∶1盐酸水溶液6mL）和1g(9.26mmol)对甲苯胺，加热使对甲苯胺溶解。冷却后置于冰盐浴中，搅拌成糊状，使溶液温度降为0℃。在搅拌下，用毛细管将0.7g(10.14mmol)亚硝酸钠和2mL水配成的溶液慢慢加入，温度始终不应超过5℃[6]。当85%～90%的亚硝酸钠溶液加入后，用淀粉-碘化钾试纸检验，若试纸立即为深蓝色[7]，表示亚硝酸钠已适量[8]，再搅拌片刻。

(3) 对氯甲苯（p-chlorotoluene）的制备

在2min内，将对甲苯胺重氮盐溶液边摇边慢慢加入[9]已冷却到0℃的氯化亚铜盐酸溶液中，反应液温度保持15℃以下[10]，很快会析出橙红色重氮盐-氯化亚铜的复合物。在室温下放置15～30min后用50～60℃的水浴加热分解复合物，直至无氮气逸出。产物进行水蒸气蒸馏，收集馏分约12～14mL，分出有机层，水层用6mL环己烷分2次萃取。合并有机相，并依次用2mL 5%氢氧化钠、2mL水洗涤，换一个干燥的分液漏斗，再用2mL浓硫酸[11]、2mL水洗涤，用无水氯化钙干燥，常压下蒸出溶剂，然后再收集156℃左右的馏分，产率约50%。产物为无色透明液体。

纯对氯甲苯的沸点为162℃，d_4^{20}为1.072，n_D^{20}为1.521。

【注释】

[1] 在60～70℃下制得的氯化亚铜质量较好，颗粒较粗，易于漂洗。

[2] 亚硫酸氢钠容易氧化变质，必须用优质品，否则会影响产率。

[3] 实验中如发现溶液仍呈蓝绿色，则表明还原不完全，应酌情多加亚硫酸氢钠溶液；若发现沉淀呈黄褐色，应立即加入几滴盐酸并稍加振荡，使氢氧化亚铜转化成氯化亚铜，但是应控制好所加酸的量，因为氯化亚铜会溶解于酸中。

[4] 用水洗涤氯化亚铜时，要轻轻晃动，否则难以沉淀。

[5] 氯化亚铜在空气遇热或光易被氧化，重氮盐久置会分解，一旦制备好应立即反应。

[6] 在重氮化过程中应不断用刚果红试纸检查，使溶液始终保持酸性。

[7] 因接近终点时重氮化反应较慢，在用淀粉-碘化钾试纸检验时，应搅拌几分钟后再进行检验。

[8] 若加入过量的亚硝酸，可用尿素分解。

[9] 在制备对氯甲苯时，倒入重氮盐的速度不宜太快，否则会出现较多的副产物偶氮苯。

[10] 重氮盐-氯化亚铜复合物不稳定，在15℃时可自行放出氮气，因此温度应控制在15℃以下。

[11] 浓硫酸可以去除副产物偶氮苯。

【思考与讨论】

1. 为什么不直接将甲苯氯化而用桑德迈尔（Sardmeyer）反应来制备邻和对氯甲苯？

2. 氯化亚铜在盐酸存在下，被亚硝酸氧化，可看到有红棕色气体放出，试解释这一现象，并用反应式来表示。此气体对人身体有何害处？

实验 3-32　硝基苯的合成

硝基苯是重要的基本有机合成原料；硝基苯用三氧化硫磺化得间硝基苯磺酸，可作为染料中间体，温和氧化剂和防染盐 S，经还原后得间氨基苯磺酸，是医药、染料的中间体。再经 N-乙基化、碱熔可以得染料中间体间羟基-N,N-二乙基苯胺。硝基苯用氯磺酸氯磺化得间硝基苯磺酰氯，用作染料、医药等中间体。硝基苯经氯化得间硝基氯苯，广泛用于染料、农药的生产；经还原后可得间氯苯胺，用作染料橙色基 GC，也是医药、农药、荧光增白剂，有机颜料等的中间体。

硝基苯再硝化可得间二硝基苯，经还原可得间苯二胺，用作染料中间体，环氧树脂固化剂、石油添加剂、水泥促凝剂等；间二硝基苯如用硫化钠进行部分还原则得间硝基苯胺，为染料橙色基 R，是偶氮染料和有机颜料等的中间体。

硝基苯经还原得到的苯胺，用途更广泛。

【实验提要】

芳香族硝基化合物一般是由芳香族化合物直接硝化制得的。最常用的硝化试剂是浓硝酸和浓硫酸的混合液，常称为混酸。其反应可表示为：

$$\text{C}_6\text{H}_6 + \text{HONO}_2 \xrightarrow{\text{H}_2\text{SO}_4(\text{浓})} \text{C}_6\text{H}_5\text{NO}_2 + \text{H}_2\text{O}$$

在硝化反应中，根据被硝化物质结构的不同，所需用的混酸浓度和反应温度也各不相同。因芳烃硝化属于亲电取代反应，不同的取代基对芳环的影响不同。如：甲苯比苯易硝化，而硝基苯比苯难硝化。从硝基苯制备二硝基苯，一般需用发烟硝酸和浓硫酸作硝化剂，反应温度需升高至 95～100℃。混酸中浓硫酸的作用不仅在于脱水，更重要的是有利于

NO_2^+ 的生成，增加 NO_2^+ 的浓度，利于亲电取代反应的进行。

硝化反应是强放热反应。进行硝化反应时，必须严格控制好反应温度和加料速度。

【仪器和试剂】

1. 仪器和材料

三口烧瓶，回流冷凝管，分液漏斗，空气冷凝管，蒸馏头，尾接管，圆底烧瓶，量筒，温度计，锥形瓶。

2. 试剂

苯，硝酸（$d_4^{20}=1.40$），浓硫酸（$d_4^{20}=1.84$），10%碳酸钠溶液，饱和食盐水，无水氯化钙。

【实验前的准备】

1. 了解硝化反应的原理。

2. 合成硝基苯的实验中，当苯：硝酸：浓硫酸＝10：11：18（摩尔比）时，产率可达56.5%，本实验如需合成硝基苯9.5g，求各原料的用量？（硝酸、浓硫酸需求体积数）

3. 每加一次混酸后，为什么要待反应物的温度不再上升而趋于下降时，才能继续加混酸？

4. 将反应混合物倒入分液漏斗，静置分层时，哪一层是酸层，怎样判断和检验？

5. 最后用水洗至中性，如何检验？

【实验内容】

在100mL的三口烧瓶中放入苯，在中间瓶口安装搅拌棒，一个侧口装上回流冷凝管，另一侧口插上温度计，其水银球要浸到液面下。开动搅拌器，从冷凝管上口分批加入已冷却的混酸[1]。每加一次后，待反应物的温度不再上升而趋于下降时，才继续加混酸，反应物的温度应保持在40~50℃之间，若超过50℃，可用冷水浴冷却烧瓶，加料完毕后，把烧瓶放在水浴上加热，约于10min内把水浴加热到60℃（反应混合物的温度为60~65℃）并保持30min[2]。

冷却后，将反应混合物倒入分液漏斗中。静置分层，分出酸层倒入指定回收瓶内。粗硝基苯[3]先用等体积的冷水洗涤，再用10%碳酸钠溶液洗涤，直到洗涤液不显酸性[4]。最后用水洗至中性。分离出粗硝基苯，放在干燥的小锥形瓶中，加入无水氯化钙干燥，间歇振荡锥形瓶。

把澄清透明的硝基苯倒入30mL蒸馏烧瓶中，连接空气冷凝管。在石棉网上加热蒸馏，收集204~210℃的馏分。为了避免残留在烧瓶中的二硝基苯在高温下分解而引起爆炸，注意切勿将产物蒸干。称重，计算产率。

纯硝基苯为无色液体，具有苦杏仁气味，沸点210.9℃，d_4^{20}1.203。

【注释】

[1] 混酸配制法：在50mL锥形瓶中放入10mL浓硫酸，把锥形瓶置于冷水浴中，一边不停地摇动锥形瓶，一边将7.3mL硝酸慢慢地注入浓硫酸中。

[2] 苯的硝化反应为一放热反应。在开始加入混酸时，硝化反应速率较快，每次加入的混酸量宜为0.5~1mL。随着混酸的加入和硝基苯的生成，反应混合物中的苯的浓度逐渐降低，硝化反应的速率也随之减慢，故在加入后一半混酸时，每次可加入1.5~2mL。

[3] 用吸管吸取少许上层反应液，滴到饱和食盐水中，当观察到油珠下沉时，那就表示硝化反应已经完成。

[4] 硝基苯有毒，处理时须加小心。如果溅在皮肤上，可先用少量酒精洗擦，再用肥皂水洗净。

【思考与讨论】
1. 硫酸在本实验中起什么作用？
2. 一次就把混酸加完，会产生什么结果？
3. 若用相对密度为 1.52 的硝酸来配制混酸进行苯的硝化，将得到何产物？
4. 硝化反应温度过高有何影响？

实验 3-33　苯乙酮的制备

苯乙酮可作溶剂使用，溶解能力与环己酮相似，能溶解硝化纤维素、乙酸纤维素、乙烯树脂、醇酸树脂等。常与乙醇、酮、酯以及其他溶剂混合使用。还可作为香料使用，广泛用于皂用香精和烟草香精中。在合成中，可用来合成苯乙醇酸、2-苯基吲哚、异丁苯丙酸等，还可作为塑料增塑剂。本实验通过合成苯乙酮，学习傅-克反应的原理和实验方法；掌握搅拌器使用、无水操作、液体化合物的洗涤与干燥等。

【实验提要】

在无水三氯化铝等路易斯酸存在下，芳烃与卤烷作用，芳环上发生亲电取代反应，其氢原子被烷基取代，生成烷基芳烃的反应，称为傅瑞德尔-克拉夫茨烷基化反应；芳烃与酰卤或酸酐作用，芳环上的氢原子被酰基取代，生成芳酮的反应，称为傅瑞德尔-克拉夫茨酰基化反应。

在烷基化反应中，反应并不停止在一烷基化阶段，由于生成的烷基苯比苯易于烷基化，还可以生成多烷基取代的芳烃。以苯的乙基化为例，除乙苯外，还生成二乙苯和三乙苯等。如果加入过量的苯，则可以提高乙苯的产率，抑制多乙苯的生成，这是因为傅瑞德尔-克拉夫茨烷基化反应是可逆反应。

$$\text{(邻-二乙苯)} + \text{(苯)} \xrightarrow{\text{AlCl}_3} 2\ \text{(乙苯)}$$

如果苯与过量的溴乙烷反应，则生成二乙苯与三乙苯等。这里，如果单纯地按照苯环定位规律的话，二乙苯主要应是对位和邻位的二乙苯异构体，三乙苯主要是 1,2,3-三乙苯。事实上二乙苯主要是间位异构体，三乙苯主要是 1,3,5-三乙苯（87%）。其原因主要是傅瑞德尔-克拉夫茨烷基化反应是可逆反应，反应是热力学控制的，而间位异构体在热力学上是稳定的。

在酰基化反应中，反应可以停止在一酰基化阶段。因为酰基活化苯环的能力不如烷基。例如，由苯和乙酐反应，可得较纯的苯乙酮。

烷基化反应和酰基化反应都是放热反应。应用时要注意控温。一般可用二硫化碳或硝基苯等作为傅瑞德尔-克拉夫茨反应溶剂。

在烷基化反应中，每 1mol 卤烃仅需 0.1~0.25mol 的无水三氯化铝，因为在反应过程中无水三氯化铝仅作催化剂。但在酰基化反应中，由于三氯化铝可与羰基化合物形成稳定的络合物，就需加入较多的三氯化铝。例如，用 1mol 乙酐作酰基化剂需用约 2.2~2.4mol 三氯化铝。这是由于反应中生成的乙酸及芳酮也各与 1mol 三氯化铝作用，生成 $CH_3COOAlCl_2$ 和 $C_6H_5COCH_3 \cdot AlCl_3$。

以苯和乙酐为原料，制备苯乙酮的反应式为：

$$\text{(苯)} + (CH_3CO)_2O \xrightarrow{AlCl_3} \text{(苯)}-COCH_3 + CH_3COOH$$

$$\underset{}{\text{C}_6\text{H}_5}\text{—COCH}_3 + \text{AlCl}_3 \longrightarrow \text{C}_6\text{H}_5\text{—COCH}_3 \cdot \text{AlCl}_3 \xrightarrow[\text{H}_2\text{O}]{\text{H}^+} \text{C}_6\text{H}_5\text{—COCH}_3 + \text{AlCl}_3$$

$$\text{CH}_3\text{COOH} + \text{AlCl}_3 \longrightarrow \text{CH}_3\text{COOAlCl}_2 + \text{HCl}$$

【仪器与试剂】

1. 仪器和材料

100mL 三口烧瓶，搅拌器，滴液漏斗，球形冷凝管，干燥管，分液漏斗，30mL 三口烧瓶，温度计，分馏柱，蒸馏头，直形冷凝管，尾接管，空气冷凝管。

2. 试剂

苯[1]，无水三氯化铝[2]，乙酐，浓盐酸，浓硫酸，5％氢氧化钠溶液。

【实验前的准备】

1. 在合成苯乙酮实验中，当苯∶无水三氯化铝∶乙酐＝56.4∶24∶10（摩尔比）时，产率约达60％。本实验如需合成4g苯乙酮，求各原料的用量？（苯与乙酐需求体积数）。

2. 在本实验中，除用无水三氯化铝作催化剂外，还可使用哪些催化剂？

3. 在本实验中，苯与无水三氯化铝的量是过量的，为什么？

4. 在反应过程中，要求乙酐和苯的混合物滴加时间需10min，这是为什么？

5. 反应液中苯乙酮是橘红色，这是由于苯乙酮与$AlCl_3$，生成了配合物，请写出此配合物的构造式？

6. 本实验成败的关键是什么？

【实验内容】

本实验所用的药品必须是无水的，所用的仪器必须是干燥的[3]。

取100mL三口烧瓶，在中间瓶口装配搅拌器，一侧口装滴液漏斗，另一侧口装回流冷凝管，回流冷凝管上口装上氯化钙干燥管并连接气体吸收装置（参照图3-20）[4]。

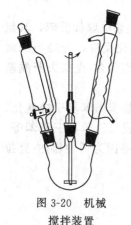

图3-20　机械搅拌装置

在烧瓶中迅速放入16g无水三氯化铝和20mL苯。在滴液漏斗中放入4.7mL新蒸馏过的乙酐和5mL苯的混合液。在搅拌下慢慢滴加乙酐的苯溶液。反应很快就开始，放出氯化氢气体，三氯化铝逐渐溶解，反应物的温度也自行升高。应控制滴加速度，使苯缓缓地回流。加料时间约需10min。加完乙酐后，关闭滴液漏斗旋塞，在石棉网上用小火加热，保持缓缓回流1h[5]。

待反应物冷却后，在通风橱内把反应物慢慢地倒入50g碎冰中，同时不断搅拌。然后加入30mL浓盐酸使析出的氢氧化铝沉淀溶解。如果仍有固体存在，再适当增加一点盐酸。用分液漏斗分出苯层。水层用20mL苯分两次萃取。合并苯溶液，用15mL 5％氢氧化钠溶液洗涤，再用水洗涤。分出苯层。

在30mL蒸馏烧瓶上装一个滴液漏斗，将吸收装置换成长橡皮管通入水槽或引至室外。将苯溶液倒入滴液漏斗中，先放约10mL苯溶液到烧瓶中，在沸水浴上加热蒸馏，同时把剩余的苯溶液逐渐地滴加入烧瓶中，直至苯蒸气蒸不出为止（苯溶液中所含的少量水分随苯共沸蒸出）。卸去滴液漏斗，换上250℃温度计，在石棉网上加热蒸出残留的苯。当温度升至140℃左右时，停止加热。稍冷后换空气冷凝管和接受器，继续蒸馏，收集195～202℃的馏分[6]。

纯苯乙酮是无色油状液体，熔点19.6℃，沸点202℃，d_4^{20} 1.028。

表3-3为压力与沸点的关系。

表 3-3 压力与沸点的关系

压力/kPa（压力/mmHg）	26.7 (200)	20 (150)	8.0 (60)	6.7 (50)	5.3 (40)	4.0 (30)	3.3 (25)	1.6 (12)
沸点/℃	155	146	120	115.5	110	102	98	88

【注释】

[1] 本实验最好用无噻吩的苯。要除去苯中所含噻吩，可用浓硫酸多次洗涤（每次用相当于苯体积15％的浓硫酸），直到不含噻吩为止，然后依次用水、10％氢氧化钠溶液和水洗涤，用无水氯化钙干燥后蒸馏。

检验苯中噻吩的方法：取 1mL 样品，加 2mL 0.1％靛红在浓硫酸中的溶液，振荡数分钟，若有噻吩，酸层将呈现浅蓝绿色。

[2] 无水三氯化铝暴露在空气中，极易吸水分解而失效。应当用新升华过的或包装严密的试剂。称取时动作要迅速。块状的无水三氯化铝在称取前需在研钵中迅速地研细。

加无水三氯化铝时可自制一简易的加料器：取一段长 6cm，直径约 15mm（可插入烧瓶的侧口）的玻璃管，两端配上橡皮塞。称量时装入药品，塞紧玻璃管两端。加料时，打开一塞，将玻璃管迅速插入瓶口，轻轻敲拍玻璃管使药品进入烧瓶，而不致沾在瓶口。如果有残留在管中的固体不下，可打开另一塞子，用玻璃棒将固体捅下去。

[3] 仪器或药品不干燥，将严重影响实验结果或使反应难于进行。

[4] 本实验也可用人工振荡代替机械搅拌。用 100mL 圆底烧瓶，上装一个二口连接管，其正口装滴液漏斗，侧口装回流冷凝管，冷凝管上口连接氯化钙干燥管和气体吸收装置。为了便于振荡反应物质，烧瓶、冷凝管和滴液漏斗应安装在同一铁架台上。采用人工振荡时，回流时间应增长。

[5] 回流时间增长，产率还可以提高。

[6] 最好进行减压蒸馏，收集 86～90℃/1.6kPa(12mmHg) 的馏分。

【思考与讨论】

1. 如果仪器不干燥或药品中含水，这对实验的进行有什么影响？
2. 为什么要逐渐地滴加乙酐？
3. 为什么要用含盐酸的冰水来分解反应混合物？
4. 还可以用什么原料代替乙酐来制苯乙酮？

实验 3-34　4-苯基-3-丁烯-2-酮的合成

4-苯基-3-丁烯-2-酮是一种重要的化工原料，工业上常用作电镀助剂。通过本实验学习羟醛缩合反应的基本原理和合成 α,β-不饱和羰基化合物的方法；掌握萃取、减压蒸馏等操作技术。

【实验提要】

羟醛缩合反应是合成 α,β-不饱和醛酮的重要方法，也是有机合成中增长碳链的主要反应。反应一般在稀碱催化下进行。无 α-氢的芳醛可与有 α-氢的醛、酮发生交叉羟醛缩合反应，缩合产物（β-羟基醛酮）自发脱水生成稳定的 α,β-不饱和醛酮。这种交叉的羟醛缩合反应称为 Claisen-schmidt 反应，是制备侧链上含两种官能团的芳香族化合物的重要方法之一。

本实验利用苯甲醛和丙酮在 NaOH 催化下反应而得。其反应可表示为：

$$\text{C}_6\text{H}_5\text{CHO} + \text{CH}_3\text{COCH}_3 \xrightarrow{\text{NaOH}} \text{C}_6\text{H}_5\text{CH}=\text{CHCOCH}_3 + \text{H}_2\text{O}$$

【仪器和试剂】

1. 仪器和材料

150mL 三颈瓶，搅拌器，冷凝管，分液漏斗，滴液漏斗，蒸馏烧瓶，烧杯，量筒，温度计，接液管，蒸馏头。

2. 试剂

21mL 苯甲醛（21g，0.2mol），40mL 丙酮（32g，0.55mol），5mL 10%氢氧化钠溶液，稀盐酸（1：1），10mL 甲苯，无水硫酸镁。

【实验前的准备】

1. 了解羟醛缩合反应的基本原理。
2. 本实验中可能有副反应吗？如有，采取什么措施可减少副反应的发生？
3. 了解分液漏斗的使用方法。
4. 了解减压蒸馏的操作方法。

【实验内容】

在装有搅拌器、温度计和滴液漏斗的 150mL 三口烧瓶中依次加入 21mL 新蒸馏的苯甲醛、40mL 丙酮和 20mL 水。充分搅拌下自滴液漏斗中缓慢滴加 5mL 10%的氢氧化钠溶液，维持反应温度在 25～30℃之间，必要时用水浴冷却。滴加完毕并继续室温下搅拌 2h，然后用 1：1 稀盐酸酸化至 pH 值 3～4。分出黄色油层，水层用 10mL 苯萃取。合并油层和甲苯萃取液，用无水硫酸镁干燥。过滤，滤液先在水浴上蒸出甲苯，然后减压蒸馏收集 142～148℃/2.27kPa（17mmHg）的馏分。放置后固化，称量并计算收率。

光谱数据

IR$\nu_{\max}$（液膜）/cm^{-1}：3030，3000，2950，1690，1670，1610，1570，1490，1450，1350，1250，1200，1170，970，740，690。

^{1}H NMR(CDCl$_3$，$\delta \times 10^{-6}$)：2.4，6.7，7.5。

【思考与讨论】

1. 本实验可能发生哪些副反应？
2. 反应结束后为何要用 1：1 盐酸中和溶液 pH 值 3～4？

实验 3-35　环己烯的合成

烯烃是重要的化工原料，主要用于合成塑料、橡胶、纤维等。烯烃的主要来源是石油产品的裂解。实验室制备烯烃主要采用醇的脱水及卤代烃脱卤代氢等方法。通过本实验了解烯烃的制备方法，掌握在酸催化下醇脱水制备烯烃的原理和方法；初步掌握分馏、蒸馏操作和分液漏斗的使用。

【实验提要】

醇的脱水可用氧化铝或分子筛在高温（350～400℃）下进行，也可用酸催化脱水的方法。常用的脱水剂有硫酸、磷酸和对甲苯磺酸等。环己烯的制备，可以使用卤代环己烷或环己醇为原料，通过它们的消除反应而制得。

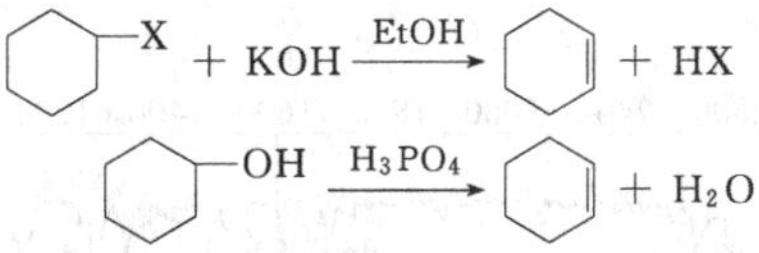

$$\text{C}_6\text{H}_{11}\text{X} + \text{KOH} \xrightarrow{\text{EtOH}} \text{C}_6\text{H}_{10} + \text{HX}$$

$$\text{C}_6\text{H}_{11}\text{OH} \xrightarrow{\text{H}_3\text{PO}_4} \text{C}_6\text{H}_{10} + \text{H}_2\text{O}$$

一般认为，环己醇催化脱水是一个通过碳正离子中间体进行的单分子消去反应（E1）。

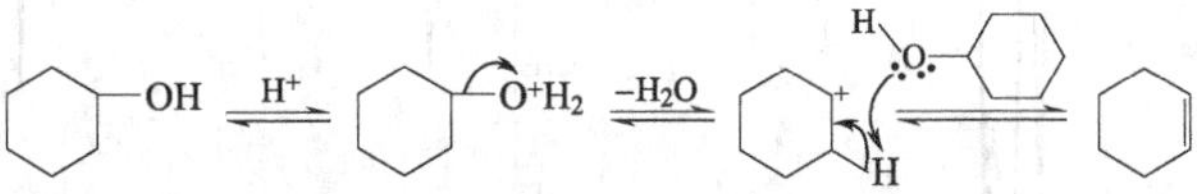

$$\text{C}_6\text{H}_{11}\text{OH} \underset{}{\overset{\text{H}^+}{\rightleftharpoons}} \text{C}_6\text{H}_{11}\text{O}^+\text{H}_2 \underset{}{\overset{-\text{H}_2\text{O}}{\rightleftharpoons}} \text{[carbocation]} \rightleftharpoons \text{C}_6\text{H}_{10}$$

醇的脱水反应随醇的结构不同而有所不同。其反应速率为：叔醇＞仲醇＞伯醇。叔醇在较低的温度下即可失水。整个反应是可逆的，为了促使反应的完成，必须不断地把生成的沸点较低的烯烃蒸出。由于高浓度的酸会导致烯烃的聚合、醇分子间的失水及碳架的重排，因此醇在酸催化下脱水反应中常伴有副产物——烯烃的聚合物和醚的生成。另外，高温还会导致炭化现象。

当有可能生成两种以上的烯烃时，反应取向服从 Zaytzeff 规则，主要生成双键碳上有较多取代基的烯烃。

【仪器和试剂】

1. 仪器和材料

100mL 圆底烧瓶，分馏柱，蒸馏头，温度计，冷凝管，接液管。

2. 试剂

20g 环己醇（20.8mL，0.2mol），5mL 磷酸（85%），氯化钠，无水硫酸钠。

【实验前的准备】

1. 实验室制取烯烃的基本反应有哪些？
2. 了解醇脱水生成烯烃的基本原理。
3. 本实验可能有哪些副反应？如何降低副反应的发生？

【实验内容】

在100mL 圆底烧瓶中，加入20g 环己醇[1]、5mL 磷酸[2]和几粒沸石，摇匀，照图2-14装上米格式分馏柱、蒸馏头、温度计、冷凝管等，接受瓶用冷水浴冷却。

用油浴加热圆底烧瓶[3]，控制浴温在 180～200℃，缓慢蒸出环己烯和水，使馏分温度不超过90℃，蒸至瓶中仅剩下少量残留液时，停止蒸馏。

将收集的粗环己烯转移至分液漏斗中，用等体积饱和氯化钠溶液洗一次，分去水层[4]，将有机层倒入一个干燥锥形瓶中，用无水硫酸钠干燥1h以上。

将干燥过的产品通过滤纸过滤至50mL 圆底烧瓶中，用油浴加热分馏，收集 82～85℃馏出液，产品为无色透明液体，产量11～12g，产率67%～73%。

纯环己烯：沸点 82.98℃，折射率 n_D^{20} 1.4465。环己烯的红外光谱见图 3-21。

【注释】

[1] 环己醇的熔点较高（25.2℃），当气温低时比较黏稠，用量筒量取时应注意转移中的损失。环己醇与磷酸要充分混匀后，再加热反应。

[2] 硫酸也可以代替磷酸起脱水剂作用，但硫酸较易引起炭化。

[3] 反应中环己烯与水形成共沸物（沸点 70.8℃，含水 10%）；环己醇与环己烯形成共沸物（沸点 64.9℃，含环己醇 30.5%）；环己醇与水形成共沸物（沸点 97.8℃，含水 80%），因此不宜控制加热温度过高，蒸馏速度过快，尽量减少未反应的环己醇被蒸出。

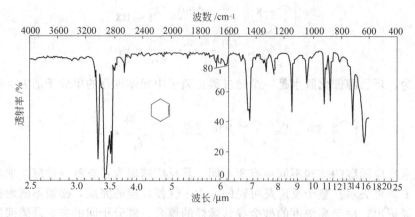

图 3-21 环己烯的红外光谱（液膜）

[4] 尽量分去水层，以免因增加干燥剂用量，导致更多产品损失。

【思考与讨论】

1. 写出环己醇与磷酸脱水反应的机理。
2. 写出下列醇脱水主要生成的烯烃。
   a. 1-甲基环己醇；b. 2-甲基环己醇；c. 4-甲基环己醇；d. 2,2-二甲基环己醇；e. 1,2-环己二醇。
3. 环己烯粗产品为什么不用纯水洗，而是用饱和食盐水洗？

实验 3-36　正丁醛的合成

正丁醛是一种重要的有机化合物，主要用于化学合成及其他精细化工产品原料。通过实验学习由醇氧化制备醛的原理和方法；掌握滴加反应的操作技术；了解分馏柱的使用方法。

【实验提要】

由醇类化合物氧化制备醛类化合物是一种常见的方法。本实验是将正丁醇在酸性条件用铬酸氧化来制备正丁醛，其反应可表示为：

$$3CH_3CH_2CH_2CH_2OH + Na_2Cr_2O_7 + 4H_2SO_4 \longrightarrow$$
$$3CH_3CH_2CH_2CHO + Cr_2(SO_4)_3 + Na_2SO_4 + 7H_2O$$

副反应：

$$CH_3CH_2CH_2CHO \xrightarrow{[O]} CH_3CH_2CH_2COOH$$

$$CH_3CH_2CH_2CHO \underset{H^+}{\overset{CH_3CH_2CH_2OH}{\rightleftharpoons}} CH_3CH_2CH_2CHOCH_2CH_2CH_2CH_3 \text{（OH）} \xrightarrow{[O]}$$

$$CH_3CH_2CH_2\overset{O}{\underset{\|}{C}}OCH_2CH_2CH_3$$

【仪器和试剂】

1. 仪器和材料

三口烧瓶，分馏柱，蒸馏头，温度计，冷凝管，接液管，滴液漏斗。

2. 试剂

22.2g 正丁醇（28mL，0.3mol），30.5g 重铬酸钠（$Na_2Cr_2O_7 \cdot 2H_2O$）（0.1mol），

22mL 浓硫酸（$d=1.84$），无水硫酸镁。

【实验前的准备】

1. 了解由醇氧化制备醛的基本原理。
2. 如何控制产物醛进一步被氧化？
3. 了解浓硫酸的性质及使用注意事项。

【实验内容】

反应装置如图 3-19 所示。在 250mL 烧杯中将 30.5g 重铬酸钠溶于 165mL 水中，在冷却与搅拌下加入 22mL 浓硫酸。在 250mL 三口瓶中加入 22.2g 正丁醇及几粒沸石，将已配好的重铬酸钠溶液移入恒压滴液漏斗（可分批加入）。

将三口瓶加热至微沸，待蒸气刚好达到分馏柱底部时，开始滴加重铬酸钠溶液，控制滴加速度使分馏柱顶部温度不超过 78℃，不低于 71℃，不断蒸出生成的正丁醛[1]。滴加完毕，用小火继续加热 15～20min，收集所有 95℃ 以下馏分。

将粗产物分去水层，油层用无水硫酸镁干燥。干燥后的粗产物滤入 25mL 蒸馏瓶中蒸馏，收集 70～80℃ 馏分[2]，继续蒸馏收集 80～120℃ 馏分为回收的正丁醇。产量约 6.5g，收率 30%。产品可进行气相色谱分析。

纯正丁醛为无色透明液体，b.p. 75.7℃，n_D^{20} 1.3843。

自制正丁醛的气相色谱分析：采用北京分析仪器厂 SQ-206 型气相色谱仪，热导池鉴定器，不锈钢 U 形管填充柱（2m），固定液：聚乙二醇 20000，102 担体，载气：N_2，检测室温度：160℃，柱温：150℃，热丝温度：150℃，柱前压：0.06MPa，载气流量：50mL/min，进样量：5μL。图 3-22 为自制正丁醛的气相色谱图。RT 1.52 的峰为正丁醇。正丁醛的红外光谱图见图 3-23。

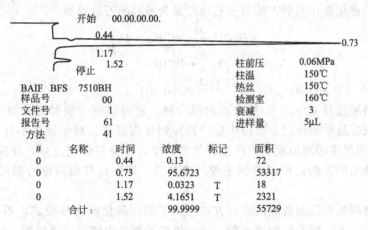

图 3-22 自制正丁醛的气相色谱图

【注释】

[1] 接收瓶应该用冰水冷却。正丁醛与水形成二元恒沸物（b.p. 68℃，含正丁醛 94%）；正丁醇与水形成二元恒沸物（b.p. 92.4℃，含正丁醇 62%）。

[2] 绝大部分正丁醛应在 73～76℃ 馏出，醛易氧化，应保存在棕色瓶中。

【思考与讨论】

1. 本实验产率为什么较低？
2. 制备醛还有哪些方法？

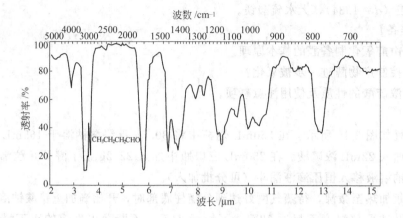

图 3-23 正丁醛的红外光谱图

3. 为什么要将氧化剂滴加？将正丁醇滴加到氧化剂中行吗？

实验 3-37 环己酮的合成

环己酮是一种重要的化工原料，也是一种重要的有机溶剂。通过本实验学习由二级醇的氧化制备酮的原理和方法；掌握简单蒸馏、萃取等基本操作。

【实验提要】

醇的铬酸氧化反应是实验中制备脂肪醛、酮的主要方法，环酮由环醇氧化而得。在工业上主要采用醇的催化氧化脱氢方法以及石油产品为原料的石油路线。

$$CH_3OH \xrightarrow{Ag} HCHO + H_2$$

$$CH_3OH + O_2 \xrightarrow{Ag} HCHO + H_2O$$

$$CH_2=CH_2 + O_2 \xrightarrow{CuCl_2\text{-}PdCl_2} CH_3CHO$$

铬酸是重铬酸盐与 40%～50% 硫酸的混合物。它可以把一级醇逐步氧化到醛和羧酸。醇的铬酸氧化反应是放热反应，反应中应严格控制反应温度。对于制备小分子的醛（丙醛、丁醛），可以采用把铬酸滴加到热的已被酸化的醇中，以免氧化剂过量，并采用将生成的低沸点的醛不断蒸出的方法，可以得到中等产率的醛。即使这样也有部分的醛被进一步氧化为酸。

二级醇的铬酸氧化是制备酮的较好方法。由于酮对氧化剂比较稳定，不易进一步氧化。但在强氧化剂作用下，则发生断链现象。反应机理可能是中间通过铬酸酯：

$$R_2CHOH \xrightarrow{H_2CrO_4} R_2-\underset{H}{\overset{}{C}}-O-CrO_3H \longrightarrow R_2CO + HCrO_3^-$$

其中四价铬与六价铬作用变为五价铬，又与醇作用变为三价，因此在反应中铬由六价变为三价。

本实验由铬酸氧化环己醇制备环己酮。

$$3\,C_6H_{11}OH + Na_2Cr_2O_7 + 4H_2SO_4 \longrightarrow 3\,C_6H_{10}O + Cr_2(SO_3)_3 + Na_2SO_4 + 7H_2O$$

可能的副反应：

$$\text{环己酮} \xrightarrow{[O]} \begin{array}{l} CH_2CH_2COOH \\ | \\ CH_2CH_2COOH \end{array}$$

$$\text{环己醇} \xrightarrow[\Delta]{H^+} \text{环己烯}$$

【仪器和试剂】

1. 仪器和材料

圆底烧瓶，温度计，蒸馏瓶，蒸馏头，温度计，冷凝管，接液管，分液漏斗。

2. 试剂

环己醇 13.3g（14mL，0.133mol），16g 重铬酸钠（$Na_2Cr_2O_7 \cdot 2H_2O$）（0.053mol），13.3mL 浓硫酸，少量草酸，10～14g 食盐，少许无水硫酸镁。

【实验前的准备】

1. 了解醇氧化制备酮的原理。
2. 了解萃取的原理和操作方法。

【实验内容】

在 500mL 圆底烧瓶中放入 80mL 冰水，慢慢加入 13.3mL 浓硫酸，充分混合后，小心加入 13.3g 环己醇。在此混合液中放入一支温度计，将溶液冷却至 30℃ 以下。

在烧杯中将 16g 重铬酸钠溶解于 8mL 水中，将此溶液分数批加入圆底烧瓶中[1]，并不断振荡使其充分混合。氧化反应开始后，混合物迅速变热，橙红色的重铬酸盐变为墨绿色的三价铬盐，控制反应温度在 60～65℃ 之间[2]，待前一批重铬酸钠的橙红色完全消失后，再加入下一批。加完后继续振摇，直至温度有自动下降的趋势，再于 65℃ 下保温 10min。然后加入少量草酸（约 2.5g），使反应液变为墨绿色，以破坏过量的重铬酸钠。

在反应瓶中加入 70～80mL 水，加入几粒沸石，装好蒸馏装置，将环己酮和水一起蒸出来[3]，直至馏出液不再浑浊后再多蒸出 15～20mL[4]（60～70mL）。用食盐饱和馏出液，将馏出液移至分液漏斗，静置，分出有机层。水层用 15mL 乙醚萃取一次，合并有机层与萃取液，用无水硫酸镁干燥。水浴蒸出乙醚后，改为空气冷凝管，收集 154～156℃ 馏分。产量 9～10g，产率 67%～76.6%。此产品可作为合成己二酸的原料。

纯环己酮为无色液体，b.p. 155.7℃，n_D^{20} 1.4507。

所得产品可进行气相色谱分析。

【注释】

[1] 第一次可加入约 1/3～1/2 量，使反应混合物尽快升温至 60～65℃，并在此温度下持续反应。

[2] 振荡时要注意保护温度计，可将温度计和一根玻璃棒用橡皮圈套在一起，插入溶液一端的玻璃棒要比温度计高出一些。

[3] 这实际上是一种简化了的水蒸气蒸馏，环己酮与水形成恒沸物（b.p. 95℃，含环己酮 38.4%）。

[4] 水的馏出量不宜过多，否则即使用盐析仍不可避免有少量环己酮溶于水而损失掉。环己酮 31℃ 时在水中的溶解度为 2.4g。

【思考与讨论】
1. 反应温度和氧化剂的用量对反应有什么影响？
2. 反应结束后为什么要加入草酸？如果不加有什么不好？

实验 3-38　正戊酸的合成

正戊酸是一种有刺激性气味的无色液体，用于制备香料、药物或增塑料，也可作为其他有机合成的重要的原料。通过本实验，学习硝酸氧化制取正戊酸的原理和方法；掌握液体分离纯化技术。

【实验提要】

正戊酸可以通过对缬草蒸馏而获得，也可以采用高锰酸钾或硝酸作氧化剂，对正戊醇进行氧化而获得。反应可表示为：

$$3CH_3(CH_2)_3CH_2OH + 4KMnO_4 \longrightarrow 3CH_3(CH_2)_3COOK + 4MnO_2 + KOH + 4H_2O$$

$$3CH_3(CH_2)_3CH_2OH + 4HNO_3 \longrightarrow 3CH_3(CH_2)_3COOH + 4NO + 5H_2O$$

本实验采用硝酸作氧化剂氧化正戊醇制取正戊酸。相对而言，用硝酸氧化法制取正戊酸要经济一些，并且在产物的分离提纯上也方便。

【仪器和试剂】

1. 仪器和材料

三口烧瓶，搅拌器，滴液漏斗，温度计，分液漏斗，蒸馏瓶，蒸馏头，冷凝管，接液管，锥形瓶。

2. 试剂

17.6g 正戊醇（22mL，0.2mol），58g 浓硝酸（42mL，0.6mol），45mL 氯仿。

【实验前的准备】

1. 实验室制备低级脂肪酸的基本反应有哪些？
2. 本实验采用什么方法制备正戊酸？基本原理是什么？
3. 比较用硝酸和高锰酸钾氧化正戊醇制备正戊酸的优缺点。

【实验内容】

在 250mL 三口烧瓶上，配置搅拌器、滴液漏斗、回流冷凝管和温度计，并装上盛有 10% 氢氧化钠水溶液的气体吸收装置。加入 40mL 浓硝酸于三口烧瓶中[1]。

另加 2mL 浓硝酸于试管中，再滴入 3～4 滴正戊醇。用木夹将试管置于小火上小心加热，试管中有棕色气体逸出时，将试管中的反应混合物倒入三口烧瓶中，再自滴液漏斗滴入 2～3mL 正戊醇，让反应自行进行 5min，这是反应引发阶段，反应一经引发，氧化作用十分迅速。开启搅拌，将剩下的约 19mL 正戊醇慢慢滴入反应瓶中，反应温度保持在 25～30℃。滴加完毕，继续搅拌 2h。将反应混合物转入分液漏斗，静置分层，将油层分出。

另用氯仿对硝酸层萃取三次（3×15mL），萃取液与油层合并，通过蒸馏先蒸除溶剂，然后收集 184～187℃ 的馏分，即得产物。称重、测折射率，并计算产率。正戊酸为无色透明液体，b.p. 184～187℃，n_D^{20} 1.4080。记录正戊酸的红外光谱并与图 3-24 作比较，其核磁共振谱见图 3-25。

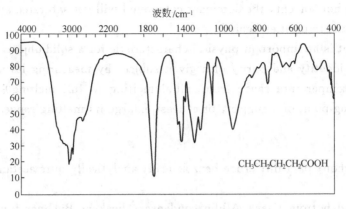

图 3-24　正戊酸的红外谱图

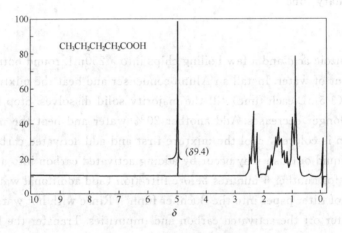

图 3-25　正戊酸的核磁共振谱图

【注释】

［1］浓硝酸为强腐蚀性试剂，量取时要戴上防护手套。

【思考与讨论】

1. 试拟定高锰酸钾氧化法合成正戊酸的实验方案。

2. 在图 3-25 中，$3300\sim2500\,\text{cm}^{-1}$、$1720\,\text{cm}^{-1}$、$1280\,\text{cm}^{-1}$ 等处均有强吸收峰，试指出与其对应的基团。

3. 解析正戊酸的核磁共振谱（见图 3-25）。

Experiment 3-1　Benzoic Acid Refining and Melting Point Measurement of Acetanilide

Aim：

To learn the principles and skills of recrystallization and melting point determination.

Background：

Recrystallization is a common purification method for solids. By dissolving impure solids in an appropriate hot solvent, the dominant compound will get saturated and crystalize upon cooling, leaving the impurities behind.

Melting point is an important physical characteristic for a solid object, and it is applicable to verify the identity and purity of a given subject by measuring its melting point and melting range (temperature range from initial melting to full melting). Impurities will change the melting point of a subject, or at least enlarge its melting range.

Reagent:

activated carbon; paraffin; crude benzoic acid; analytically pure acetanilide

Apparatus:

250mL round bottom flask; Allihn condenser; beaker; Buchner funnel; filter flask; Thiele tube; capillary tube

Procedure:

Weigh 2g benzoic acid and a few boiling chips into a 250mL round bottom flask. Add an appropriate amount of water. Install an Allihn condenser and heat the mixture to reflux. Add additional water (3-5mL each time) till the majority solid dissolves. Stop heating when the solid amount no longer decreases. Add another 20% water and heat the mixture to reboiling. If the solution is colored, cool the mixture first and add activated carbon. Caution: violent boiling and liquid outrush may occur by adding activated carbon into a boiling solution! Heat the mixture for another 5 minutes before filtration (add additional water if evaporates). Put (two) layers of filter paper into the Buchner funnel. Rinse with hot water and pour in the hot mixture to filter off the activated carbon and impurities. Transfer the hot filtrate into a clean beaker immediately and cover it with a watch glass. Place the air-cooled mixture in a cold-water bath to drive the crystallization to completion. Collect the crystalline compounds by suction filtration using another Buchner funnel. Stop the vacuum and wash the crystals with fresh cold water for 3 times. Vacuum dry the crystals. Weigh the product and determine the recovery yield.

Take the analytically pure acetanilide for melting point measurement. Repeat the measurement for three times. The solubility of benzoic acid in water is shown in table 3-1.

Table 3-1 Water solubility of benzoic acid

Temp/℃	20	25	80	90	95
Solubility/(g·100mL^{-1})	0.29	0.34	2.75	4.6	6.8

Questions:

1. What are the requirements for solvent selection during recrystallization? How to determine the solvent amount?

2. Why does the funnel need to be preheated before recrystallization?

3. What is the purpose of adding activated carbon during recrystallization? What should be paid attention to when adding it?

4. Can you use beakers for organic compound dissolution during recrystallization? Why?

5. During melting point measurements, how will it affect if the sample is not in a fine

powder form? if the temperature increases too fast? if the sample is not pure? If the sample is not dry?

Experiment 3-2 Synthesis of Acetanilide

Aim:

To perform aniline acetylation to prepare acetanilide.

To learn the principles and skills of fractional distillation.

To apply the Le Chatelier's principle in organic synthesis.

Background:

Aniline acetylation is an important reaction in organic synthesis. The resulting acetanilide is one of the synthetic drugs showing analgesic and antipyretic efficacies. More importantly, they act as key raw materials and intermediates for the synthesis of various chemical products such as sulfonamide drugs, dyes, rubber vulcanizing agents and chemical stabilizers.

In organic synthesis, aniline acetylation is often employed to protect primary aryl-amine groups when strong oxidizing agent is involved. Common acetylation reagents are glacial acetic acid, acetic acid anhydride and acetyl chloride. The reactivity decreases in the order of acetyl chloride > acetic acid anhydride > glacial acetic acid. However, as acetic acid is cheap and stable in the ambient condition, it is more frequently used in organic laboratories and industries.

Instruction:

Aniline and glacial acetic acid react first to give an ammonium salt, which is dehydrated at 105 ℃ to afford the desired acetanilide. As the reaction is reversible, an excess amount of the glacial acetic acid is often used to shift the equilibrium forward. Meanwhile, the byproduct of H_2O can be removed by fractional distillation, further driving the formation of acetanilide.

Pure acetanilide is a white flaky solid, which is sparingly soluble in hot water, ethanol, diethyl ether, chloroform, acetone and insoluble in cold water. Therefore, water is chosen for the recrystallization in this experiment.

m. p. 114 ℃.

Reaction equation:

$$\text{C}_6\text{H}_5\text{-NH}_2 + \text{CH}_3\text{COOH} \longrightarrow \text{C}_6\text{H}_5\text{-NH}_2 \cdot \text{HO-}\overset{\text{O}}{\underset{\|}{\text{C}}}\text{-CH}_3 \xrightleftharpoons{105\,℃} \text{C}_6\text{H}_5\text{-NH-}\overset{\text{O}}{\underset{\|}{\text{C}}}\text{CH}_3 + \text{H}_2\text{O}$$

Reagent:

aniline; glacial acetic acid; zinc powder; activated carbon

Apparatus:

50mL round bottom flask; fractionating column; thermometer; distillation head; Liebig condenser; receiver adapter; Buchner funnel; filter flask

Calculation:

The yield of acetanilide could reach 61% when the molar ratio of aniline to glacial acetic acid is 11 : 26. Calculate the amounts of each starting material (in volume) for the preparation of 4.5g acetanilide.

Procedure:

Measure suitable amount of fresh aniline,[1] glacial acetic acid and zinc powder[2] (~0.1g) into a 50mL round bottom flask with a few boiling chips. Set up the apparatuses following Figure 2-14. Heat the mixture to faint reflux for 15 min. Elevate the temperature to allow H_2O distillation.[3] The temperature reads~105 ℃ during distillation and drops while completed. Pour the hot mixture[4] into 50mL cold water while stirring. Collect the white precipitate by filtration. Wash with cold water for three times. Recrystallize the crude product from water. Record the weight and calculate the yield.

Notes:

[1] Aniline slowly decomposes in air resulting in a dark solution. Use freshly distilled aniline, which is colorless or pale yellow in color.

[2] Zinc is added to avoid oxidation of aniline.

[3] Residual acetic acid vaporizes at this temperature. The collected solution is about 4mL.

[4] The product will immediately precipitate upon cooling and stick to the flask.

Questions:

1. What are the common acetylation reagents?
2. What is the zinc powder for?
3. How to remove the unreacted aniline and acetic acid?

Experiment 3-3　Synthesis of Aspirin

Aim:

To conduct acetylation of salicylic acid for the preparation of aspirin.

To perform recrystallization with a mixed solvent.

Background:

Acetylsalicylic acid, better known as aspirin, is a commonly used drug to relieve pain, and reduce fever or inflammation. It is sometimes used to treat or prevent cardiovascular diseases as well. Aspirin has been artificially synthesized for hundreds of years and is recognized as one of the most indispensable drugs due to the broad spectrum of curative effects and low price.

The discovery of aspirin can be traced back to year 1763, when people found that the extract of willow bark is a powerful analgesic, antipyretic and anti-inflammatory agent, which can be used to treat rheumatism and arthritis. It was later identified that the active ingredient was in fact the salicylic acid. However, the salicylic acid itself is strongly acidic and will cause severe irritation to the gastric mucosa. To overcome this problem, Dr. Felix Hoffmann in Bayer laboratory synthesized the acetylated derivative, i. e. aspirin. Aspirin will only hydrolyze in the basic intestinal fluid to give sodium salicylate, which is equally effective as the salicylic acid.

Instruction:

The salicylic acid is a bifunctional compound bearing phenolic hydroxyl and carboxyl group on ortho-positions. Hence, it is reactive with both alcohol and acid to afford esters. To prepare aspirin, esterification of the phenolic hydroxyl group is carried out by reacting with acetic acid anhydride.

The conical flask needs to be pre-dried to avoid anhydride hydrolysis. Concentrated sulfuric acid additive is used to destroy the intermolecular hydrogen bonding interactions of the salicylic acid, so that the reaction can proceed at lower temperature (150~160℃ in the absence of acid).

The salicylic acid itself inevitably undergoes condensation polymerization under the acetylation condition. To separate it from the aspirin, the crude product is first reacted with aqueous $NaHCO_3$. The acetylsalicylic acid is thus neutralized, and the resulting sodium salicylate dissolves in the aqueous phase, leaving the polymer intact and removable by filtration. Subsequent acidification of the aqueous phase will afford aspirin, which is sparingly soluble in water and will thus precipitate out.

The precipitate may contain trace amount of salicylic acid, which can be removed by recrystallization.

The IR spectrum of the aspirin in $CHCl_3$ is shown in Figure 3-1.

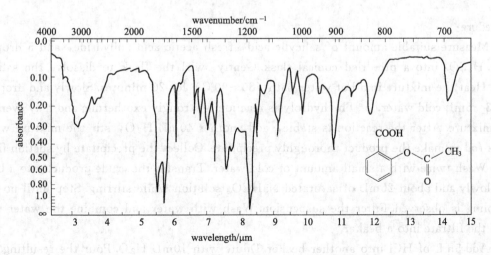

Figure 3-1 IR spectrum of aspirin in $CHCl_3$

Reaction equation:
Main reactions:

$$\text{(salicylic acid)} + (CH_3CO)_2O \xrightarrow{\text{conc. } H_2SO_4} \text{(aspirin)} + CH_3COOH$$

$$\text{(aspirin)} + NaHCO_3 \longrightarrow \text{(sodium salt)} + H_2O + CO_2$$

$$\text{(sodium salt)} + HCl \longrightarrow \text{(aspirin)} + NaCl$$

Side reactions:

$$(CH_3CO)_2O + H_2O \longrightarrow 2CH_3COOH$$

$$n \text{ salicylic acid} \xrightarrow[-(n-1)H_2O]{H^+} \text{[polymer]}_n$$

Reagent:
  salicylic acid; acetic acid anhydride; saturated aqueous solution of $NaHCO_3$; concentrated H_2SO_4; concentrated HCl; ethanol/H_2O solution ($V/V = 1:3$)

Apparatus:
  conical flask (200mL); Buchner funnel; filter flask; watch glass; round bottom flask; beaker; thermometer

Calculation:
  The yield of aspirin could reach 79% when the molar ratio of salicylic acid to acetic acid anhydride is 1:2. Calculate the amounts of each starting material (in volume for the anhydride) for the preparation of 3.5g aspirin.

Procedure:
  Measure suitable amount of salicylic acid, fresh acetic acid anhydride, and 5 drops of conc. H_2SO_4 into a pre-dried conical flask. Gently swirl the flask to dissolve the salicylic acid. Heat the mixture in a hot water bath (80~90℃) for 20 minutes. Slowly and dropwise add 3~5mL cold water. [1] The hydrolysis reaction is strongly exothermic and may even boil the mixture. After the reaction is stable, add another 40mL H_2O, stir the mixture with a glass rod to make the product thoroughly precipitate. Collect the precipitate by suction filtration. Wash twice with a small amount of cold water. Transfer the crude product into a beaker. Slowly add about 25mL of saturated $NaHCO_3$ solution while stirring. Stop until no CO_2 bubbling is observed. Filter the suspension. Wash with water and combine the water wash with the filtrate into a beaker.

  Add 5mL of HCl into another beaker. Dilute with 10mL H_2O. Pour the resulting HCl solution into the above solution. Cool it with ice water bath to drive the precipitation. Filter the suspension and wash the solid with cold water.

Transfer the solid into a round bottom flask. Add a solvent pair of ethanol and H_2O (V/V: 1 : 3, 3.5mL/g crude product). Add boiling chips. Install an Allihn condenser. Allow the mixture to reflux and swirl[2] it to accelerate through dissolution. If not, add more solvent from the top of the condenser. Stop heating when the solid amount no longer decreases. Add another 20% water and heat the mixture to boiling again. Cool the solution and add activated carbon.[3] Boil the mixture for five minutes. Filter the hot suspension. Transfer the filtrate for crystallization. Collect the crystals by filtration. Dry the crystals under infrared light.[4] Record the weight and calculate the yield.

Notes:

[1] The anhydride hydrolysis will be sluggish if the temperature is over lowered.

[2] Hold the retort stand and shake it back and forth.

[3] This step could be omitted if the solution is colorless.

[4] Be sure to control the temperature to prevent thermal decomposition of the product. Decomposition temp.: 128~135℃.

Questions:

1. Why is it necessary to pre-dry the glassware in this experiment?

2. What is the concentrated sulfuric acid for?

3. What compounds are present in the mixture besides aspirin after the reaction? What is the purpose of the operation series of adding saturated solution of $NaHCO_3$, filtration and acidification?

4. Write down the reaction equation of salicylic acid with methanol in the presence of catalytic amount of concentrated sulfuric acid.

5. When aspirin is heated in boiling water for a long time, a new compound will be generated to react with aqueous $FeCl_3$, giving a purple solution. What is the compound? Write down the equation.

6. Why is aspirin soluble in the $NaHCO_3$ aqueous solution but not the byproduct of polyester?

Experiment 3-4　Synthesis of Cinnamic Acid

Aim:

To conduct the preparation of cinnamic acid via the Perkin reaction.

To learn the operation of reflux reaction.

To learn the principles and skills of steam distillation.

To consolidate the recrystallization skills.

Background:

Cinnamic acid is a monocarboxylic acid that consists of acrylic acid bearing a phenyl substituent at the 3-position. It is the raw material for flavor and fragrance ingredients and intermediate of medicines such as Prenvlamine. It is also a reagent used for the determination of uranium and barium.

Instruction:

The Perkin reaction describes the organic reactions between aromatic aldehydes and acid anhydrides to afford α,β-unsaturated carboxylic acids in the presence of catalytic amounts of base. The base is usually potassium carbonate, tertiary amine or the corresponding sodium/potassium salt of the acid anhydride. In this experiment, we use potassium acetate to catalyze the Perkin reaction of benzaldehyde and acetic acid anhydride to afford the cinnamic acid.

The preparation of cinnamic acid requires heating up to 150-170℃, at which the reactants will be evaporating off. Therefore, a reflux setup with a condenser is used to trap the reactant vapors back into the reaction. As the temperature is pretty high in this experiment, an air condenser is used.

Steam distillation is employed to remove the unreacted benzaldehyde. To prevent the cinnamic acid from evaporating, it is converted to sodium cinnamate before distillation and regenerated by acidification. Additional recrystallization is conducted to further purify the product.

Cinnamic acid has *cis* and *trans* configurations with the *trans* isomer as the dominant. It is a white monoclinic prism with a melting point of 131.5-132℃ and a boiling point of 300℃. The IR spectrum of cinnamic acid is shown in Figure 3-2.

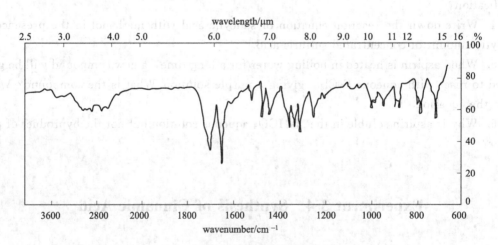

Figure 3-2 IR spectrum of cinnamic acid

Reaction equation:

$$\text{C}_6\text{H}_5\text{CHO} + (\text{CH}_3\text{CO})_2\text{O} \xrightarrow[150\text{-}170℃]{\text{CH}_3\text{COOK}} \text{C}_6\text{H}_5\text{CH}=\text{CHCOOH} + \text{CH}_3\text{COOH}$$

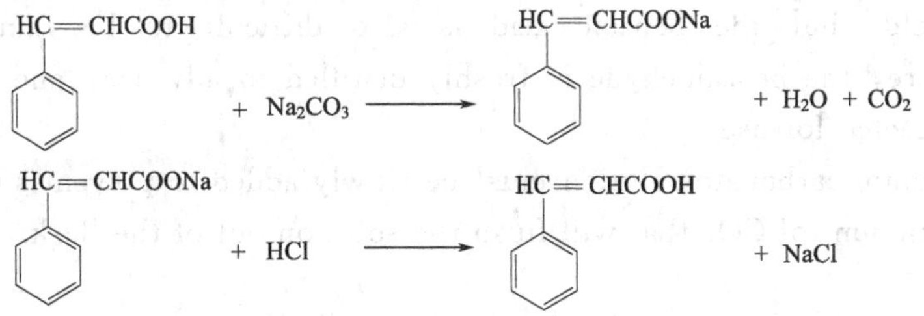

$$\underset{\text{(benzene-CH=CHCOOH)}}{\text{C}_6\text{H}_5\text{-CH=CHCOOH}} + \text{Na}_2\text{CO}_3 \longrightarrow \underset{\text{(benzene-CH=CHCOONa)}}{\text{C}_6\text{H}_5\text{-CH=CHCOONa}} + \text{H}_2\text{O} + \text{CO}_2$$

$$\underset{\text{(benzene-CH=CHCOONa)}}{\text{C}_6\text{H}_5\text{-CH=CHCOONa}} + \text{HCl} \longrightarrow \underset{\text{(benzene-CH=CHCOOH)}}{\text{C}_6\text{H}_5\text{-CH=CHCOOH}} + \text{NaCl}$$

Reagent:

benzaldehyde; acetic acid anhydride; anhydrous potassium acetate; saturated aqueous solution of sodium carbonate; concentrated HCl

Apparatus:

250mL three-necked round bottom flask; air condenser; Allihn condenser; 75° distillation head; Liebig condenser; receiver adapter; Buchner funnel; filter flask

Calculation:

The yield of cinnamic could reach 54% when the molar ratio of benzaldehyde to acid anhydride and potassium acetate is 1 : 1.56 : 0.62. Calculate the amounts of each starting material (in volume for the benzaldehyde and acid anhydride) for the preparation of 4.0 g cinnamic acid.

Procedure:

Add suitable amounts of anhydrous potassium acetate,[1] freshly distilled acetic acid anhydride, benzaldehyde[2] and several boiling chips into a 250mL three-necked flask. Install an air condenser and keep the mixture reflux for 1~1.5h in an oil bath. Retain the oil bath temperature at 150-170℃.

Cool the reaction mixture and disassemble the apparatus. Slowly add in a saturated solution of potassium carbonate to make the solution basic (pH≈9).[3] Set up the steam distillation following Figure 2-22. Stop when the distillate is free of oil droplets.

Disassemble the steam distillation setup. Add activated carbon to the three-necked flask. Install an Allihn condenser. Heat to reflux for 5-10min. Filter the suspension. Transfer the filtrate into a beaker while hot. Cool to ambient temperature. Dropwise add in concentrated HCl till acidic. Cool the resulting solution in cold water bath to crystalize. Collect the crystals and wash them with cold water. Recrystallize the product with water or 70% ethanol solution. Dry the crystals at 100℃. Weigh the product, calculate the yield and measure its melting point.

Notes:

[1] The potassium acetate is dehydrated as follows: heat the potassium acetate until it dissolves in the co-crystallized water. Evaporate off the water to generate a solid. Heat the solid vigorously to make it molten and pour on a metal plate while it is hot. Grind after cooling. Store in a desiccator.

[2] Benzaldehyde undergoes oxidation in air to give benzoic acid. This not only affects

the reaction yield, but the benzoic acid is also difficult to be removed from the product. Therefore, the benzaldehyde is freshly distilled in advance, and the distillate at 170-180 ℃ is collected for use.

[3] The sodium carbonate solution must be slowly added to prevent sudden generation of a significant amount of CO_2 that will flush the solution out of the flask.

Questions
1. Can we use potassium carbonate as the base?
2. Why is the oil bath used instead of direct heating with the electric heater?
3. Why is the solution adjusted to basic (pH≈9) before steam distillation? What are in the mixture?
4. What is the purpose of adding HCl after activated carbon decoloration?
5. What are the prerequisites for steam distillation?
6. What measures are taken in the steam distillation to prevent back flow and blocking?

Experiment 3-21 Purification of Phenol-Containing Cyclohexane

Aim:
To learn the principles and skills of washing, drying and distillation of liquid organics.

Background:
Cyclohexane is an important chemical raw material. It is mostly used to produce adipic acid, caprolactam and hexamethylene diamine (accounting for 98% of total consumption). It is also a widely used solvent for the production of fiber, fat, oil, wax asphalt, resin and raw rubber, or media for organic synthesis and recrystallization, and removers for paint and varnish, etc. Impurities in cyclohexane will surely affect these processes, therefore, pre-purification of cyclohexane is important.

Instruction:
Phenol and most of its derivatives will develop color by mixing with an aqueous solution of $FeCl_3$ due to the formation of Iron (Ⅲ) phenolate complexes, which can be used to identify their presences.

As the solubility of phenol in cyclohexane is greater than that in water, direct washing with water cannot thoroughly remove phenol from the bulk cyclohexane. However, the aqueous solubility can be significantly enhanced by converting the phenol into phenolate, allowing its effective removal with water. After extraction, the cyclohexane sample is contaminated with water, which will form azeotrope with cyclohexane during distillation, hampering its isolation. Therefore, water molecules have to be removed by adding desiccants such as anhydrous calcium chloride. The atmospheric distillation is subsequently performed to obtain the pure cyclohexane.

b. p. 80.7-81 ℃.

Reaction equation:

$$6 \text{C}_6\text{H}_5\text{OH} + \text{FeCl}_3 \longrightarrow \text{H}_3[\text{Fe}(\text{O}-\text{C}_6\text{H}_5)_6] + 3\text{HCl}$$

$$\text{C}_6\text{H}_5\text{OH} + \text{NaOH} \longrightarrow \text{C}_6\text{H}_5\text{ONa} + \text{H}_2\text{O}$$

Reagents:

phenol-containing cyclohexane; 1% $FeCl_3$ solution; 5% NaOH solution; anhydrous $CaCl_2$

Apparatus:

separating funnel; measuring cylinder; conical flask; 100mL round bottom flask; distillation head; Liebig condenser; receiver adapter; thermometer

Procedure:

Add 0.5mL phenol containing cyclohexane, 0.5mL water, and 3-4 drops of 1% aqueous $FeCl_3$ into a test tube, shake it, and observe the color change.

Add 20mL phenol containing cyclohexane into the separatory funnel. [1] Wash twice with 20mL 5% NaOH solution and once with 20mL water. Drain the aqueous phase each time. Check the complete phenol removal using $FeCl_3$ test. Pour the organic layer into a pre-dried conical flask. Add an appropriate amount of anhydrous $CaCl_2$. [2] Swirl and let stand till the solution is clear.

Set up the distillation apparatus following Figure 2-8. [3] Add a few boiling chips and filter the $CaCl_2$ dried cyclohexane into the distillation flask through a long-necked funnel plugged with cotton wool. Install a thermometer. [4] Turn on the condensing water. [5] Heat with a water bath. Collect the distillate at 80~81℃.

Notes:

[1] Conduct a leak test with water prior to the extraction.

[2] If the calcium chloride is in block, crush it into soybean-sized particles for better drying. Do not crush into powder though as it may block the filtering funnel.

[3] Assemble the apparatus from bottom to top and left to right. The entire set should be in the same plane when viewed from the front or side.

[4] The upper edge of the thermometer's mercury bulb should be on exactly the same horizontal line where the bottom edge of the distillation head's branch tube is located.

[5] A gentle water flow is sufficient to fully condense the vapor.

Questions:

1. How to determine whether the upper layer is cyclohexane or water during extraction?
2. What to do if emulsification occurs during extraction?
3. How to transfer the upper and lower layers in the separating funnel?
4. What are the common desiccants used in an organic laboratory?
5. Why shall we leave the drying process for some time? Why should the desiccant be

filtered off before distillation? What will happen if not?

6. What is the boiling chip for? What to do if you haven't added it before heating?

7. Why cannot the solution in the distillation flask exceed 2/3 of its volume, nor less than 1/3? Why mustn't we evaporate off all the liquid in the flask?

8. Why is the Liebig condenser used in the distillation instead of an Allihn condenser?

Experiment 3-22　Synthesis of 1-Bromobutane

Aim:

To perform the preparation of bromoalkanes from alcohols.

To learn the principles and skills of reflux.

To learn the skills of gas absorption.

Background:

Halogenated hydrocarbons are an important class of solvents and synthetic intermediates for organic synthesis. For organic synthesis from alcohols, the halohydrocarbons paly a bridging role. As—X is more reactive than—OH, the conversion of alcohols to the corresponding halohydrocarbon will thus allow easier and more versatile derivations. For example, Grignard reagent prepared from halohydrocarbons and magnesium in anhydrous ether can react with carbonyl compounds such as aldehydes, ketones and carbon dioxide to give alcohols and carboxylic acids.

The 1-bromobutane synthesized in this experiment can be used as an intermediate for the preparation of dyes, perfumes and medicines such as tetracaine hydrochloride.

Instructions:

In organic laboratories, monohaloalkanes are usually synthesized by reactions of the corresponding alcohol with hydrohalic acids. For the preparation of 1-bromobutane, 47.5% HBr solution can be used, or the HBr can be generated in situ from the reaction of NaBr and H_2SO_4. The reaction between alcohols and hydrohalic acid is reversible. To drive the equilibrium forward and obtain a high yield, one can add more reactants or continuously remove the products. In this experiment, NaBr and H_2SO_4 are added in excess to increase the HBr amount. Meanwhile, the conc. H_2SO_4 can absorb the water generated in the subsequent reaction.

Besides the formation of 1-bromobutane, other side reactions occur as well. In the presence of the concentrated sulfuric acid, the n-butanol may undergo inter- and intra-molecular dehydration to form n-butyl ether and 1-butene, respectively.

The crude product is first separated from the aqueous phase via extraction, whereby HBr, $NaHSO_4$, H_2SO_4 and a small amount of n-butanol are eliminated. Then the organic layer is washed with conc. H_2SO_4 to remove the majority of n-butanol and the n-butyl ether. The trace amount of H_2SO_4 is subsequently removed by alkaline wash. Finally, the mixture is dried and distilled to afford the pure 1-bromobutane. The work-up procedure is as follows:

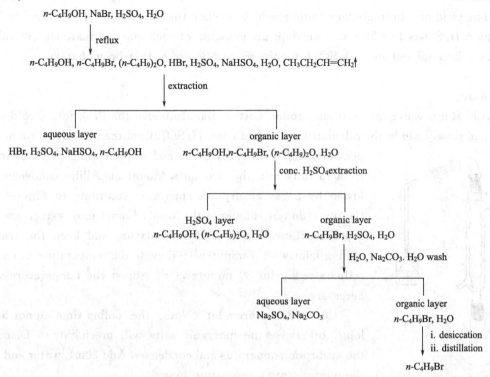

b.p. 101.6 ℃.

Reaction equation:
Main reactions:
$$NaBr + H_2SO_4 \longrightarrow HBr + NaHSO_4$$
$$CH_3CH_2CH_2CH_2OH + HBr \rightleftharpoons CH_3CH_2CH_2CH_2Br + H_2O$$

Side reactions:

$$C_4H_9OH \xrightleftharpoons{H^+} C_4H_9-\underset{+}{O}-H \xrightleftharpoons[-H_2O]{C_4H_9OH} C_4H_9-\underset{+}{O}-H \xrightleftharpoons{-H^+} C_4H_9-O-C_4H_9$$

$$CH_3CH_2CH_2CH_2OH \xrightleftharpoons{-H_2O} CH_3CH_2CH=CH_2$$

$$2HBr + H_2SO_4(\text{conc.}) \longrightarrow Br_2\uparrow + SO_2\uparrow + H_2O$$

Reagents:
   n-butanol; NaBr; conc. H_2SO_4; 10% Na_2CO_3 solution (aqueous); anhydrous $CaCl_2$

Apparatus:
   100mL round bottom flask; 25mL round bottom flask; Allihn condenser; conical flask; long-necked funnel; distillation head; Liebig condenser; receiver adapter; thermometer; measuring cylinder; separatory funnel

Calculation:

The yield of 1-bromobutane could reach 70% when the molar ratio of n-butanol to NaBr and conc. H_2SO_4 is 17 : 20 : 45. Calculate the amounts of each starting material (in volume for the n-butanol and conc. H_2SO_4) for the preparation of 6.4g 1-bromobutane.

Procedure:

Add 10mL water into a 100mL round bottom flak. Immerse the flask into a cold-water bath and slowly add in the calculated amount of conc. H_2SO_4. Cool the mixture to room temperature. Add n-butanol, NaBr and a few boiling chips. Swirl the flask to fully mix the reactants. Mount an Allihn condenser followed by a gas absorption apparatus according to Figure 3-17. Caution: do not submerge the whole funnel into water, so as to avoid backflow. Gently heat the mixture and keep the reaction boiling faintly for 5 minutes.[1] Elevate the temperature to make it reflux steadily for 30 minutes.[2,3] Adjust the temperature when necessary.

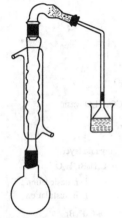

Figure 3-17 Experimental setup for the synthesis of 1-bromobutane

Cool the mixture a bit (Note: the cooling time cannot be too long, otherwise the inorganic salts will precipitate). Dismount the absorption apparatus and condenser. Add 20mL water and pour the mixture into a separating funnel.

Drain the lower aqueous phase. Transfer the organic layer into a pre-dried conical flask. Cool the flask with a cold-water bath and swirl while adding 6mL conc. H_2SO_4 in portions.[4] Transfer the mixture back into the separatory funnel (note: do not shake). Drain the heavier H_2SO_4 layer. Successively wash the organic layer with 10mL water, 5mL 10% Na_2CO_3 and 10mL water. Transfer the organic layer into a pre-dried conical flask for drying over $CaCl_2$.

Assemble a distillation setup. Add boiling chips and filter the dried solution into the distillation flask through a long-necked funnel with cotton wool. Collect the distillate at 99-102℃.[5] Weigh and calculate the yield.

Notes:

[1] If the temperature is too high, the in situ generated HBr will be evaporated off before reacting with n-butanol.

[2] If the reaction is too violent, the generated 1-bromobutane will be distilled off.

[3] The reaction yield will be low if the refluxing time is reduced.

[4] The conc. H_2SO_4 is used to wash off the unreacted n-butanol and the side products of n-butyl ether and butene.

[5] Redo drying and distillation if the collected product is not clear and transparent.

Questions:

1. Why is the sulfuric acid diluted before reacting with NaBr and n-butanol? What are the consequences if not?

2. Why is the conc. sulfuric acid used during the washing process? What impurities are removed? Write down the reaction equation please.

3. The 1-bromobutane is heavier than water. Why is it in the upper layer during the reaction?

4. Why is the solution in brown color after washing with conc. sulfuric acid? Why does it disappear upon washing with aqueous Na_2CO_3? Please write down the reaction equation.

5. Why is the water wash required before and after the alkaline wash?

6. How to judge if the liquid is properly dried?

7. In what kind of reaction is a reflux condenser needed? In what kind of reaction is gas absorption required?

Experiment 3-23 Synthesis of *n*-Butyl Benzoate

Aim:

To perform esterification reaction of benzoic acid.

To apply the Le Chatelier's Principle in organic synthesis.

To learn the principles and skills of using oil-water separator.

Background:

The compound *n*-butyl benzoate has a pleasant fruit aroma and lily fragrance. Hence, it is frequently used to formulate perfume and soap flavors. It is also employed as solvents and plasticizers for cellulose esters.

Instructions:

The esterification reaction is reversible. In order to increase the ester yield, the reaction needs to be driven forward by adding the reactants in excess, or by continuously removing the products. The reactant in excess has to be widely available, inexpensive and easy to handle with. In this experiment, excess *n*-butanol is reacted with benzoic acid to afford the *n*-butyl benzoate, using concentrated sulfuric acid as a catalyst and cyclohexane as a water carrier.

Reaction equation:

$$\text{C}_6\text{H}_5\text{COOH} + \text{CH}_3\text{CH}_2\text{CH}_2\text{CH}_2\text{OH} \rightleftharpoons \text{C}_6\text{H}_5\text{COOCH}_2\text{CH}_2\text{CH}_2\text{CH}_3 + \text{H}_2\text{O}$$

Reagents:

benzoic acid; *n*-butanol; concentrated sulfuric acid; cyclohexane; 10% NaOH solution; saturated solution of NaCl (brine); anhydrous $MgSO_4$

Apparatus:

100mL round bottom flask; Allihn condenser; measuring cylinder; water segregator;

separatory funnel; conical flask; distillation head; Liebig condenser; receiver adapter; multi-mouth distributing adapter; vacuum pump; safety bottle

Calculation:

The yield of n-butyl benzoate could reach 74% when the molar ratio of benzoic acid to n-butanol is 11 : 51. Calculate the amounts of each starting material (in volume for the n-butanol) for the preparation of 8.7g n-butyl benzoate.

Procedure:

Add benzoic acid, n-butanol, 10mL cyclohexane, 5~8 drops of conc. H_2SO_4 and boiling chips into a 100mL round bottom flask. Fill a water segregator with water. Drain out 3mL water. Install the segregator on the flask with a reflux condenser (Figure 2-24).

Heat the flask in an oil bath to reflux. [1] The reflux should be gentle in the beginning. [2] As it proceeds, the liquid in the segregator divides into two layers. Stop heating after ~1h, [3] and empty the segregator. Reheat the mixture to evaporate off the cyclohexane and n-butanol. [4] Release the stopcock when the segregator is full.

Pour the residue in the flask to a beaker with 60mL cold water. Add in saturated sodium carbonate solution in portions while stirring. [5] Stop adding when no CO_2 bubbles. Check if it is neutralized with a pH test paper. Add brine if the solution is emulsified.

Pour the mixture into a separatory funnel to collect the crude product. Wash with equal volume of brine before drying over anhydrous sodium sulfate. Filter the suspension into a distillation flask. Distill off the residual n-butanol at ambient pressure before applying vacuum to collect the product. Weigh and calculate the yield.

Notes:

[1] Do not exceed 110℃ or the compounds will be carbonized.

[2] Liquid flooding may occur if the reflux is too violent.

[3] No yield increase is observed with prolonged heating.

[4] Elevate the temperature to 120℃ to evaporate off the majority of cyclohexane and n-butanol. The concentrated solution is easier to handle with in the following work-up.

[5] The sodium carbonate is added to neutralize the sulfuric acid and unreacted benzoic acid. If added too fast, CO_2 bubbles will flush the solution out of the flask.

Questions:

1. In organic experiments, in order to shift the equilibrium forward to obtain higher yield, azeotropic distillation is commonly used to remove the byproduct of H_2O. In this experiment, cyclohexane is used as the water-carrying agent. Briefly describe how it works.

2. What are the common water-carrying reagents?

3. Under what circumstances shall we use vacuum distillation?

4. What measures are adopted to protect the vacuum pump during vacuum distillation? What is the purpose of each?

5. Why is it necessary to remove those lower boiling components before vacuum distil-

lation?

6. Shall we start heating before the vacuum is on for reduced pressure distillation? Why?

7. Why is the Claisen distillation head used for vacuum distillation?

8. Can you use boiling chips to generate gasification centers in vacuum distillation?

9. Which receiving flask shall we choose for vacuum distillation, conical flask or round bottom flask? Why?

10. What are the correct operations to stop vacuum distillation?

Experiment 3-24　Synthesis of *n*-Butyl Phenyl Ether

Aim:

To perform the preparation of *n*-butyl phenyl ether using phase transfer catalysts.

To lean the operational skills of mechanical stirring.

Background:

Ethers are polar organic solvent that are prevalently used to extract organic compounds or as reaction media. The *n*-butyl phenyl ether synthesized in this experiment is mainly used in organic synthesis to prepare perfumes and insecticides. It is also a raw material for medicines such as dyclonine hydrochloride, which is an anesthetic.

Instructions:

There are two ways to synthesize *n*-butyl phenyl ether from phenol and 1-bromobutane. The first is the traditional Williamson method,[2] in which 1-bromobutane undergoes an S_N2 substitution reaction with a phenolate anion. The reaction condition is relatively harsh.

The second method is based on phase transfer catalysis, which refers to the involvement of a catalyst that can initiate or accelerate the reaction of substances in two phases (liquid-liquid or liquid-solid). During the reaction, the phase transfer catalyst (PTC) transfers one substance, e. g. an anion, from one phase to another, which contain the other substance, so that they can react.

In this experiment, a phase transfer catalyst NBu_4Br (tetrabutylammonium bromide), which is soluble in both organic and aqueous phases, first exchanges cations with the salt phenolate in water. The lipophilic NBu_4^+ transfers the phenolate anion into the organic phase via electrostatic interactions. As the solvation of the anion is significantly reduced in the organic layer, it is highly reactive with C_4H_9Br to afford the desired etheric product. The NBu_4^+ cation then brings the Br^- anion back into the water phase for next catalytic cycle. The anions are thus continuously transferred back and forth across the interface.

The reaction condition for phase transfer catalysis is usually mild, and the reaction is fast with high yields at the same time, making it a very attractive method especially in the synthesis of aryl ethers and benzyl ethers.

Both the S_N2 substitution and phase transfer catalysis are involved in the synthesis of *n*-butyl phenyl ether from phenol, 1-bromobutane and sodium hydroxide, but the phase transfer catalytic mechanism dominants.

Reaction equation:

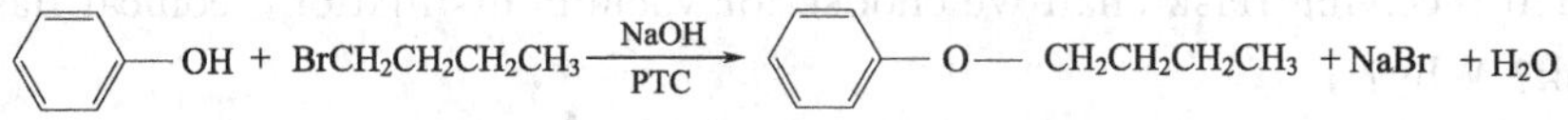

$$\text{C}_6\text{H}_5\text{—OH} + \text{BrCH}_2\text{CH}_2\text{CH}_2\text{CH}_3 \xrightarrow[\text{PTC}]{\text{NaOH}} \text{C}_6\text{H}_5\text{—O—CH}_2\text{CH}_2\text{CH}_2\text{CH}_3 + \text{NaBr} + \text{H}_2\text{O}$$

PTC mechanism:

$$\text{PhOH} + \text{NaOH} \longrightarrow \text{PhONa} + \text{H}_2\text{O}$$

$$\text{PhONa} + \text{NBu}_4^+\text{Br}^- \rightleftharpoons \text{PhO}^-\text{NBu}_4^+ + \text{NaBr} \quad \text{aqueous phase}$$

$$\updownarrow \qquad \qquad \updownarrow$$

$$\text{PhOC}_4\text{H}_9 + \text{NBu}_4^+\text{Br}^- \rightleftharpoons \text{PhO}^-\text{NBu}_4^+ + \text{C}_4\text{H}_9\text{Br} \quad \text{organic phase}$$

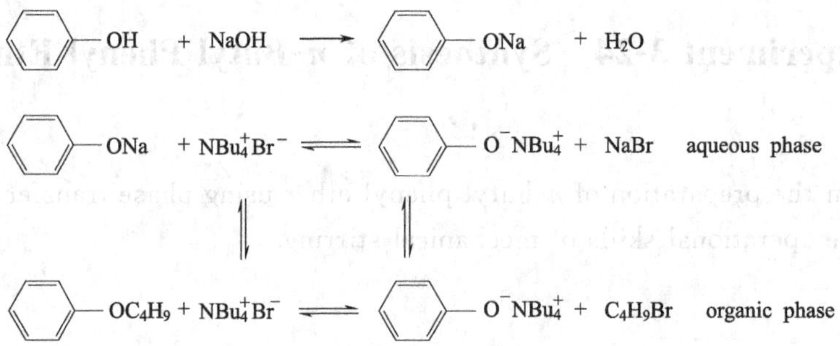

Reagents:

phenol; 1-bromobutane; NaOH; 6% tetrabutylammonium solution; 10% NaOH solution; anhydrous sodium sulfate; saturated NaCl solution (brine)

Apparatus:

100mL three-necked round bottom flask; Allihn condenser; mechanical stirrer; stirring shaft with blade; teflon security screw; measuring cylinder; round bottom flask; conical flask; distillation head; Liebig condenser; receiver adapter; air condenser

Calculation:

The yield of *n*-butyl phenyl ether could reach 65% when the molar ratio of phenol to 1-bromobutan and NaOH is 67 : 135 : 130. Calculate the amounts of each starting material (in volume for the 1-bromobutane) for the preparation of 6.5g product.

Procedure:

Assemble the experimental setup following Figure 3-18. Add suitable amounts of phenol, NaOH, 25mL water, 1-bromobutane and 0.5mL solution of tetrabutylammonium bromide[1] into a 100mL three-necked round bottom flask equipped with a mechanical stirrer[2] and an Allihn condenser.

Double check the setup. Start stirring and heat the reaction to reflux for 70 minutes. Cool the mixture and pour it into a separatory funnel. Wash with brine[3] for three times before drying the organic phase over Na_2SO_4. Recovering the unreacted 1-bromobutane by distillation. Stop heating and let the system cool when the thermometer reads 130℃. Change the Liebig condenser to an air condenser. Add additional boiling chips. Heat again and collect the distillate at 200~210℃. Weigh and calculate the yield.

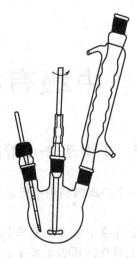

Figure 3-18 Experimental setup for the synthesis of n-butyl phenyl ether

Notes:

[1] As the tetrabutylammonium bromide is highly hydroscopic, it is dissolved in aqueous solution for easy operation.

[2] Ensue that the stirring shaft and the stirring bearing are on the same vertical line. In addition, make sure the stirring shaft is properly sealed with the teflon security screw.

[3] Due to the presence of the phase transfer catalyst, the mixture easily gets emulsified. Do not shake the separatory funnel excessively. Stand the solution for some time to allow thorough delamination of the two phases.

Questions:

1. Phase transfer catalysts are commonly used in heterogeneous organic reactions to accelerate the reaction rate and improve the reaction yield. In this experiment, we use tetrabutylammonium bromide as the catalyst, please elaborate on the mechanism.

2. Where should the blade of the stirring shaft be placed in the reaction flask?

3. Briefly describe the differences of the Allihn, Liebig condenser and air condensers. Specify in what circumstances are they used, respectively.

4. What are the advantages of brine over pure water for liquid washing?

第4章 中级有机实验

实验 4-1　2-甲基-2-己醇的合成

2-甲基-2-己醇的制备实验，是一个经典的利用格氏试剂制备结构复杂的醇的实验。

【实验提要】

本实验通过正溴丁烷在无水乙醚存在下和金属镁作用生成 Grignard 试剂，丁基溴化镁再与丙酮反应合成 2-甲基-2-己醇，其反应式可表示如下：

$$n\text{-}C_4H_9\text{—}Br + Mg \xrightarrow{\text{无水乙醚}} n\text{-}C_4H_9\text{—}MgBr$$

$$n\text{-}C_4H_9\text{—}MgBr + CH_3COCH_3 \xrightarrow{\text{无水乙醚}} n\text{-}C_4H_9\text{—}\underset{\underset{OMgBr}{|}}{\overset{\overset{CH_3}{|}}{C}}\text{—}CH_3 \xrightarrow{H_3O^+} n\text{-}C_4H_9\text{—}\underset{\underset{OH}{|}}{\overset{\overset{CH_3}{|}}{C}}\text{—}CH_3$$

【仪器和试剂】

1. 仪器和材料

100mL 三口瓶，恒压滴液漏斗，回流冷凝器，干燥管。

2. 试剂

正溴丁烷，镁，无水乙醚，丙酮，乙醚，20%硫酸，无水碳酸钾，15%碳酸钠，碘。

【实验内容】

微量合成

在 100mL 三口瓶上分别装恒压滴液漏斗、回流冷凝器，并与装有氯化钙的弯型干燥管相连。

向三口瓶中加入 0.8g(33mmol) 剪碎的镁条及 5mL 无水乙醚。在恒压滴液漏斗中加入 5mL 无水乙醚和 3mL(33mmol) 正溴丁烷，混合均匀。先往反应瓶中加入 3mL 正溴丁烷-乙醚混合液，数分钟后反应开始，反应液呈灰色并微沸，待反应由激烈转入缓和后，开始滴加正溴丁烷-乙醚混合液，注意滴加速度不宜太快。边滴加边摇动反应装置。滴加完毕再补加无水乙醚 9mL（可由冷凝器上口滴加），加完后，继续反应 10min，使镁作用完全。

在冷水浴冷却下，边搅拌边加入 2.5mL(2g，33mmol) 丙酮与 3.3mL 无水乙醚的混合液，控制加入速度，保持微沸，加完后继续振荡 5min，此时，溶液呈黑灰色黏稠状。

在冷浴搅拌条件下，加入 20%硫酸溶液 15mL，加完后，将液体转入 100mL 的滴液漏斗中，分出乙醚层，水层用 15mL 乙醚分 2 次萃取，合并乙醚溶液并用 10mL 15%的碳酸钠洗涤一次，用 K_2CO_3 干燥有机相。用热水浴先蒸出乙醚，再蒸出产品，收集 139～143℃的馏分，产率约 50%。

【注释】

1. 实验中所用试剂需预先处理。正溴丁烷和无水乙醚应事先用无水氯化钙干燥，丙酮用无水碳酸钾干燥，一周后使用，必要时应经过蒸馏纯化或无水处理。

2. 用细砂纸将镁带氧化层打磨干净，再剪成 0.3～0.5cm 的细丝备用。在剪的过程中动作要快,随剪随即放入烧瓶中。

3. 开始反应时,一定要等反应引发后再开始搅拌,以免局部正溴丁烷浓度降低使反应难以进行。当反应长时间不引发时,可向反应瓶中加入一小粒碘或稍稍加热反应瓶,促使反应引发。

4. 由于反应放热,因此开始加入的正溴丁烷液不宜太多。反应中注意控制滴加速度,太快会发生偶联反应,以乙醚能自行回流时的速度即可。

5. 实验中使用了大量的乙醚,因此应该注意安全,以防着火。

【思考与讨论】

1. 本实验中应防止哪些副反应发生?如何避免?
2. 乙醚在本实验中各步骤的作用是什么?使用乙醚应该注意哪些安全问题?
3. 为什么碘能促使反应引发?卤代烷与格氏试剂反应的活性顺序如何?
4. 芳香族氯化物和氯乙烯型化合物能否发生格氏反应?
5. 试自行设计 3-己醇的合成路线及方法。

实验 4-2 乙酰二茂铁的合成及柱色谱分离

乙酰二茂铁为重要的精细有机化工中间体,广泛应用于染料、有机合成、化学工业等领域。

【实验提要】

乙酰二茂铁合成方法代表性的有:在磷酸催化下用乙酐酰化二茂铁;三氟化硼催化下在二氯甲烷中用乙酐酰化二茂铁;在活性氧化铝存在下,用三氟乙酸-醋酸对二茂铁进行酰化,本实验用第一种合成方法,其反应式如下:

反应:

$$\text{Fe} + (CH_3CO)_2O \xrightarrow{\text{浓}H_3PO_4} \text{Fe}\text{-COCH}_3$$

【仪器和试剂】

1. 仪器和材料

100mL 单口烧瓶,空气冷凝器,色谱柱,红外灯。

2. 试剂

二茂铁,乙酸酐,85%磷酸,氯化钙,碎冰,碳酸氢钠,中性氧化铝,石油醚,乙醚。

【实验内容】

常量合成

在 100mL 单口烧瓶中,加入二茂铁 1.5g(0.008mol) 和乙酸酐 5mL,装上空气冷凝器和磁力搅拌器。冷水浴,慢慢滴加 1mL 85%磷酸,沸水加热回流 10min,冷却反应液,注入 50mL 冰水,冰全溶后,加 $NaHCO_3$ 中和反应液[1],有 CO_2 冒出,至 pH 值为 7[2],冷水浴并搅拌反应 30min,抽滤,用水洗涤滤饼,烘干,得粗产品。

用柱色谱法分离纯化产品方法如下。

用中性氧化铝约 25g 及石油醚(60~90℃)湿法装柱。将 0.1g 乙酰二茂铁粗品溶于 1~2mL 苯中,加样品,先用乙酸乙酯:石油醚=1:9 淋洗,先分离出二茂铁色带,后用乙酸乙酯:石油醚体积比为 1:5 的混合淋洗液淋洗,直至乙酰基二茂铁色带全部洗出[3]。

将乙酰二茂铁色带的溶液转移到圆底烧瓶中,用旋转蒸发仪旋出溶剂。可见针状晶体析出，将固体刮出，用红外灯烘干，得到纯乙酰二茂铁。

【注释】

[1] 可用固体 $NaHCO_3$ 来中和反应液。

[2] 小心的加入 $NaHCO_3$ 直至无气泡冒出时，即可认为反应液已成中性，不可用试纸检验反应液是否呈中性，因反应液有时呈暗棕色有时呈橙色，用试纸难以准确判断。

[3] 当乙酰二茂铁被淋洗出来以后，若改用纯乙酸乙酯作为淋洗剂，可淋洗到二乙酰二茂铁这一副产物，其为橙棕色固体，熔点为130~131℃。

【思考与讨论】

1. 用 $NaHCO_3$ 中和反应液，目的是什么？
2. 为什么乙酰二茂铁进一步酰化时，第二个酰基进入异环而不进入同环？
3. 在上述柱层析中，二茂铁与乙酰基二茂铁，哪一个被 Al_2O_3 吸附得更强一些？
4. 色带是否整齐，分离的效果好不好，与柱层析操作中哪些因素有关？

实验 4-3 正丁基丙二酸二乙酯的合成

正丁基丙二酸二乙酯是有机合成中间体，主要用于医药制造，是解热镇痛药保泰松等药物的原料。

【实验提要】

丙二酸酯在有机合成上用途很广。利用丙二酸酯为原料的合成方法，常称为丙二酸酯合成法，正丁基丙二酸二乙酯的合成就利用了该合成方法，反应式如下：

$$C_2H_5ONa + CH_2(COOC_2H_5)_2 \xrightarrow{-EtOH} NaCH(COOC_2H_5)_2 \xrightarrow[-NaBr]{n\text{-}C_4H_9Br} n\text{-}C_4H_9-CH(COOC_2H_5)_2$$

【仪器和试剂】

1. 仪器和材料

50mL 三口烧瓶，干燥管，回流冷凝器，红外灯，电加热磁力搅拌器。

2. 试剂

丙二酸二乙酯，正溴丁烷，无水乙醇，金属钠，乙醚，无水碘化钾，无水硫酸镁。

【实验内容】

半微量合成

在 50mL 三口瓶上，装好带有无水氯化钙干燥管的回流冷凝器和具塞滴液漏斗（装在三口瓶中间口上）。

向反应瓶中迅速加入 0.24g 切成小块的金属钠，在滴液漏斗中加入 4mL 无水乙醇，慢慢滴入反应瓶中[1]，在搅拌下使金属钠作用完。再加入 0.14g 无水碘化钾粉末，调节磁力搅拌电加热旋钮，添加水浴加热至烧瓶内反应液沸腾，搅拌使固体溶解，然后慢慢滴加 1.5mL(1.6g，10mmol) 丙二酸二乙酯，水浴加热回流搅拌 10~20min，慢慢滴入 1.1mL (1.36g，10mmol) 正溴丁烷，再加入 1mL 乙醇将滴液漏斗中药品冲入反应瓶中，加热回流搅拌 1h。

待反应液冷却后，加入 7mL 水使沉淀全部溶解。用分液漏斗分出有机层，水层用 8mL 乙酸乙酯或氯仿分 2 次萃取。合并有机相，用无水硫酸镁干燥。水浴蒸出乙酸乙酯，换空气冷凝器常压蒸出产品，收集 220~240℃ 的馏分。也可以减压蒸馏收集 1006Pa 下 110~118℃

或者 27kPa 下 130~135℃ 的馏分。

纯正丁基丙二酸二乙酯沸点为 235~240℃。

【注释】

[1] 滴加速度以乙醇微沸为准。

【思考与讨论】

1. 反应中为什么要加入无水碘化钾？其作用是什么？
2. 如何用正丁基丙二酸二乙酯合成正己酸？
3. 写出用丙二酸二乙酯和适当的原料合成环己基甲酸的反应式。

实验 4-4　高选择性氟离子识别受体 N-苯甲酰基-4-(4′-硝基苯基偶氮基)苯胺的合成[1]

【实验提要】

阴离子在医学、环境和生命科学中发挥着重要的作用，设计与合成对阴离子具有选择性识别功能的受体分子已成为目前超分子化学领域的热点课题之一[2]。其中，裸眼识别体系的建立因检测方便而尤受关注[3]。所谓裸眼识别，就是当某一种阴离子与受体分子上的某些基团或原子结合，使其紫外吸收峰由原来的紫外区红移至可见光区，这样就会使受体分子的颜色发生变化，通过肉眼就可以观察出来。而其他阴离子却不具备这样的作用，这就是对某种特定阴离子的识别。

本实验将苯甲酰苯胺基团耦合至对硝基苯基偶氮苯胺分子中，设计合成了受体分子 2，该分子在基态时发生分子内电荷转移（CT），对介质环境敏感。引入氟离子后，氟离子与酰胺氮原子上的氢以及苯环碳原子上的氢产生氢键作用，酰胺氮原子上的电荷密度增加，促进其分子内由氨基向硝基的电荷转移，诱使受体分子 2 的 CT 吸收带红移至可见光区，溶液的颜色由浅黄色转变为紫红色，从而实现对氟离子的裸眼检测。

$$O_2N-\text{C}_6\text{H}_4-N=N-\text{C}_6\text{H}_4-NH-CO-\text{C}_6\text{H}_4 \xrightarrow[\text{乙腈溶液}]{F^-} O_2N-\text{C}_6\text{H}_4-N=N-\text{C}_6\text{H}_4-NH\cdots F^--CO-\text{C}_6\text{H}_4$$

浅黄色　2　　　　　　　　　　　　　　　　紫红色

【仪器与试剂】

1. 仪器和材料

25mL 圆底烧瓶，100mL 三口烧瓶，25mL、100mL 容量瓶，恒压滴液漏斗，磁力搅拌器，油浴，回流冷凝管，温度计，烧杯，锥形瓶，试管。

2. 试剂

对硝基苯胺，苯胺，苯甲酸，氯化亚砜，二氧六环，三乙胺，丙酮，亚硝酸钠，乙腈，浓盐酸，四丁基氟化铵，四丁基硫酸氢铵，四丁基醋酸铵，四丁基磷酸二氢铵。

【合成路线】

1. 对硝基苯胺在亚硝酸钠、盐酸作用下转变为重氮盐，再与苯胺发生偶联反应得到 4-(4′-硝基苯基偶氮基)苯胺 1。
2. 苯甲酸在氯化亚砜作用下得到苯甲酰氯。

3. 4-(4'-硝基苯基偶氮基)苯胺 1 与苯甲酰氯发生亲核取代反应得到目标化合物 2。

【实验步骤】

1. 4-(4'-硝基苯基偶氮基)苯胺 1 的制备

在 100mL 三口烧瓶中加入 2.76g(0.02mol) 对硝基苯胺和 15mL 浓盐酸,在 0℃冰浴中搅拌,制成对硝基苯胺盐酸盐溶液。将 1.38g(0.02mol) 亚硝酸钠溶于 8mL 水中,并逐滴加入对硝基苯胺盐酸盐液中,滴完后继续反应 20min,得澄清重氮盐溶液。将制得的重氮盐滴加到 1.86g(0.02mol) 苯胺中,在 0~5℃搅拌反应 4h,并于 50℃保温 4h。最后加入含有 0.8g(0.02mol) NaOH 的水溶液 4mL,搅拌均匀后升温至 70℃,静置过夜、抽滤、水洗、干燥后得到粗品,用 95%乙醇重结晶得到暗红色纯品 4-(4'-硝基苯基偶氮基)苯胺 1。

2. N-苯甲酰基-4-(4'-硝基苯基偶氮基)苯胺 2 的制备

在 25mL 圆底烧瓶中加入 0.61g(0.005mol) 苯甲酸与 4mL 氯化亚砜,接上尾气吸收装置,然后在 80℃下回流 3h,再在常压下蒸除多余的氯化亚砜,加入 4mL 二氧六环溶解均匀备用。另取一 100mL 圆底烧瓶,向其中加入 4-(4'-硝基苯基偶氮基)苯胺 1.21g(0.005mol)、1mL 三乙胺和 10mL 二氧六环,搅拌下慢慢滴加上述苯甲酰氯的二氧六环溶液,加完后室温继续反应 1h,在搅拌下向其中注入 60mL 冰水,抽滤析出的固体,干燥后用丙酮重结晶得到 N-苯甲酰基-4-(4'-硝基苯基偶氮基)苯胺 2。

3. F^- 识别实验

称取 34.6mg(0.1mmol) N-苯甲酰基-4-(4'-硝基苯基偶氮基)苯胺 2,用 100mL 容量瓶配成浓度为 $1×10^{-3}$ mol/L 的乙腈溶液(母液)。用同样的方法配置四丁基氟化铵的 $1×10^{-2}$ mol/L 乙腈溶液。取 8 个 25mL 的容量瓶,每个瓶中注入 250μL N-苯甲酰基-4-(4'-硝基苯基偶氮基)苯胺 2 的母液。向其中的 7 个容量瓶依次注入 $1×10^{-2}$ mol/L 的四丁基氟化铵乙腈溶液 12.5μL、25μL、50μL、100μL、150μL、200μL、250μL。然后将 8 个容量瓶都用乙腈稀释至 25mL 得到一组溶液,分别为 $1×10^{-5}$

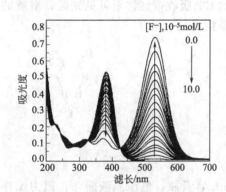

图 4-1 紫外可见光谱随 F^- 的含量变化

mol/L 受体 2 与 0, 0.5, 1, 2, 4, 6, 8, 10 倍当量 F^- 混合的待测溶液。观察各容量瓶溶液颜色的变化。放置 0.5h 后测定其紫外吸收光谱(图 4-1),观察其紫外可见光谱随 F^- 的含量变化情况。

4. 比较对受体分子 2 对 F^-、$CH_3CO_2^-$、$H_2PO_4^-$ 及 HSO_4^- 的识别差异

用同样的方法配备 $1×10^{-5}$ mol/L 受体 2 与 10 倍当量 $CH_3CO_2^-$、$H_2PO_4^-$、HSO_4^- 的待测溶液(乙腈溶液),同样观察其颜色有无变化,分别测定其紫外吸收光谱并与 $1×10^{-5}$ mol/L 受体 2 与 10 倍当量 F^- 的溶液进行对比。

5. 考察极性质子溶剂对该实验的影响

取上述受体 2 与 10 倍量 F^- 共存的乙腈溶液，向其中引入少量的质子性溶剂（如甲醇）观察有什么现象发生，再多加甲醇，继续观察有什么现象发生。

【思考与讨论】

1. 从紫外可见光谱分析受体 2 的乙腈溶液与加入 F^- 后的溶液颜色变化的原因？

2. 从受体 2 分别加入 10 倍当量 F^-、$CH_3CO_2^-$、$H_2PO_4^-$、HSO_4^- 的溶液的紫外可见光谱比较中我们可以得到什么样的结论？

【参考文献】

[1] 郭琳，张熠，江云宝. 高选择性氟离子识别受体的设计与识别机理. 化学学报，2004，62：1811.

[2] Martinez-Manez, R.; Sancenon, F. *Chem. Rev.* 2003，103：4419.

[3] Vázquez, M.; Fabbrizzi, L.; Taglietti, A.; Pedrido, R. M.; González-Noya, A. M.; Bermejoá, M. R. *Angew. Chem., Int. Ed.* 2004，43：1962.

实验 4-5 二苯乙炔的合成

学习烯烃反式加成制取卤代烃的方法；学习消去反应制备二苯乙炔的方法。

【实验提要】

1. 反-1,2-二苯乙烯在吡啶氢溴酸盐的溴复合物存在下与溴反式加成生成内消旋的 1,2-二溴-1,2-二苯乙烷。

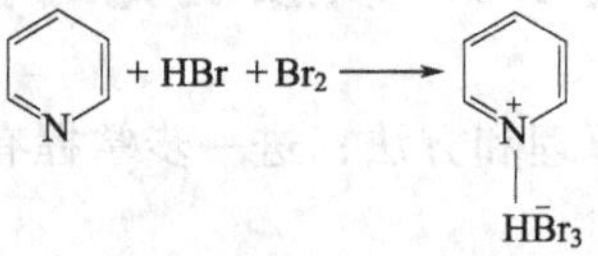

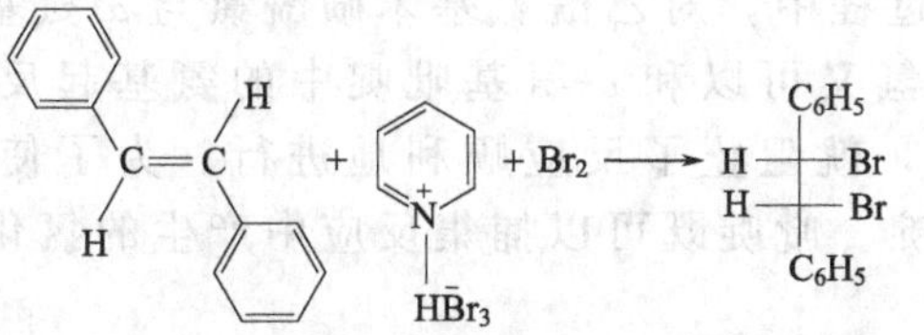

2. 内消旋的 1,2-二溴-1,2-二苯乙烷在碱性高沸点溶剂中消去二分子溴化氢制得二苯乙炔。

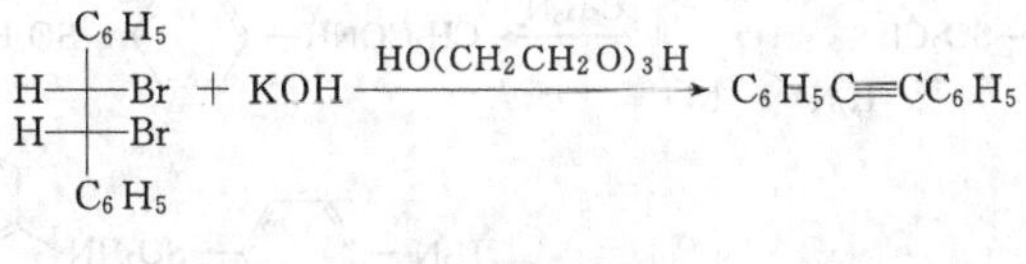

【仪器与试剂】

1. 仪器和材料

10mL 圆底烧瓶，50mL 烧杯，微型抽滤装置，电磁加热搅拌器，锥形瓶。

2. 试剂

反-1,2-二苯乙烯，冰乙酸，甲醇，氢氧化钾，三缩乙二醇，乙醇，吡啶，氢溴酸，溴。

【实验内容】

1. 吡啶氢溴酸盐的制备

在 10mL 锥形瓶中加入 1.5mL 吡啶和 3mL 48％氢溴酸[1]混合均匀，冷却。慢慢加入 10mL（3.0g）液溴，边加边搅拌，立即有橘红色沉淀生成。冷却，抽滤，晶体用冰乙酸洗涤。得橘红色晶体约 3g。

2. 内消旋 1,2-二溴-1,2-二苯乙烷的制备

在 5mL 圆底烧瓶中加入 2mL 冰乙酸和 100mg(0.55mmol) 反-1,2-二苯乙烯。砂浴加热搅拌使其溶解，冷却后加入 0.2g 溴复合物。装上空气冷凝管在电磁搅拌下加热 5～10min 立即有加成产物浅黄色晶体生成。冰浴冷却，抽滤并用少量甲醇洗涤晶体得无色晶体约 0.16g。纯二溴代物熔点为 236～237℃。

3. 二苯乙炔的制备

在 5mL 圆底烧瓶内放入 0.16g 1,2-二溴-1,2-二苯乙烷，加入 80mg 氢氧化钾和 1mL 三缩乙二醇[2]，砂浴上加热至 160℃。保持砂浴温度 160～190℃约 5～10min，冷却至室温，加入 2mL 水，在冰浴冷却下有无色晶体析出，抽滤。晶体用 95％乙醇洗涤得产物约 25mg。纯二苯乙炔熔点为 60～61℃。

【注释】

[1] 48％氢溴酸可用溴化钠固体和 48％硫酸来代替。

[2] 三缩乙二醇也可用分子量为 200 的聚乙二醇代替。

【思考与讨论】

1. 为什么由反二苯乙烯与溴加成产物是内消旋的？
2. 三缩乙二醇为什么可用聚乙二醇（$M=200$）代替？

实验 4-6 磺胺吡啶的合成

了解并熟悉磺胺药物的合成原理和方法；进一步掌握有机化合物多步合成的技巧。

【实验提要】

在合成磺胺吡啶的过程中，对乙酰氨基苯磺酰氯与 α-氨基吡啶反应，脱去 1 分子的氯化氢，生成的氯化氢又可以和 α-氨基吡啶中的氨基起反应而生成 α-氨基吡啶的盐酸盐。这个盐的生成，就阻止了反应顺利地进行。为了使反应顺利进行，一般使用碱性有机溶剂——吡啶。吡啶既可以捕集反应中产生的氯化氢，又可以使固体有机物溶解。

反应为：

$$CH_3CONH-\phi-SO_2Cl + \underset{H_2N}{\text{Py-NH}_2} \xrightarrow{C_5H_5N} CH_3CONH-\phi-SO_2NH-\text{Py} \xrightarrow[OH^-]{H_2O}$$

$$H_2N-\phi-SO_2NH-\text{Py} + CH_3COOH$$

【仪器与试剂】

1. 仪器和材料

10mL 圆底烧瓶，冷凝管，玻璃钉漏斗，抽滤瓶，电磁加热搅拌器。

2. 试剂

α-氨基吡啶，无水吡啶，对乙酰氨基苯磺酰氯，氢氧化钠水溶液，95％乙醇，盐酸。

【实验内容】

称取 240mg α-氨基吡啶，放入盛有 1mL 无水吡啶[1]的 10mL 圆底烧瓶中，加入 600mg 干燥的对乙酰氨基苯磺酰氯，加热回流 15min。反应完毕，将混合物冷却，并倾入盛有

5mL水的烧杯中,用少量水冲洗烧瓶并倾入上述混合液中,将此混合液在冰浴中边搅拌边冷却直至油状物结晶为止。减压过滤收集粗产品。

将粗品放入圆底烧瓶中,加入2mL 10%氢氧化钠水溶液,加热回流30min。然后将溶液冷却,并用1:1盐酸小心地进行中和[2],沉淀即为磺胺吡啶,减压过滤。粗品用95%乙醇(约100mL)加热溶解,趁热用塞有棉花的喇叭口过滤滴管吸出滤液,去掉棉花,将滤液放入锥形瓶中,让其慢慢冷至室温,即有产品析出。过滤,在空气中干燥,称量并计算产率,纯品熔点为190~193℃。磺胺吡啶的标准红外光谱见图4-2。

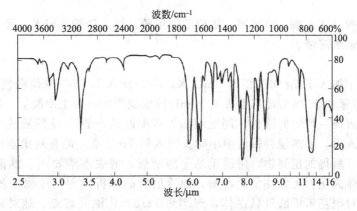

图4-2 磺胺吡啶的标准红外光谱

【注释】

[1] 将吡啶用粒状氢氧化钠或氢氧化钾干燥过夜,然后进行蒸馏,即得无水吡啶。吡啶易吸水,蒸馏时要注意防潮!

[2] 产品可溶于过量酸中(为什么?),中和时必须仔细控制盐酸用量。万一加酸过量,可用饱和碳酸氢钠溶液调节至中性或刚好碱性。

【思考与讨论】

1. 本反应为什么要使用无水吡啶?其作用是什么?
2. 为什么碱性水解后要将混合溶液调节至中性或刚好碱性?

实验4-7 苯佐卡因的合成

学习以对硝基甲苯为原料,经氧化、还原和酯化得苯佐卡因的实验原理和方法;练习多步骤微量合成的实验操作;巩固微型回流、过滤和重结晶等实验操作。

【实验提要】

本实验以对硝基甲苯为原料,经氧化、还原得对氨基苯甲酸,再经酯化后得苯佐卡因。反应式如下:

第一步反应采用铬酸酐-冰乙酸为氧化剂,操作简便,产物分离也较简易。第二步用Sn-HCl作为硝基的还原剂。这是实验室中硝基还原成氨基的常用方法,其反应速度较快,收率亦好。第三步氨基酸进行酯化时，不能按常法用浓硫酸作催化剂。因为氨基酸与浓硫酸形成的硫酸盐会使过量的硫酸不易分离。本实验采用弗歇尔-斯皮尔（Fischer-Spier）酯化法，即以HCl气体作为催化剂，虽然在反应中同样会生成氨基酸酯盐酸盐，但过量的HCl较硫酸易于除去。

【仪器与试剂】

1. 仪器和材料

锥形瓶，10mL圆底烧瓶，电磁加热搅拌器，玻璃漏斗，冷凝管，具塞离心试管。

2. 试剂

对硝基苯甲酸，冰乙酸，铬酸酐，浓硫酸，甲醇，锡，盐酸，氨水，氯化氢，乙醇饱和溶液，饱和碳酸钠水溶液。

【实验内容】

（1）锥形瓶中加入1.5g铬酸酐和3mL水，小心滴入1.5mL浓硫酸使它们混合均匀。把0.5g对硝基甲苯和2.7mL冰乙酸加入10mL圆底烧瓶中，装上冷凝管，温热，回流，搅拌，使反应物溶解成一均匀的液体。用毛细滴管将配好的铬酸酐-硫酸液从冷凝管顶端逐滴加入，当全部加入后，温热搅拌回流半小时。加入约7mL水，即有对硝基苯甲酸析出。抽滤，再用水洗涤，所得粗制物，用适量的甲醇溶解，滤去不溶物[1]。滤液中滴加适量的水，直到析出晶体为止。再温热使之溶解，放冷后有晶体析出[2]，过滤，置于100～110℃烘干，得浅黄色对硝基苯甲酸针状晶体，产率约74.5%，测其熔点。纯对硝基苯甲酸熔点为242℃。

（2）在5mL圆底烧瓶中加入0.25g对硝基苯甲酸，0.9g锡（粉状）及2.5mL盐酸，装上回流冷凝管。搅拌并缓和加热至微沸。若反应太剧烈，则暂移去热浴。待溶液澄清后（加入的锡不一定完全溶解），放置冷却，把液体倾泻入烧杯中，剩余的锡用少量水洗涤，洗涤液与烧杯中液体合并在一起。

在不断搅拌下滴加浓氨水于烧杯中至石蕊试纸呈碱性反应。放置片刻滤去生成的二氧化锡，滤渣用少量水洗涤。收集滤液于一个适当大小的蒸发皿中，滴加冰醋酸于滤液中使呈微酸性，在水浴上浓缩到开始有晶体析出。放置冷却过滤。干燥后得粗品164mg[3]。用乙醇或乙醇-乙醚混合溶剂重结晶，得黄色对氨基苯甲酸晶体，产率约76%，熔点184～186℃。

（3）锥形瓶中加入5mL无水乙醇，在冰浴中冷却，通入经浓硫酸干燥的氯化氢气体到饱和状态〔g/100mL溶液：45.4(0℃)；42.7(10℃)；41.0(20℃)〕。

酯化方法Ⅰ：在一个3mL圆底烧瓶中，加入150mg对氨基苯甲酸及1.5mL上述的氯化氢-乙醇溶液，装上冷凝管，加热回流1h左右，有对氨基苯甲酸乙酯的盐酸盐生成（熔点203℃，分解）。

$$C_2H_5O-\overset{\overset{O}{\|}}{C}-\underset{}{\bigcirc}-NH_2·HCl$$

同时将25mL蒸馏水煮沸，把制得的酯的盐酸盐趁热倾入沸水中，加入饱和的碳酸钠水溶液至溶液呈中性，即有白色沉淀生成。抽滤，用水洗涤沉淀，抽干后晾干，得白色粉状的对氨基苯甲酸乙酯固体。用乙醇-水混合溶剂重结晶[4]，得纯苯佐卡因白色针状晶体，产率56%。苯佐卡因的熔点文献值为90℃。

酯化方法Ⅱ：如将对氨基苯甲酸先溶于无水乙醇，然后通入干燥的氯化氢使之饱和，回流加热，所得结果相同。

将所得苯佐卡因用KBr压片法作红外光谱，其标准图谱见图4-3。

图 4-3　苯佐卡因的标准图谱

【注释】
　　[1] 此不溶物为反应后生成的硫酸铬 $[Cr_2(SO_4)_3]$ 以及过量的氧化剂等无机物。
　　[2] 这步操作实际上是甲醇-水混合溶剂重结晶。
　　[3] 该粗品不需重结晶，可直接用于下一步反应。
　　[4] 必要时可加入适量活性炭脱色。

【思考与讨论】
　　写出其他制备苯佐卡因的合成路线，并比较各种方法的优缺点。

实验 4-8　2-庚酮的合成

　　2-庚酮是蜜蜂的警戒信息素。易溶于石蜡油中。将制得的 2-庚酮溶于石蜡油，涂在软木塞上，然后将软木塞放在蜂箱入口处，就会使蜜蜂激动地冲到软木塞上来，而用纯石蜡油涂过的软木塞，蜜蜂却无动于衷。通过 2-庚酮的合成了解乙酰乙酸乙酯合成法；进一步学习亲核取代反应和乙酰乙酸乙酯的酮式分解条件；了解生物信息素。

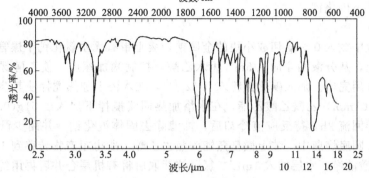

【实验提要】
　　2-庚酮的合成采用乙酰乙酸乙酯合成法，对中间体进行酮式分解得到产物。

【仪器与试剂】
　　1. 仪器和材料
　　二口烧瓶，冷凝管，干燥管，分液漏斗，微型蒸馏头，电磁加热搅拌器。
　　2. 试剂

乙酰乙酸乙酯，1-溴丁烷，金属钠，无水乙醇，二氯甲烷，无水硫酸镁，氢氧化钠，硫酸，无水氯化钙，碘化钾。

【实验内容】

在二口烧瓶中放入0.24g切成小块的金属钠，装上带有无水氯化钙干燥管的冷凝管，置于电磁搅拌器上，从分液漏斗加入5mL无水乙醇，控制滴加速度，使乙醇保持沸腾。开动搅拌使金属钠作用完毕。加入碘化钾粉末0.12g[1]，在水浴上加热搅拌使其溶解。然后从漏斗加入1.3g(0.01mol)乙酰乙酸乙酯，在水浴加热回流搅拌下加入1.51g(0.011mol) 1-溴丁烷，继续搅拌回流2h，待反应液冷却后，抽滤除去固体溴化钠，并用少量乙醇洗涤。滤液转移到10mL圆底烧瓶中，装上微型蒸馏头蒸去乙醇。所得粗产物转移到10mL离心试管中加入1mL盐酸洗涤，水层加入1mL二氯甲烷萃取后将有机层合并后再用约1mL水洗涤，用无水硫酸镁干燥后装上蒸馏头蒸去二氯甲烷，得到正丁基乙酰乙酸乙酯。

在10mL圆底烧瓶中加入5mL 5%氢氧化钠溶液和刚才制得的正丁基乙酰乙酸乙酯在室温下搅拌2h。然后，在搅拌下用毛细滴管慢慢加入1.6mL 20%硫酸，此时有大量二氧化碳气体逸出。改成蒸馏装置，将馏出物[2]放在10mL离心试管中将馏出物用毛细滴管分出油层，水层用4mL二氯甲烷分两次萃取，有机层合并，用1mL饱和$CaCl_2$溶液再洗涤一次后，将有机层通过装有无水硫酸镁的干燥柱[3]，将干燥后的有机层先在水浴上蒸去二氯甲烷。换一个微型蒸馏头，然后用酒精灯隔着石棉网加热，收集140~148℃馏分，产量约0.3g。纯2-庚酮的沸点为151.4℃，$n_D^{20}=1.4088$。

【注释】

[1] 碘化钾的加入可加速反应的进行。

[2] 以便与反应中生成的无机盐分离。

[3] 干燥柱在干燥前用二氯甲烷湿润，待干燥物可用二氯甲烷冲洗下来。

【思考与讨论】

1. 为什么乙酰乙酸乙酯的α-氢具有酸性？
2. 合成中可能有哪些副反应？

实验4-9 咖啡因的提取

学习生物碱提取及其衍生物的制备方法；学会使用真空冷指进行微型升华操作；掌握离心分离法破乳化、柱色谱干燥有机液体、固液分离等微型操作。

【实验提要】

咖啡因存在于茶叶、咖啡豆等多种植物组织中，为嘌呤族生物碱，有弱碱性，可溶于热水，易溶于有机溶剂中。熔点236℃，在120℃时升华相当显著，至178℃时升华很快。

茶叶中含有3%~5%的咖啡因，此外，还含有少量茶碱，它是咖啡因的低级同系物。咖啡豆中的生物碱主要是可可碱。是茶碱的异构体。

在植物组织中，咖啡因常与有机酸、单宁等结合成盐的形式存在。从茶叶、咖啡中提取咖啡因，可用碱性水溶液加热浸泡，使咖啡因呈游离状态而溶于热水中，从而与不溶于水的纤维素、蛋白质、脂肪等分离。由于单宁、色素、有机酸等也可以溶于水。故浸泡液常呈棕色。然后用有机溶剂如CCl_4、$CHCl_3$等萃取，使咖啡因转溶于有机溶剂，从而与色素等分开。蒸去溶剂，即得粗制的咖啡因，可用重结晶法或升华法提纯。

咖啡因是弱碱性化合物，能与酸成盐。其水杨酸盐衍生物的熔点为138℃，可借此进一步验证其结构。

【仪器与试剂】

1. 仪器和材料

25mL烧杯，表面皿，10mL吸滤瓶，玻璃钉漏斗，12mL、15mL离心试管，10mL圆底烧瓶，5mL梨形烧瓶，微型蒸馏头，真空冷指，2根滴管，大试管，过滤管，离心机。

2. 试剂

碳酸钠，无水碳酸钠，茶叶，四氯化碳，二氯甲烷，无水硫酸钠，水杨酸，纱布，咖啡，乙酸铅，氯仿，5%NaOH溶液，石油醚（30~60℃）。

【实验内容】

1. 从茶叶中提取咖啡因

方法Ⅰ

(1) 在25mL烧杯中加入1.0g Na_2CO_3溶于10mL热水，再加入1g茶叶细末[1]，盖上表面皿，温热至微沸，维持30min。稍冷后，真空抽滤，并挤压茶叶，用1mL热水洗涤烧杯2次，滤液转移到离心试管中。

(2) 向滤液加入2mL CCl_4，用塞子塞紧试管口，振摇几次[2]，然后静置分层（约需10~15min）。用毛细滴管吸出CCl_4萃取液，重复操作4次。

(3) 分出的CCl_4层通过装有无水硫酸钠的干燥柱[3]，干燥后的CCl_4萃取液用10mL圆底烧瓶承接。再用2mL CCl_4洗涤干燥柱，洗涤液并入圆底烧瓶中，加入几颗沸石，装上微型蒸馏头，在水浴上蒸出并回收CCl_4[4]，直到蒸干为止（CCl_4萃取液可分两次蒸馏）。这时圆底烧瓶底部有白色残渣，即粗制的咖啡因。

方法Ⅱ

在25mL烧杯中加入1.1g(0.11mol)无水碳酸钠和10mL水，小火加热使固体溶解。称取1.0g茶叶，用纱布扎成小菜袋，放入上述水溶液中，盖上表面皿，小火加热30min[5]，冷却至室温，将茶液转移到离心试管中，并尽量挤压出袋中的茶液。离心试管中的茶液用2.0mL CH_2Cl_2提取，提取时用滴管反复吸入和放出液体务使两相充分接触，并进行离心分离以破坏乳化使两相分层清晰。备一根长约10cm的玻璃滴管，在细部末端处塞一小团脱脂棉，其中装入2g无水硫酸钠作为干燥柱。当CH_2Cl_2层[6]通过玻璃滴管内的Na_2SO_4层过滤到25mL烧杯中。离心试管中的茶液按同法再用CH_2Cl_2提取3次，每次2mL。最后，再用2.0mL CH_2Cl_2淋洗Na_2SO_4层，合并后的CH_2Cl_2提取液先在热水浴中蒸去大部分CH_2Cl_2，再在水泵减压下浓缩至干，即得到灰白色的粗咖啡因。

2. 从咖啡中提取咖啡因

(1) 在10mL小烧瓶中加入2g研细的咖啡、6mL水及1小粒沸石，用砂浴加热回流20min，趁热抽滤。

(2) 在滤液中滴加1mL $Pb(CH_3COO)_2$溶液，置水浴上保持温热约10min，同时经常摇动。然后抽滤，将滤液收集于离心试管内。待冷却后用$CHCl_3$萃取2次（每次用1mL），萃取时可用毛细滴管将溶液鼓泡数次、静置分层后吸出下层$CHCl_3$（最好将离心试管置离心机内离心，可缩短分层时间）。将二次$CHCl_3$提取液合并于另一离心试管，先用1mL 5% NaOH洗涤，再用1mL水洗涤，然后加少许无水Na_2SO_4干燥。

(3) 约10min后将干燥后的绿色$CHCl_3$溶液吸入一事先称重过的小烧瓶中，装上微型蒸馏头在水浴上小心加热，将$CHCl_3$溶液蒸干即得淡黄色咖啡因粗品，0.025~0.03g。

3. 纯化和鉴定

粗产品可用微型升华提纯，具体操作如下：取下圆底烧瓶上的微型蒸馏头，换上真空冷指，接上冷凝水和抽气水泵减压，装置如图 2-15 所示。将圆底烧瓶放入油浴中加热[7]，油浴温度约 180～190℃时，咖啡因升华并凝结在真空冷指上。当升华完毕后，小心地取下真空冷指，用刮铲刮下冷指上白色针状结晶，称重，测熔点，进行 IR 分析，计算茶叶中咖啡因的百分含量。

4. 制备水杨酸盐衍生物

在 5mL 梨形烧瓶中放置 11mg(0.06mmol) 咖啡因、9mg(0.065mmol) 水杨酸和 1mL CH_2Cl_2，在温水浴中加热使固体溶解，仔细滴加石油醚（30～60℃）至溶液刚显浑浊，再回滴数滴 CH_2Cl_2 使溶液再次澄清，慢慢冷至室温并用冰水进一步冷却，析出针状晶体。用毛细滴管吸出母液[8]，晶体用少许石油醚洗涤，移出晶体，干燥，测定衍生物的熔点（文献值 138℃），称重并计算产率。

【注释】

[1] 茶叶的质量、品种不同，咖啡因的含量也不同，计算咖啡因含量时要注意到这种影响。

[2] 滤液中的一些成分会因剧烈振动导致乳浊液形成，不利于 CCl_4 萃取液的分离。

[3] 干燥柱的制作方法如下：取一玻璃管，将一端拉成毛细滴管状。将少许棉花填塞到毛细滴管口，称取 1.0g 无水 Na_2SO_4 通过微型玻璃漏斗装入玻璃管中即成，干燥柱应先用 CCl_4 润湿。

[4] 四氯化碳有轻度的麻醉作用，对肝、肾严重损害，最好在通风橱中进行蒸馏。

[5] 煮沸过程中可视水的蒸发情况而酌量补加水。

[6] 若有上层进入滴管，在从滴管中放出下层时，注意让上层留在滴管中不要放出，将它滴回原离心试管中。此时，滴管的作用就相当于分液漏斗。

[7] 圆底烧瓶放入油浴中刚好使冷指底部略高于油浴波面的位置。

[8] 微量固体重结晶时，用减压过滤法使固、液分离会引起较多的物料损失。将普通滴管的细端拉成一小段毛细管，制成一根毛细滴管，用它仔细地吸出母液，可有效地达到固、液分离的目的。若重结晶在小试管（最好是离心试管）中进行，则先在离心机中离心分离，使晶体沉积在试管底部，再用毛细滴管吸出母液，并尽量避免扰动液层，分离效果会更好。晶体的洗涤亦按同法进行。

【思考与讨论】

1. 概要写出从茶叶和咖啡中分离咖啡因的流程图。
2. 如果在用水提取茶叶时不加碱，CH_2Cl_2 能否有效地提取出咖啡因？为何？若用 CH_2Cl_2 直接提取干茶叶，试与本实验比较其效果。本实验中用的 Na_2CO_3 是否可用其他碱代替？
3. 用升华法提纯固体有什么优点和局限性？
4. 用微型升华操作提纯样品要注意哪些问题？
5. 写出咖啡因水杨酸盐的结构式，指出哪一个氮原子的碱性最大。

实验 4-10 青蒿素系列实验

学习青蒿素提取、纯化、鉴定的原理和方法，了解从植物中提取、纯化、鉴定天然产物的全过程；学会减压蒸馏、结晶、柱色谱、薄层色谱、熔点测定等基本的微型有机合成实验操作。

【实验提要】
青蒿素[1]是20世纪70年代我国首先发现并测定其分子结构和全合成的抗疟新药。它是从菊科植物黄花蒿分离得到的抗疟有效成分。其特点是对疟原虫无性体具有迅速的杀灭作用。青蒿素的分子式为$C_{15}H_{22}O_5$，属倍半萜内酯的过氧化合物，其结构式如下：

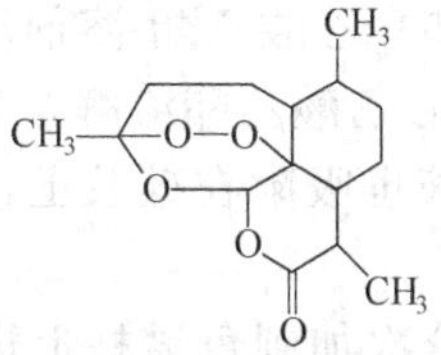

青蒿素主要分布于黄花蒿叶中。各地黄花蒿叶中青蒿素含量差异很大，重庆市酉阳县产黄花蒿叶为提取青蒿素优质原料，本法收率在0.3%以上[2]。

青蒿素不溶于水，易溶于多种有机溶剂，在石油醚（或溶剂汽油）中有一定溶解度，且其他成分溶出较少，经浓缩放置即可析出青蒿素粗晶，从而可将大部分杂质除去。

青蒿素的纯化可用稀醇重结晶法或柱色谱法。

青蒿素的鉴定和纯度检查采用熔点测定和薄层层析。条件完备的院校可增加红外光谱、质谱等。

【仪器与试剂】

1. 仪器和材料

250mL梨形分液漏斗，表示直径1.2cm×20cm层析管，4.5cm×12cm层析筒，3cm×10cm玻片，熔点测定管，温度计，100mL量筒，10mL吸量管，滴管，干燥器，5mL、50mL、250mL锥形瓶，10mL、50mL、150mL圆底烧瓶，蒸馏头，30cm球形冷凝管，真空接受管，微型蒸馏头，直形冷凝管，真空冷指，玻璃漏斗（附玻璃钉），吸滤瓶，水泵，恒温水浴。

2. 试剂

120号溶剂汽油，乙酸乙酯（A.R.），60~90℃石油醚（A.R.），80~100目层析硅胶，10~40μ硅胶G(薄层层析用)（两者均系青岛海洋化工厂产品），青蒿叶。

【实验内容[3]】

1. 从青蒿叶中提取青蒿素粗品

(1) 青蒿素的浸出

称取青蒿叶粗粉40g，装入底部填充脱脂棉的250L梨形分液漏斗中，加入120号溶剂汽油120mL，浸泡24h。为了使浸出完全，浸泡过程中可用玻棒搅动1~2次。放出溶剂汽油浸泡液于250mL锥形瓶中，加塞密封。继续加溶剂汽油80mL浸泡24h，放出溶剂浸泡液。

(2) 青蒿素粗晶的析出（原理与装置参考减压蒸馏实验）

溶剂汽油浸泡液分两次装入150mL圆底烧瓶中，于水浴上加热，水泵减压蒸馏回收溶剂汽油，至约残留3mL左右，趁热倒入10mL锥形瓶中，用吸管吸取约1mL溶剂汽油洗涤蒸馏瓶1~2次，洗液并入10mL锥形瓶中，加塞，放置24h，使青蒿素粗晶析出。

2. 青蒿素的纯化

(1) 青蒿素粗品的处理

溶剂汽油的浓缩液经放置24h后，青蒿素粗晶基本析出完全，用滴管小心地将母液吸去，再用约1mL溶剂汽油将青蒿素粗晶洗涤1~2次，母液与洗涤液收集于收集瓶中，留取少量（米粒大）供纯度对比检查用。其余部分供柱色谱。

(2) 青蒿素粗晶的柱色谱（原理与装置参考色谱法）

① 色谱柱的制备 取一支洁净、干燥的玻璃层析管，从上口装入一小团脱脂棉，用玻棒推至管底铺平。将层析管垂直地固定在铁架上，管口放一玻璃漏斗，称取 5g 80～100目层析硅胶，用漏斗将其均匀地装入层析管内，用木块轻轻拍打铁架，使硅胶填充均匀、紧密，即得。

② 配洗脱剂 准确配制 (15∶85) 乙酸乙酯-溶剂汽油作为洗脱剂。

③ 样品上柱 青蒿素粗品用 1mL 乙酸乙酯溶解，分次吸附在 1g 80～100 目硅胶上，再用 0.5mL 乙酸乙酯洗涤瓶子，洗涤液也吸附在硅胶上，拌匀，待乙酸乙酯完全挥尽后，将吸附了样品的硅胶加到色谱柱上。

④ 洗脱 用滴管吸取洗脱剂，分次加到色谱柱上进行洗脱，用 5mL 锥形瓶分段收集，每份收集约 5mL，直至青蒿素全部洗下。（每份样品约需洗脱剂 40mL）

⑤ 回收溶剂、结晶 每份收集液用微型减压蒸馏回收溶剂至约 1mL，参照下面薄层色谱实验进行薄层层析，将含青蒿素的组分合并、浓缩至约 3mL，放置 24h，使结晶析出，吸滤，100℃烘干，即得青蒿素纯品。

3. 青蒿素的鉴定和纯度检查

(1) 薄层色谱（原理与装置参照色谱法）

① 样品 青蒿素标准品的 0.5% 乙醇溶液，青蒿素纯品的 0.5% 乙醇溶液青蒿素粗晶的乙醇溶液。

② 薄层板 硅胶 G 板（实验前制备好）。

③ 展开剂 乙酸乙酯-石油醚 (0.5∶2)。

④ 显色剂 碘蒸气。

根据 R_f 值及斑点数目，鉴别青蒿素及判断青蒿素的纯度。

(2) 熔点测定（原理与装置参照熔点测定实验）

青蒿素熔点 152～153℃（未校正）。

【注释】

[1] 青蒿素系列实验的目的，主要在于通过一系列的常量与微量有机合成实验组合，完成从植物中提取、纯化、鉴定一个纯的天然产物的全过程，因此特别适合于学习了大部分有机合成基本实验操作的学生。本实验分三次完成，建议学时为 2、3、2 学时。

[2] 黄花蒿为中药青蒿的主要品种，欲购优质黄花蒿叶可向重庆市酉阳县药材公司联系与购买。值得注意的是青蒿素的含量会随着存放时间的延长而逐年下降，因此现买现用较好。

[3] 本实验所用溶剂均系易燃易爆品，因此在实验过程中，严禁明火，同时保持室内有良好通风条件，实验时间安排在气温较低的冬春季较好。文中所列实验条件，各校可根据具体情况作调整。

【思考与讨论】

1. 概要写出青蒿素提取、纯化的流程图。
2. 提取、纯化青蒿素实验中特别要注意什么？
3. 整个实验有什么优点？还有哪些方面可以改进的？

实验 4-11 烟碱的提取

学习水蒸气蒸馏的原理及其应用，掌握小型水蒸气蒸馏的装置及其操作方法；了解生物碱的提取方法及其一般性质。

【实验提要】

烟碱又名尼古丁，是烟叶中的一种主要生物碱。由于它是含氮的碱，因此很容易与盐酸反应生成烟碱盐酸盐而溶于水。此提取液加入 NaOH 后可使烟碱游离。游离烟碱在 100℃ 左右具有一定的蒸气压，因此，可用水蒸气蒸馏法分离提取。

【仪器与试剂】

1. 仪器和材料

10mL 圆底烧瓶，100mL 二颈圆底烧瓶，冷凝管，接引管，3mL 离心试管，10mL 烧杯。15mL 具支试管，T 形管。

2. 试剂

粗烟叶或烟丝，10% HCl，50% NaOH，0.5% 乙酸，碘化汞钾试剂，饱和苦味酸，红色石蕊试纸。

【实验内容】

取香烟 1/2～2/3 支放入 100mL 圆底烧瓶内[1,2]，加入 10% HCl 6mL，装上冷凝管回流 20min[3]。待瓶中混合物冷却后倒入小烧杯中，用 50% NaOH 中和至明显碱性（用石蕊试纸检验，注意充分搅拌）。将混合物转入蒸馏试管中（如图 2-22 装置）进行少量水蒸气蒸馏[4]；取微型试管 2 支各收集 3 滴烟碱馏出液[5~7]。在第一支试管中加几滴饱和苦味酸；第二支试管中加 2 滴 0.5% 乙酸及 2 滴碘化汞钾溶液，观察有无沉淀生成。

【注释】

[1] 根据热源高度固定铁架台上铁圈的位置。

[2] 将 100mL 二颈圆底烧瓶用铁夹固定在垫有石棉网的铁圈上，注入 25～30mL 自来水和几粒碎瓷片作沸石。

[3] 将试管装好样品后，从二颈烧瓶的上口插入，蒸馏试管的底部应在烧瓶中水的液面之上。

[4] 将蒸气导管（T 形管）一端与二颈圆底烧瓶的侧口相连，一端插入试管底部。

[5] 用另一个铁架台上的铁夹将冷凝管的位置调整好以后，使之与具支试管的支管相连，然后装好接引管和接受容器。

[6] 将冷凝管夹套通入冷凝水以后，开始加热，待水沸腾产生蒸气以后，用止水夹将 T 形管的上端夹紧，这时蒸气就导入蒸馏管中，开始蒸馏。

[7] 蒸馏完毕，应先松开止水夹，再移去热源，以免因圆底烧瓶中蒸气压的降低而发生倒吸现象。

【思考与讨论】

1. 为什么要用盐酸溶液提取烟碱？
2. 水蒸气蒸馏提取烟碱时，为什么要用 NaOH 中和至明显碱性？
3. 如果没有 100mL 蒸馏烧瓶，利用微型化学制备仪器你能组成微型水蒸气蒸馏装置吗？试绘出装置图。

实验 4-12 1-溴丁烷制备中 2-溴丁烷生成机理的探讨

使用正丁醇、溴化钠和 62.2% 硫酸为原料合成 1-溴丁烷，产物中有 1%～2% 的 2-溴丁烷。随着硫酸量增加，2-溴丁烷的量也有所增加。对 2-溴丁烷生成机理有各种猜测，弄清 2-

溴丁烷生成机理对解释实验现象，提高教学质量是有益的。

1. 产生 2-溴丁烷的可能机理

用正丁醇、溴化钠和硫酸合成 1-溴丁烷，产生少量 2-溴丁烷的机理有四种可能性。

（1）由形成 1-溴丁烷的机理决定的，即在硫酸作用下，正丁醇与氢溴酸反应，主要按 S_N2 机理进行，同时也伴随着极少一部分反应物按 S_N1 机理进行，得到 2-溴丁烷。

（2）原料正丁醇中混杂着少量仲丁醇，它与氢溴酸反应生成 2-溴丁烷。

（3）产物 1-溴丁烷在反应条件下，异构成 2-溴丁烷。

（4）在反应条件下，正丁醇脱水生成丁烯，后者与氢溴酸发生加成反应生成 2-溴丁烷。

用实验直接证明第一种可能性的存在是比较困难的。已有实验证明 2-溴丁烷不是来自正丁醇中的杂质仲丁醇，也不是来源于 1-溴丁烷的异构化。

2. 几个简单的实验

实验 1：8.3g 溴化钠、6.2mL 仲丁醇和 20mL 62.2%的硫酸回流反应 30min，然后按教材的实验步骤分离精制制备 2-溴丁烷，作为色谱分析的标样。气相色谱分析结果只有一个组分，不含 1-溴丁烷。

实验 2：8.3g 溴化钠、6.2mL 正丁醇和 20mL 62.2%的硫酸回流反应 30mL，分离精制产物，气相色谱分析含 1-溴丁烷 96.6%，2-溴丁烷 2.7%。这一结果与平时学生实验结果一致，1-溴丁烷中含有少量 2-溴丁烷。

实验 3：按实验 1，只加正丁醇和 62.2%的硫酸，不加溴化钠。在回流冷凝管上口接一个弯形玻璃管直通到用冰水浴冷却的正己烷中。回流反应 30min 后，用气相色谱分析己烷吸收液的组成。在己烷中含有大量的丁烯。

实验 4：将丁烯通入加热的溴化钠、62.2%的硫酸和氯苯的混合物中。回流反应 30min 后，分出氯苯层，依次用水、10%碳酸钠水溶液和水洗涤，再用氯化钙干燥之。用气相色谱分析，除了氯苯外，主要是 2-溴丁烷。氯苯的作用是增加丁烯的溶解度，有利于丁烯与氢溴酸反应。

实验 5：将溴滴入四氢化萘中，生成的溴化氢经过四氢化萘鼓泡器进入沸腾的正丁醇中，正丁醇回流 30min 后，按实验 1 方法分离出纯净的溴化氢与正丁醇反应的产物，用气相色谱分析产物的组成为 1-溴丁烷，检查不出有 2-溴丁烷存在。

实验 6～11：6.2mL 正丁醇、9mL 共沸氢溴酸和一定量的硫酸，回流反应 30min，按实验 1 的步骤分离精制产物。得到表 4-1 所示的结果。随着加入浓硫酸量的增加，产物溴丁烷的产量显著增加，产物中 2-溴丁烷含量也增加；硫酸的体积分数大于 50%以后，2-溴丁烷的含量显著增加。

表 4-1 不同硫酸量下正丁醇与共沸氢溴酸反应结果

实验编号	6	7	8	9	10	11
浓硫酸体积/mL	0	0.5	1.0	3.0	5.0	10.0
产物质量/g	0.9	0.9	2.8	3.1	4.5	5.4
1-溴丁烷含量/%	99.86	99.77	99.70	99.51	99.13	96.10
2-溴丁烷含量/%	0.14	0.23	0.30	0.49	0.87	3.90

实验 12～17：将实验 6～11 中的正丁醇换成仲丁醇，得到的实验结果如表 4-2 所示。实验用的仲丁醇中不含正丁醇。产物几乎全是 2-溴丁烷。

实验 18：按实验 3，加入 8.3g 溴化钠、6.2mL 正丁醇和 20mL 62.2%的硫酸，回流 30min 以后，用气相色谱分析己烷吸收液的组成，己烷吸收液中不含丁烯。

表 4-2 不同硫酸量下仲丁醇与共沸氢溴酸反应结果

实验编号	12	13	14	15	16	17
浓硫酸体积/mL	0	0.5	1.0	3.0	5.0	10.0
产物质量/g	1	1.3	1.5	3.4	4.3	4.4
1-溴丁烷含量/%	0.02	0.07	0.09	0.03	0.02	0.01
2-溴丁烷含量/%	99.98	99.93	99.91	99.97	99.98	99.99

实验 19：按实验 3 装配仪器，在三口烧瓶上接一个一端拉细的玻璃管，其细端插入反应混合液的下层，另一端接到氮气瓶上。在三口烧瓶中加入 8.3g 溴化钠、6.2mL 正丁醇和 20mL 62.2% 的硫酸。在对反应瓶加热的同时引氮气入三口烧瓶，氮气流经反应混合液鼓泡而进入己烷吸收剂。回流 30min 后，停止反应和停止通氮气。用气相色谱分析己烷吸收液的组成。在色谱图上除有己烷吸收峰外，还有低沸点物的峰，经证明正是实验 3 己烷吸收液中的丁烯的峰。

3. 讨论

从实验 5 的结果可知，正丁醇与溴化氢反应，只得到 1-溴丁烷，没有 2-溴丁烷生成，表明此反应是完全按 S_N2 机理进行的。比较实验 5 与实验 6～11 的结果可知，由正丁醇生成 2-溴丁烷的条件是水和酸的存在。

实验 3 证明，在合成 1-溴丁烷的实验条件下，会有副产物丁烯生成。实验 4 证明，在合成 1-溴丁烷的实验条件下，生成的副产物丁烯也能生成 2-溴丁烷，即在合成 1-溴丁烷的实验中，丁醇能脱水生成丁烯，丁烯再与氢溴酸反应得 2-溴丁烷。

实验 19 证明，在合成 1-溴丁烷的实验中有丁烯生成，它很快与氢溴酸发生加成反应，在有大量氮气吹扫下有部分丁烯被吹出反应体系外。实验 18 说明生成的丁烯与氢溴酸反应，不排出系统外。

副产物丁烯是如何生成的？又如何解释随着硫酸量的增加，2-溴丁烷的量也增加呢？

H^+ 的存在促进正丁醇按 E2 反应生成丁烯和按 S_N2 反应生成 1-溴丁烷。据产物判断这两个反应可能是主要的。

在 H^+ 存在下，正丁醇与 H^+ 作用也可能生成正丁基的伯碳正离子：

$$CH_3CH_2CH_2CH_2OH + H^+ \xrightarrow{快} CH_3CH_2CH_2CH_2\overset{+}{O}H_2 \xrightarrow{慢} CH_3CH_2\overset{H}{\underset{|}{C}}{-}\overset{+}{C}H_2 + H_2O$$

如果 β-H 以 H^+ 形式与体系中的碱性物质 B（如 Br^- 或 H_2O）结合，则碳正离子转化成丁烯，丁烯可与氢溴酸反应得到 2-溴丁烷；如果 β-H 以 H—形式转移到伯碳上，则伯碳正离子异构成仲碳正离子，后者较前者稳定，可以与 Br^- 反应生成 2-溴丁烷：

$$CH_3\overset{H}{\underset{|}{C}}HCH_2\overset{+}{{}} \begin{array}{l} \xrightarrow{B} BH^+ + CH_3CH_2CH{=}CH_2 \xrightarrow{HBr} CH_3CH_2CHBrCH_3 \quad (E1) \\ \xrightarrow{} CH_3CH_2\overset{+}{C}HCH_3 \xrightarrow{Br^-} CH_3CH_2CHBrCH_3 \quad\quad\quad (S_N1) \end{array}$$

显然，生成丁烯的反应和异构成仲碳正离子的反应是竞争反应，但又都源于 $^+CH_2CH_2CH_2CH_3$，在合成 1-溴丁烷的实验条件下，很难判断哪个反应占优势。但有利于生成 $^+CH_2CH_2CH_2CH_3$ 的条件，可以同时促进两个竞争反应。

实验 6 使用共沸氢溴酸与正丁醇反应，尽管 1-溴丁烷的产量不高，但 2-溴丁烷开始出现，可能是因为使用的是氢溴酸而不是溴化氢。在前者，氢溴酸解离：

$$HBr \xrightarrow{H_2O} H_3O^+ + Br^-$$

实验 7～11，随着硫酸量的增加，逐渐有利于 $CH_3CH_2CH_2CH_2$ 生成，即有利于 2-溴丁烷生成。当然也逐渐有利于 S_N2 反应，所以 1-溴丁烷的产量逐渐增加。

很容易理解表 4-2 中实验 12~17 的结果，不管怎样改变酸的浓度，只影响产物的产量，不影响 2-溴丁烷的含量。

4. 小结

由上述几个简单的实验结果和粗浅的理论分析，可以得出：

1. 正丁醇与溴化氢反应的结果，符合 S_N2 机理，只得到一种产物 1-溴丁烷。

2. 反应体系中有游离的 H^+ 存在时，正丁醇与氢溴酸反应有 2-溴丁烷生成，H^+ 浓度增加，产物中 2-溴丁烷含量增加。

3. 2-溴丁烷可以由丁烯与氢溴酸加成得到。

附 录

附录1 常用有机溶剂的纯化

1.1 无水乙醇 CH_3CH_2OH

沸点 78.3℃，折射率 n_D^{20} 为 1.36139，相对密度 d_4^{20} 为 0.7893，d^{15} 0.79360，d^5 0.785。

含水乙醇经过精馏得到乙醇和水的共沸混合物，含有 96.5％的乙醇和 3.5％的水（体积比为 95％），通常称为 95％乙醇，它再也不能用一般分馏法除去水分。进一步除去水分需要特殊方法。

（1）以生石灰为脱水剂 生石灰来源方便；生石灰或由它生成的氢氧化钙皆不溶于乙醇。

操作方法：将 600mL 95％乙醇置于 1000mL 圆底烧瓶内，加入 100g 左右新煅烧的生石灰，放置过夜，然后在水浴中回流 5～6h，放置过夜，再避潮气将乙醇蒸出。如此所得乙醇相当于市售无水乙醇，又称"绝对乙醇"，质量分数约为 99.5％。

若需要绝对无水乙醇还必须选择下述方法进行处理。

（2）用金属镁脱水 此方法脱水是按下列反应进行的：

$$Mg + 2C_2H_5OH \longrightarrow H_2 + Mg(OC_2H_5)_2$$

$$Mg(OC_2H_5)_2 + 2H_2O \longrightarrow Mg(OH)_2 + 2C_2H_5OH$$

操作方法：取 1000mL 圆底烧瓶安装回流冷凝器，在冷凝管上端附加一只氯化钙干燥管，瓶内放置 2～3g 干燥洁净的镁条与 0.3g 碘，加入 30mL 99.5％的乙醇，电热套温热至碘粒完全消失（如果不起反应，可再加入几小粒碘），然后继续加热，待镁完全溶解后，加入 500mL 99.5％的乙醇，加热回流 1h，蒸出乙醇，弃去先蒸出的 10mL，其后蒸出的馏分收集于干燥洁净的瓶内贮存。如此所得乙醇纯度可超过 99.95％。

由于无水乙醇具有非常强的吸湿性，故在操作过程中必须防止吸入水汽，所用仪器需事先置于烘箱内干燥。

（3）用金属钠除去乙醇中含有的微量水分 金属钠和金属镁的作用是相似的。但是单用金属钠并不能达到完全除去乙醇中含有的水分的目的。因为这一反应有如下的平衡：

$$C_2H_5ONa + H_2O \rightleftharpoons C_2H_5OH + NaOH$$

若要使平衡向右移动，可以加过量的金属钠，增加乙醇钠的生成量。但这样做，造成了乙醇的浪费。因此，通常的方法是加入高沸点的酯，如邻苯二甲酸乙酯或琥珀酸乙酯，以消除反应中生成的氢氧化钠。这样制得的乙醇，只要能严格防潮，含水量可以低于 0.01％。

操作方法：取 500mL 99.5％的乙醇盛入 1000mL 圆底烧瓶内，安装回流冷凝器和干燥管，加入 3.5g 金属钠，待其完全作用后，再加入 12.5g 琥珀酸乙酯或 13.5g 邻苯二甲酸乙酯，回流2h，然后蒸出乙醇，先蒸出的10mL弃去，其后的收集于干燥洁净的瓶内贮存。

测定乙醇中含有的微量水分，可加入乙醇铝的苯溶液，若有大量的白色沉淀生成，证明乙醇中含有的水的质量分数超过0.05%。此法还可测定甲醇中含0.1%，乙醚中含0.005%等。

1.2 无水乙醚 $C_2H_5OC_2H_5$

沸点34.6℃，折射率n_D^{20}为1.3527，相对密度d_4^{20}为0.714。

工业乙醚中，常含有水和乙醇。若贮存不当，还可能产生过氧化物。这些杂质的存在，对于一些要求用无水乙醚作溶剂的实验是不适合的，特别是过氧化物存在时，还有发生爆炸的危险。

过氧化物的检测：KI的弱酸（HCl）淀粉溶液变色或将10mL乙醚与1mg $Na_2Cr_2O_7$和一滴浓硫酸的1mL水溶液振摇后醚层显蓝色。

纯化乙醚可选择下述方法。

(1) 除去过氧化物的方法　将500mL普通乙醚置于1000mL的分液漏斗内，加入50mL 10%新配制的亚硫酸氢钠溶液，或加入10mL新配制的硫酸亚铁溶液和100mL水充分振摇（若乙醚中不含过氧化物，则可省去这步操作）。然后分出醚层，用饱和食盐水洗涤两次，再用无水氯化钙干燥24h，过滤，蒸馏。将蒸出的乙醚放在干燥的磨口试剂瓶中，加入金属钠丝干燥。如果乙醚干燥不够，当加入钠丝时，即会产生大量气泡。遇到这种情况，暂时先用装有氯化钙干燥管软木塞塞住，放置24h后，过滤到另一干燥试剂瓶中，再加入钠丝，至不再产生气泡，钠丝表面保持光泽，即可盖上磨口玻璃塞，放在阴凉处备用，用前加钠丝蒸馏。

硫酸亚铁溶液的制备：取100mL水，慢慢加入6mL浓硫酸，再加入60g硫酸亚铁溶液。

(2) 经无水氯化钙干燥后的乙醚，也可用4A型分子筛干燥，所得绝对无水乙醚能直接用于格氏反应。

为了防止乙醚在贮存过程中生成过氧化物，除尽量避免与光和空气接触外，可于乙醚内加入少许铁屑，或铜丝、铜屑，或干燥固体氢氧化钾，盛于棕色瓶内，贮存于阴凉处。

为了防止发生事故，对在一般条件下保存的或存贮过久的乙醚，除已鉴定不含过氧化物的以外，蒸馏时，都不要全部蒸干。

1.3 甲醇

沸点64.5℃，折射率n_D^{20}为1.3288，相对密度d_4^{20}为0.7914。

通常所用的甲醇均由合成而来，含水质量分数不超过0.5%~1%。由于甲醇和水不能形成共沸混合物，因此可通过高效的精馏柱将少量水除去。精制甲醇含有0.02%的丙酮和0.01%的水，一般已可应用。如要制无水甲醇，可用金属镁（方法见"无水乙醇"）。甲醇有毒，处理时应避免吸入其蒸气。

1.4 无水无噻吩苯

沸点80.1℃，折射率n_D^{20}为1.5011，相对密度d_4^{20}为0.874。

普通苯含有少量水（可达0.02%），由煤焦油加工得来的苯还含有少量噻吩（沸点84℃），不能用分馏或分步结晶等方法分离除去。为制得无水无噻吩的苯可采用下列方法。

在分液漏斗内将普通苯及相当于苯体积15%的浓硫酸一起振荡，振荡后，将混合物静置，弃去底层的酸液，再加入新的浓硫酸，这样重复操作直至酸层呈现无色或淡黄色，且检验无噻吩为止。分去酸层，苯层依次用水、10%碳酸钠溶液和水洗涤，用氯化钙预干燥，蒸馏收集80℃的馏分。若要高度干燥可加入钠丝（方法见"无水乙醚"）进一步去水，后再蒸馏。

噻吩的检验：取5滴苯于小试管中，加入5滴浓硫酸及1～2滴1%的 α,β-吲哚醌-浓硫酸溶液，振荡片刻。如呈墨绿色或蓝色，表示有噻吩存在。

1.5 丙酮

沸点56.2℃，折射率 n_D^{20} 为1.35880，相对密度 d_4^{20} 为0.791。

普通丙酮中往往含有少量水及甲醇、乙醛等还原性杂质，可用下列方法精制。

（1）于1000mL丙酮中加入5g高锰酸钾回流，以除去还原性杂质。若高锰酸钾紫色很快消失，需要加入少量高锰酸钾继续回流，直至紫色不再消失为止。蒸出丙酮，用无水碳酸钾或无水硫酸钙干燥后，过滤，蒸馏。

（2）于1000mL丙酮中加入40mL 10%硝酸银溶液及10mL 1mol/L氢氧化钠溶液，振荡10min，除去还原性杂质。过滤，滤液用无水硫酸钙干燥后，蒸馏。

1.6 乙酸乙酯

沸点77.1℃，折射率 n_D^{20} 为1.37239，相对密度 d_4^{20} 为0.9003。

乙酸乙酯沸点在76～77℃部分的质量分数达99%时，已可应用。普通乙酸乙酯含量为95%～98%，含有少量水、乙醇及醋酸，可用下列方法精制。

于1000mL乙酸乙酯中加入100mL醋酸酐、10滴浓硫酸，加热回流4h，除去乙醇及水等杂质，然后进行分馏。馏液用20～30g无水碳酸钾振荡，再蒸馏。最后产物的沸点为77℃，纯度达99.7%。

1.7 二硫化碳

沸点46.3℃，折射率 n_D^{20} 为1.627，相对密度 d_4^{20} 为1.264。

二硫化碳是有毒的化合物（有使血液和神经组织中毒的作用），又具有高度挥发性和易燃性，所以在使用时必须注意，避免接触其蒸气。一般有机合成实验中对二硫化碳要求不高，在普通二硫化碳中加入少量磨碎的无水氯化钙，干燥数小时，然后在水浴上（温度55～56℃）蒸馏。

如需要制备较纯的二硫化碳，则需将试剂级的二硫化碳用质量分数为0.5%高锰酸钾水溶液分三次洗涤3h，除去硫化氢，再用汞分两次不断振荡除硫6h。最后用2.5%硫酸汞溶液洗涤，除去所有恶臭（剩余 H_2S），再经氯化钙干燥（碱金属决不能用作其干燥剂），在漫射光下精馏。其纯化过程的反应式如下：

$$3H_2S + 2KMnO_4 \longrightarrow 2MnO_2 + 3S + 2H_2O + 2KOH$$

$$Hg + S \longrightarrow HgS$$

$$HgSO_4 + H_2S \longrightarrow H_2SO_4 + HgS$$

1.8 氯仿

沸点61.2℃，折射率 n_D^{20} 为1.4459，相对密度 d_4^{20} 为1.4832。

氯仿暴露于空气和光下与氧气或氧化试剂缓慢反应，主要放出光气、氯气和氯化氢。工业氯仿通常加入1%的乙醇使之稳定。为了除去乙醇，可以将氯仿用其体积一半的水振荡数次，然后分出下层氯仿，用无水氯化钙干燥（绝不可用钠干燥！）数小时后蒸馏。

另一种精制方法是将氯仿与少量浓硫酸一起振荡两三次。每 1000mL 氯仿，用浓硫酸 50mL。分去酸层以后的氯仿用水洗涤，干燥，然后蒸馏。除去乙醇的无水氯仿应保存于棕色瓶子里，并且不要见光，以免分解。

1.9 石油醚

石油醚为轻质石油产品，是低分子质量的烃类（主要是戊烷和己烷）的混合物。其沸程为 30～150℃，收集的温度区间一般为 30℃左右，如有 30～60℃、60～90℃、90～120℃等沸程规格的石油醚。石油醚中含有少量不饱和烃，沸点与烷烃相近，用蒸馏法无法分离，必要时可用浓硫酸和高锰酸钾把它除去。通常将石油醚用其体积十分之一的浓硫酸洗涤两三次，再用 10% 的浓硫酸加入高锰酸钾配成的饱和溶液洗涤，直至水层中的紫色不再消失为止。然后依次水，饱和 Na_2CO_3，再水洗，经无水氯化钙干燥后蒸馏。如要绝对干燥的石油醚则压入钠丝（方法见无水乙醚）除水。

1.10 吡啶

沸点 115.6℃，折射率为 n_D^{20} 为 1.51021，相对密度为 d_4^{20} 为 0.9831。

分析纯的吡啶含有少量水分，但也可供一般应用。如要制得无水吡啶，可与粒状氢氧化钾或氢氧化钠一起回流，然后隔绝潮气蒸出备用。干燥的吡啶吸水性很强，保存时应将容器口用石蜡封好。

1.11 N,N-二甲基甲酰胺

沸点 40℃/10mmHg，61℃/30mmHg，88℃/100mmHg，153℃/760mmHg，折射率 n_D^{20} 为 1.4305，相对密度 d_4^{20} 为 0.948。

N,N-二甲基甲酰胺含有少量水分。常压下在标准沸点会有轻微分解，产生二甲胺与一氧化碳。若有酸或碱存在，分解加快，所以在加入固体氢氧化钾或氢氧化钠在室温放置数小时后，即有部分分解。因此最好用硫酸钙、硫酸镁、氧化钡、硅胶或分子筛干燥，然后减压蒸馏。当其中含水较多时，可加入十分之一的苯（用 CaH_2 预干燥），在常压及 80℃以下共沸蒸馏蒸去水和苯，然后用硫酸镁（25g/L）或氢氧化钡干燥，再进行减压蒸馏，这样会残留 0.01mol/L 的水。

快速纯化法：与 CaH_2（50g/L）搅拌过夜，过滤，然后于 20mmHg 下减压蒸馏。将馏得的 DMF 用 3A 或 4A 型分子筛保存。用于固相合成的 DMF 必须优质，且不含胺。

N,N-二甲基甲酰胺中如有游离胺存在，可用 2,4-二硝基氟苯产生颜色来检查。

1.12 四氢呋喃

沸点 66℃/760mmHg，折射率 n_D^{20} 为 1.4070，相对密度 d_4^{20} 为 0.889。

四氢呋喃是具有乙醚气味的无色透明液体，市售的四氢呋喃常含有少量水分及过氧化物。如要制得无水四氢呋喃，可与氢化铝锂在隔绝潮气下回流（通常 1000mL 需 2～4g 氢化铝锂）除去其中的水和过氧化物，然后在常压下蒸馏，收集 66℃馏分，精制后的液体应在氮气氛中保存，如需较久放置，应加质量分数为 0.025% 的 2,6-二叔丁基-4-甲基苯酚作为抗氧化剂。处理四氢呋喃时，应先用少量进行实验，以确定只有少量水和过氧化物，作用不过于猛烈时，方可进行。四氢呋喃中的过氧化物可用酸性的碘化钾溶液来检验。如过氧化物很多应另行处理（方法见"无水乙醚"）。

若要获得几乎无水的四氢呋喃：Worsfold 和 Bywater 将四氢呋喃用五氧化二磷及氢氧化钾回流后，蒸出，再用钠-钾合金及芴酮回流干燥，直至芴酮双钠盐的绿色能稳定存在

(也可用二苯甲酮代替芴酮,产生蓝色),分馏、脱气,储存在含氢化钙的容器中。

附录 2 部分二元及三元共沸混合物

2.1 二元共沸混合物

混合物的组分	沸点(101.325kPa)/℃		质量分数	
	纯组分	共沸物	第一组分/%	第二组分/%
水	100			
甲苯	110.8	84.1	19.6	80.4
苯	80.2	69.3	8.9	91.1
乙酸乙酯	77.1	70.38	8.47	91.53
正丁酸丁酯	165	97.2	53	47
丁酸异丁酯	156.8	96.3	46	54
苯甲酸乙酯	212.4	99.4	84.0	16.0
2-戊酮	102.2	83.3	19.5	80.5
乙醇	78.4	78.1	4.5	95.5
正丁醇	117.8	92.4	38	62
异丁醇	108.0	90.0	33.2	66.8
仲丁醇	99.5	88.5	32.1	67.9
叔丁醇	82.8	79.9	11.7	88.3
苄醇	205.2	99.9	91	9
烯丙醇	97.0	88.2	27.1	72.9
甲酸	100.8	107.3(最高)	22.5	77.5
硝酸	86.0	120.5(最高)	32	68
氢碘酸	−34	127(最高)	43	57
氢溴酸	−73	126(最高)	52.5	47.5
氢氯酸	−84	108.58(最高)	79.78	20.22
乙醚	34.5	34.2	1.3	98.7
丁醛	75.7	68	6	94
二硫化碳	46.3	42.6	2.8	97.2
己烷	69			
苯	80.2	68.8	95	5
氯仿	61.2	60.8	28	72
丙酮	56.5			
二硫化碳	46.3	39.3	33	67
异丙醚	69.0	54.2	61	39
氯仿	61.2	65.5	20	80
四氯化碳	76.8			
乙酸乙酯	77.1	74.8	57	43
环己烷	80.8			
苯	80.2	77.8	45	55

2.2 三元共沸混合物

第一组分		第二组分		第三组分		沸点/℃
名称	质量分数/%	名称	质量分数/%	名称	质量分数/%	
水	7.8	乙醇	9.0	乙酸乙酯	83.2	70.3
	4.3	乙醇	9.7	四氯化碳	86.0	61.8
	7.4	乙醇	18.5	苯	74.1	64.9
	7	乙醇	17	环己烷	76	62.1
	3.5	乙醇	4.0	氯仿	92.5	55.5
	7.5	异丙醇	18.7	苯	73.8	66.5
	0.8	二硫化碳	75.2	丙酮	24	38.0

附录 3 常见有机化合物的物理常数

名　称	密度 /(g/mL)	熔点 /℃	折射率 (n_D)	沸点 /℃	溶解性/(g/100g) 在水中	在有机溶剂中
乙二胺	0.8979^{20}	+11.14	1.4568^{20}	117	易溶	乙醇
乙二醇	1.1135^{20}	−12.69	1.4318^{20}	197.3	∞	乙醇,乙醚,丙酮,乙酸
乙苯	0.8670^{20}	−95.0	1.4959^{20}	136.2	0.01	乙醇,苯,氯仿,乙醚
乙炔	0.90g	−80.8		升华（−85）	0.106g	丙酮,乙醇,苯,氯仿
乙胺	0.6829	−81	1.3663^{20}	16.6	∞	乙醇,乙醚
乙酸	1.0492^{20}_{4}	16.7	1.3718^{20}	117.8	∞	乙醇,乙醚,丙酮,苯
乙酸正丁酯	0.8813^{25}_{4}	1.3941^{20}	−77/−78	126	0.43	乙醇,乙醚,丙酮,氯仿等
乙酸酐	1.080^{15}_{4}	−73	1.3904^{20}	139	反应	氯仿,乙醚
乙烯	0.00147	−169.4		−104	$11mL^{25}$	乙醚
乙烷	1.356^{0}g/L	−182.8		−88	4.7mL	苯
乙腈	0.7875^{15}_{4}	−44	1.3460^{15}	81.6	∞	乙醇,乙醚
乙酰乙酸乙酯	0.7875^{25}_{4}	−45	1.4174^{20}	180.8	2.9	乙醇,乙醚,氯仿,苯
乙酰水杨酸	1.35	135			0.33^{25}	乙醇,乙醚,氯仿
乙酰胺	0.999^{78}	81	1.4278	222	70	乙醇,甘油,氯仿
乙酰苯胺	1.219^{15}_{4}	114		304~305	0.56^{25}	乙醇,丙酮,乙醚,苯,甲苯
乙酰氯	1.104^{20}_{4}	−113	1.3896^{20}	51	反应,分解	乙醚,苯,氯仿,丙酮
乙醇	0.7894^{20}_{4}	−114	1.3611^{20}	78.3	∞	种类很多
乙醚	0.7134^{20}_{4}	−116.3	1.3527^{20}	34.6	6	乙醇,氯仿,苯
乙醛	0.788^{16}_{6}	−123	1.3316^{20}	21	∞	乙醇,乙醚,苯
二甲亚砜	1.101^{20}	18.5	1.4170^{20}	189.0	易溶	乙醇,乙酸乙酯,苯,氯仿,四氯化碳,丙酮
间二甲苯	0.8642^{20}	−47.9	1.4972^{20}	139	0.02	乙醇,乙醚,丙酮
邻二甲苯	0.8808^{20}_{4}	−25.2	1.5054^{20}	144~145	0.0017	乙醇,乙醚,丙酮
对二甲苯	0.8611^{20}_{4}	13	1.4958^{20}	138	0.02	乙醇,乙醚,丙酮
二甲胺	0.680^{20}_{4}	−92.2	1.350^{17}	6.9	易溶	乙醇,乙醚
N,N-二甲酰胺	0.9445^{25}_{4}	−60.4	1.4305^{20}	153.0	∞	乙醇,苯,乙醚,丙酮
二苯甲酮	1.1108^{18}_{4}	48	1.4945^{45}	305	不溶	乙醇,乙醚,氯仿
二苯甲醇		66.7		298	0.05	乙醇,氯仿,乙醚
二苯胺	1.160	53		302	不溶	乙醚,甲醇,乙醇,苯
二氯亚砜	1.635	−101	1.517^{20}	76	水解	苯,氯仿,四氯化碳
2,4-二硝基甲苯	1.321^{71}	67~70	1.442	300(分解)	不溶	苯,热乙醇,丙酮
间二硝基苯	1.368	89~90		291	0.05	乙醇,苯,氯仿,甲苯,丙酮
邻二硝基苯	1.3119^{120}	116.5	1.565^{17}	318	0.01	乙醇,氯仿,苯
对二硝基苯	1.5751^{18}	173.5		297	0.18	苯,氯仿,乙醇,乙酸,丙酮

续表

名　称	密度/(g/mL)	熔点/℃	折射率(n_D)	沸点/℃	溶解性/(g/100g) 在水中	溶解性/(g/100g) 在有机溶剂中
2,4-二硝基氯苯	1.4982_4^{75}	52～54	1.5857^{60}	315	不溶	热乙醇,苯,乙醚
二硫化碳	1.2632_4^{20}	−111.6	1.6270^{20}	46.5	0.3	乙醇,乙醚,苯
二氯二氟甲烷	1.486^{-30}	−158		−29.8	0.01	乙醇,乙醚
1,2-二氯乙烷	1.2351_4^{20}	−35.7	1.4448^{20}	83.5	0.8	乙醇,氯仿,乙醚,丙酮,苯
二氯甲烷	1.3265^{20}	−95	1.4246^{20}	40	1.3	乙醇,乙醚
邻二氯苯	1.3059_4^{20}	−17.0	1.5510^{20}	180.4	不溶	乙醇,乙醚,苯
对二氯苯	1.2417^6	53	1.5285^{20}	174.1	不溶	乙醚,氯仿,苯,热乙醇,丙酮
丁二烯	2.21g/L	−108.9	1.4293^{-25}	−4.4	不溶	苯,乙醚,氯仿,乙醇,丙酮
丁二酸(琥珀酸)	1.552	188		235(分解)	7.7	乙醇,甲醇,丙酮
异丁烷	0.5510^{25} ($p>$1atm)	−138	1.3810^{-25}	−11.7	13mL	乙醚,氯仿,乙醇
正丁烷	0.6011^0	−138.3	1.3562^{-13}	−0.50	0.15(V/V)	乙醇,乙醚
正丁烯	0.62554^{mp}	−185.5	1.3962^{20}	−6.5	1	乙醇,乙醚,苯
异丁烯	0.589^{25} ($p>$1atm)	−140.7		−6.9	不溶	乙醇,乙醚,苯
反丁烯二酸(延胡索酸)	1.635_4^{25}	287		300(升华)	0.6	乙醇,丙酮
顺丁烯二酸	1.590	130.5		—	70	乙醇,乙醚,丙酮
正丁醛	0.8016_4^{20}	−96/−99	1.3843^{20}	74.8	7.1	乙醇,乙酸乙酯,乙醚
正丁酸	0.9582_4^{20}	−5.3/−5.7	1.3991^{20}	163.5	易溶	乙醇,乙醚
异丁酸	0.9681^{20}	−46	1.3925^{20}	154	17	乙醇,乙醚
正丁醇	0.8097_4^{20}	−89.5	1.3993^{20}	117.7	7.4	乙醇,乙醚,苯
异丁醇	0.8016_4^{20}	−108	1.3958^{20}	108	10	乙醇,乙醚
叔丁醇	0.7888^{20}	25.8	1.3877^{20}	82.4	易溶	乙醇,乙醚
三乙胺	0.7275^{20}	−114.7	1.4010^{20}	85.5	13.3	乙醇,乙醚,乙酸乙酯,苯,氯仿
2,3,3-三甲基-3H-吲哚	0.992^{25}	6～8	1.549^{20}	107^{11}		
三甲胺	0.656	−117	1.3631^0	2.9	41	乙醇,乙醚,苯
1,3,5-三溴苯		122.8		271	不溶	乙醚,苯,氯仿
2,4,6-三硝基甲苯	1.654_4^{20}	80.1		240(爆炸)	0.01	苯,乙醚,难溶于乙醇
三氯甲烷(氯仿)	1.4832^{20}	−63.6	1.4459^{20}	61.1	0.50^{25}	乙醇,苯,四氯化碳,丙酮
2,4,6-三溴苯胺		120～122		300	不溶	热乙醇,氯仿,乙醚
己二酸	1.360^{25}	152～154		337.5	1.4	乙醇,乙醚,氯仿
正己烷	0.6594_4^{20}	−95.4	1.3749^{20}	68.7	不溶	乙醇,乙醚
正己烯	0.6732^{20}	−139.8	1.3879^{20}	63.5	0.005	乙醇,乙醚
正己酸(羊油酸)	0.9265_4^{20}	−3	1.4168^{20}	205	1.1	乙醇,乙醚
正己醇	0.8136^{20}	−44.6	1.4182^{20}	157.5	1.1	乙醇,乙醚
六氯苯	2.044^{24}	232		325	不溶	苯,乙醚

续表

名　称	密度/(g/mL)	熔点/℃	折射率(n_D)	沸点/℃	溶解性/(g/100g) 在水中	在有机溶剂中
正壬烷	0.7176_4^{20}	−535	1.4054^{20}	150.8	不溶	乙醇,乙醚,丙酮,苯
正壬醇	0.8279_4^{20}	−5.5	1.4338^{20}	215	0.6	乙醇,乙醚
正壬酸	0.906_4^{20}	12.4	1.4330^{20}	254.5	不溶	乙醇,乙醚,氯仿
水杨酸	1.443_4^{20}	157~159		211^{20mm}	0.2	乙醇,乙醚,丙酮,氯仿,热苯
水杨醛	11674_4^{20}	−7	1.5740^{20}	196.7	1.7^{86}	乙醇,乙醚
水杨酸甲酯(冬青油)	1.1831_4^{25}	−8	1.5360^{20}	223	0.7	乙醚,乙酸,乙醇,氯仿
五倍子酸(没食子酸)	1.694^6	253(分解)	—		1	丙酮,乙醇,乙醚,甘油
四丁基醋酸铵	0.99^{25}	95~98	1.389^{20}	100	可溶	乙腈
四丁基硫酸氢铵		171~173			可溶	
四丁基磷酸二氢铵	1.04^{20}	151~154	1.369^{20}	81~82	可溶	
四氢呋喃	0.8892_4^{20}	−108.5	1.4052^{20}	65	∞	乙醇,乙醚,丙酮,苯
甲苯	0.8660_4^{20}	−94.9	1.4960^{20}	110.6	0.067	乙醇,乙醚,苯,氯仿,二硫化碳
间甲苯酚	1.034_4^{20}	12	1.5438^{20}	202.2	2.5	乙醇,乙醚,三氯甲烷,四氯化碳
邻甲苯酚	1.0273_4^{41}	30	1.5361^{41}	191	3.1	乙醇,乙醚
对甲苯酚	1.0179_4^{41}	34.8	1.5312^{41}	201.9	2.3	乙醇,乙醚,苯,三氯甲烷,四氯化碳
对甲苯磺酸	—	104.5		140^{20mm}	67	乙醇,乙醚
3-甲基-2-丁酮	0.802^{20}	−92	1.3880^{20}	94.3	微溶	乙醇,乙醚
对甲基苯乙酮	1.0051^{20}	28	1.5335^{20}	226	0.037	苯,乙醚,乙醇,氯仿
对甲基苯胺	0.9619_4^{20}	43.8	1.5532^{59}	200	7.4	乙醇,乙醚
甲烷	0.7169g/L	−182.5		−161.5	3.3mL	乙醚,乙醇,苯
甲酸(蚁酸)	1.220_4^{20}	8.3	1.3704^{20}	100.8	∞	乙醇,乙醚,苯
甲醇	0.7913_4^{20}	−97.7	1.3284^{20}	64.7	∞	种类很多
甲醛(蚁醛)	0.815_4^{-20}	−92		−19.5	122	乙醚,丙酮,苯
丙二酸	1.619^{10}	135(分解)	升华	138(16℃)		乙醇,乙醚,甲醇
丙烷	0.584^{-42}	−188	1.340^{-42}	−42.1	6.5mL	乙醇,乙醚,苯
丙烯	0.610^{-48}	−185.2	1.3567^{-40}	−47.7	45mL	乙醇,乙酸
丙酮	0.7808_4^{20}	−94	1.3591^{20}	56	∞	乙醇,乙醚,氯仿
丙酸	0.9934_4^{20}	−20.5	1.3809^{20}	140.1	∞	乙醇,乙醚,氯仿
异丙醇	0.7855_4^{20}	−89.5	1.3772^{20}	82.4	∞	乙醇,乙醚,丙酮
正丙醇	0.8037_4^{20}	−127	1.3840^{20}	97.2	∞	乙醇,乙醚,丙酮
正戊烯	0.6429_4^{20}	−165	1.3714^{20}	30.1	不溶	乙醇,乙醚,苯
异戊烷	0.6197_4^{20}	−159.9	1.3537^{20}	27.8	0.005	乙醚,乙醇
正戊烷	0.6262_4^{20}	−129.7	1.3575^{20}	36.0	0.036^{16}	乙醇,丙酮
异戊酸	0.9308_4^{20}	−29.3	1.4033^{20}	176.5	4	乙醇,乙醚,氯仿
正戊酸	0.9390_4^{20}	−33.7	1.4080^{20}	186	3.7^{16}	乙醇,乙醚

续表

名　称	密度/(g/mL)	熔点/℃	折射率(n_D)	沸点/℃	溶解性/(g/100g) 在水中	溶解性/(g/100g) 在有机溶剂中
正戊醇	0.8146_4^{20}	−79	1.4100^{20}	137.5	2.4	乙醇,乙醚,丙酮
四乙基铅	1.653_4^{20}	−136	1.5190^{20}	85^{15mm}	不溶	乙醚,乙醇,苯
四氯化碳	1.589_4^{25}	−23	1.4607^{20}	76.7	0.05	乙醇,乙醚,氯仿,苯
丙三醇(甘油)	1.2613^{20}	18	1.4726^{20}	290	∞	乙醇,四氯化碳,二硫化碳,氯仿
亚油酸(十八碳二烯-9,12-酸)	0.9025_4^{20}	−5	1.4699^{20}	230^{16mm}	不溶	乙醇,乙醚,丙酮
亚麻酸	0.914_4^{18}		1.4800^{20}	230^{17mm}	不溶	乙醇,乙醚
正辛烷	0.7028_4^{20}	−56.8	1.3974^{20}	125.7	不溶	丙酮,苯,微溶于乙醚
异辛烷	0.6919_4^{20}	−107.4	1.3915^{20}	99.2	不溶	乙醚
环丁烷	7038^0	−91	1.3750^0	13	不溶	乙醇,丙酮,乙醚
环己烯	0.8094_4^{20}	−103.5	1.4464^{20}	83.0	0.02	乙醇,苯,乙酸乙酯,乙醚
环己酮	0.9478_4^{20}	−31	1.4510^{20}	155.7	15^{10}	乙醇,乙醚
环己烷	0.7786_4^{20}	6.6	1.4262^{20}	80.7	0.01	乙醇,乙醚
环戊烷	0.7460_4^{20}	−94	1.4068^{20}	49.3	不溶	乙醇,乙醚,丙酮
环丙烷	0.720_4^{-79}	−127		−32.8	不溶	乙醇,乙醚,苯
E-肉桂酸	1.2475_4^4	133		300	0.05	乙醇,氯仿
苄氯	1.100_{20}^{20}	−43～−49	1.5381^{20}	179	0.03	乙醇,氯仿,乙醚
苄醇	1.0453_4^{20}	−15.2	1.5403^{20}	205	0.08	乙醇,乙醚,丙酮,苯,甲醇,氯仿
乳酸(L)	1.2060_4^{25}	53	1.4270^{20}	119^{12mm}	∞	乙醇
2-呋喃甲醛	1.1598_4^{20}	−36.5	1.5262^{20}	161.8	8	乙醚,乙醇,丙酮
2-呋喃甲醇	1.1295_4^{20}	−31	1.4868^{20}	171	混溶(分解)	乙醇,乙醚,氯仿
2-呋喃甲酸		133～134		230～232	4	乙醚,乙醇
油酸	顺 0.8936_4^{20} 反 0.851^{79}	13.4 44～45	1.4581^{20} 1.4308^{99}	360 288^{100mm}	不溶	乙醇,乙醚,氯仿,苯
苯	0.8787_4^{20}	5.5	1.5011^{20}	80.0	0.17	乙醇,乙醚,丙酮,二硫化碳等
苯乙腈	1.0214	−23.8	1.5233^{20}	233.5	不溶	乙醇,乙醚,丙酮
苯乙酮	1.026_4^{20}	20	1.5372^{20}	202	0.55	乙醇,氯仿,乙醚,甘油
邻苯二甲酸酐	1.53	131～134		295	0.6(分解)	乙醇,热苯
邻苯二甲酸	1.593_4^{20}	230(分解)		分解	不溶	热乙醇
邻苯二酚	1.344^4	104～106		245.5	43	乙醇,乙醚,苯,氯仿
对苯二酚	1.332^{15}	172		286	7	乙醇,乙醚,苯
苯甲酸	1.321	122.4		249	0.29^{25}	乙醇,乙醚,丙酮,甲醇,苯,氯仿等
苯甲醛	1.050_4^{15}	−26	1.5456^{20}	179	0.3	乙醇,乙醚,苯
(E)-4-苯基-3-丁烯-2-酮	1.038	39～42	1.5836	260～262	不溶	乙醇、乙醚、苯和氯仿
苯基正丁醚	0.9351_4^{20}	−19	1.4970^{20}	210.3	微溶	乙醇,丙酮

续表

名　　称	密度 /(g/mL)	熔点 /℃	折射率 (n_D)	沸点 /℃	溶解性/(g/100g) 在水中	在有机溶剂中
3-苯基丙酸	1.047_4^{100}	47~49		280	0.6	苯,乙醇,氯仿,乙醚,乙酸
苯氧乙酸		98~100		285(缓慢分解)	1.3	乙醇,苯,乙酸,二硫化碳,乙醚
苯酚	1.0576_4^{41}	41	1.5418^{41}	182	6.7	乙醇,氯仿,乙醚
苯胺	1.027_4^{20}	−6	1.5863^{20}	184~186	3.5^{25}	乙醇,乙醚,苯
苯磺酸	—	65~66		—	能溶	乙醇,微溶于苯
哌啶	0.8622_4^{20}	−13	1.4525^{20}	106	∞	乙醇,苯,氯仿
氟化四丁基铵		37				
纤维素	1.27~1.61	260~270		—	不溶	
柠檬酸	1.542(一水) 1.665(无水)	135 154(无水)		(分解)	59	乙醇,乙醚
奎宁(金鸡纳碱)	—	173~175(无水) 57(含水)	1.625^{15}	(升华)	0.057	乙醚,乙醇,氯仿
D-酒石酸	1.7598_4^{20}	172.5	1.4955^{20}	—	139	乙醇,乙醚,丙酮
DL-酒石酸	1.788^{25}	206			20.6	难溶于乙醇,乙醚
氢氰酸	0.6876^{20}	−13.27	1.2614^{20}	26	∞	乙醇,乙醚
偶氮苯	反式:1.203^{20}	67.88	1.6266^{78}	293	微溶	乙醇,苯
酚酞	1.299	261~263		—	0.18	乙醇,乙醚
麦芽糖	1.546^{20}	162.5		—	79(易溶)	—
对氯甲苯	1.0826_4^{20}	−35.6	1.5268^{20}	159.0	微溶	乙醇,苯,氯仿,乙醚
氯苯	1.1063^{20}	−45.3	1.5248^{20}	131.7	0.049^{30}	乙醇,乙醚,苯,氯仿,四氯化碳
5-硝基水杨醛		127.0				
邻硝基甲苯	1.1622_{15}^{19}	−10	1.5472^{20}	222	0.044^{20}	乙醇,乙醚,苯,氯仿
对硝基甲苯	1.392	52		238	0.035^{20}	乙醚,丙酮,氯仿,苯,二硫化碳
硝基苯	1.2037^{20}	5.7	1.5562^{20}	210.8	0.19(微溶)	乙醇,乙醚,丙酮,苯
间硝基苯胺	1.43	114		306	0.1	甲醇,乙醚,乙醇,丙酮
对溴乙酰苯胺	1.717	168			不溶	乙醇,苯,氯仿,乙酸
正溴丁烷	1.2686^{25}	−112.4	1.4374^{25}	101.6	1	乙醇,苯,乙醚
溴苯	1.4952_4^{20}	−30.6	1.5602^{20}	156	0.045^{30}	乙醇,乙醚,苯,氯仿,四氯化碳
碘甲烷	2.2789_4^{20}	−66.5	1.5308^{20}	42.5	1.4	乙醇,乙醚

附录 4 常用干燥剂

4.1 干燥液态有机物的干燥剂

有机物质	干燥剂
醛类	$CaCl_2$,Na_2SO_4,$MgSO_4$,$CaSO_4$,硅胶
胺类	BaO,CaO,$NaOH$,KOH,K_2CO_3,Na_2SO_4,$MgSO_4$,$CaSO_4$,硅胶
卤代烃类	P_2O_5,$CaCl_2$,H_2SO_4(浓),Na_2SO_4,$MgSO_4$,$CaSO_4$
肼类	$NaOH$,KOH,Na_2SO_4,$MgSO_4$,$CaSO_4$,硅胶
酮类	K_2CO_3,Na_2SO_4,$MgSO_4$,$CaSO_4$,硅胶
酸类	P_2O_5,Na_2SO_4,$MgSO_4$,$CaSO_4$,硅胶
腈类	P_2O_5,K_2CO_3,$CaCl_2$,Na_2SO_4,$MgSO_4$,$CaSO_4$,硅胶
硝基化物	$CaCl_2$,Na_2SO_4,$MgSO_4$,$CaSO_4$,硅胶
碱类	$NaOH$,KOH,K_2CO_3,BaO,CaO,Na_2SO_4,$MgSO_4$,$CaSO_4$,硅胶
二硫化碳	P_2O_5,$CaCl_2$,Na_2SO_4,$MgSO_4$,$CaSO_4$,硅胶
醇类	BaO,K_2CO_3,$CuSO_4$,CaO,Na_2SO_4,$MgSO_4$,$CaSO_4$,硅胶
饱和烃类	P_2O_5,$CaCl_2$,H_2SO_4(浓),$NaOH$,KOH,Na,Na_2SO_4,$MgSO_4$,$CaSO_4$,CaH_2,$LiAlH_4$,分子筛
不饱和烃类	P_2O_5,$CaCl_2$,$NaOH$,KOH,Na_2SO_4,$MgSO_4$,$CaSO_4$,CaH_2,$LiAlH_4$
酚类	Na_2SO_4,硅胶
醚类	BaO,CaO,$NaOH$,KOH,Na,$CaCl_2$,CaH_2,$LiAlH_4$,Na_2SO_4,$MgSO_4$,$CaSO_4$,硅胶
酯类	K_2CO_3,Na_2SO_4,$MgSO_4$,$CaSO_4$,CaH_2,$CaCl_2$,硅胶

4.2 干燥气体的干燥剂

气体	干燥剂	气体	干燥剂
CH_4	H_2SO_4(浓),$CaCl_2$,P_2O_5	HI	CaI_2
C_2H_4	H_2SO_4(浓,冷却),P_2O_5	H_2S	$CaCl_2$
CO	H_2SO_4(浓),$CaCl_2$,P_2O_5	N_2	H_2SO_4(浓),$CaCl_2$,P_2O_5
CO_2	H_2SO_4(浓),$CaCl_2$,P_2O_5	NH_3	CaO,KOH 或碱石灰
Cl_2	$CaCl_2$,H_2SO_4(浓)	NO	$Ca(NO_3)_2$
H_2	$CaCl_2$,P_2O_5,如要求不高时可用浓 H_2SO_4	O_2	H_2SO_4(浓),$CaCl_2$,P_2O_5
HBr	$CaBr_2$	O_3	$CaCl_2$,P_2O_5
HCl	$CaCl_2$	SO_2	H_2SO_4(浓),$CaCl_2$,P_2O_5

附录 5 一些有机反应的通法操作

5.1 混醚制备通法

（1）在水溶液中用硫酸二甲酯制备酚醚 在三颈烧瓶上装置电搅拌器、滴液漏斗和回流冷凝器通过"U"形管装在烧瓶的另一侧颈上。加入待醚化的酚，于搅拌下加入10%的苛性碱液，每摩尔酸性基团（如—OH，—COOH，—SO_3H 等）用1.25mol苛性碱。对于多元酚，由于空气中氧的氧化作用，酚盐立即呈棕色。因此，冷凝器的上端应该用一特制的塞子（塞子中心插一段玻璃管，其上再套一段另一端封着的橡皮管，用刀片在橡皮管上划一条纵向裂缝) 塞住, 以防大气中的氧进入反应液内。

在剧烈搅拌下滴入硫酸二甲酯。每摩尔待醚化的酚羟基用 1mol 硫酸酯。加料中, 通过水冷却使反应温度保持在 35~40℃。加料毕, 将反应混合物在沸水浴上加热 0.5h, 使未反应的硫酸酯水解。冷却后, 若产物是液体, 分出有机相, 水相用乙醚提取。将提取液与有机相合并, 依次用稀氢氧化钠溶液和水洗涤。经无水氯化钙干燥后分馏得成品。若产物为固体, 将它滤出, 水洗后重结晶。合并反应中的水溶液和洗涤液, 酸化后用乙醚提取, 回收未反应的酚。

多元酚部分醚化 (有中性酚醚生成), 或者有一些部分醚化的酚 (全醚化时) 作为副产物而生成, 当碱化反应混合物时, 中性的酚醚首先被提取出来。然后, 水溶液经浓盐酸酸化, 部分醚化的酚便沉淀出来。其后的处理同上述。在此情况下, 乙醚的提取液就不能用苛性碱溶液洗涤了。

酚醚羧酸等的分离方法与部分醚化的酚相同。

因硫酸二甲酯剧毒, 苛性碱和浓盐酸具有强腐蚀性, 使用时须戴上胶皮手套和防护眼镜。准备好 20% 的氨水。盛过硫酸二甲酯的器具须用氨水处理后洗净。

(2) 在无水醇中, 用卤代烷、硫 (磺) 酸烷酯制备脂肪醚和脂芳醚

① 脂肪醚 在装有搅拌器、回流冷凝器 (上端带氯化钙干燥管) 的干燥三颈烧瓶中制备醇钠。每 0.25mol 金属钠用 1.2mol 无水醇。然后在搅拌下加入 0.2mol 卤代烷 (对活性较低的氯或溴代烷, 同时加入约 2g 无水碘化钾)、对甲苯磺酸酯或 0.14mol 硫酸二甲酯 (在所给条件下, 它的两个甲基都可利用)。将混合物回流 5h。若烷化剂易挥发, 要用高效回流冷凝器。

② 脂芳醚 按类似方法将 0.25mol 金属钠溶于 300mL 无水乙醇。再加入溶于少量无水乙醇的酚。加入烷化剂后按上述方法操作。

后处理法:

① 反应混合物冷却后倾入 5 倍量的水中。分出醚层, 水层用乙醚提取几次, 经无水氯化钙干燥后分馏得成品。

② 在搅拌下, 在反应混合物中的乙醇基本蒸除, 剩余物冷却后, 将其倒入 100mL 5% 氢氧化钠溶液中, 用乙醚提取, 提取液经水洗、氯化钙干燥后, 蒸除乙醚。分馏剩余物或重结晶得成品。酸化提取后的碱性水溶液, 可回收未反应的酚。

③ 在搅拌下, 从反应混合物蒸出醚和醇, 分馏馏出液, 收集若干较窄温度范围的馏分。测定每一段馏分的折射率, 合并以醚为主的各段馏分, 加入 5% 的金属钠重复蒸馏, 直到馏出物的折射率合格为止。

制备醇钠产生的氢气要导至室外, 并待金属钠全溶后才能进行下步操作。擦拭钠表面的煤油的纸及有氧化膜的金属钠碎渣, 集中用乙醇彻底处理后才能弃之。

5.2 相转移催化合成脂芳醚通法

混合 100mL 二氯甲烷、100mL 水、100mL 酚、150mL 氢氧化钠、200~300mmol 烷化剂和 1~10mmol $C_6H_5CH_2N(C_4H_9)_3Br$, 于室温搅拌 4~14h。分出有机相, 水相用二氯甲烷提取 (2×100mL)。合并提取液和有机相, 蒸除溶剂, 剩余物加水, 再用乙醚或己烷提取。提取液用 2mol/L 氢氧化钠溶液洗 2~3 次, 除去酚。最后用饱和氯化钠溶液洗涤。以无水硫酸钠干燥。蒸除溶剂, 剩余物用分馏或重结晶提纯。

5.3 通过 S-烷基异硫脲盐制备硫醇的通法

在圆底烧瓶中依次加入 1.1mol 硫脲、50mL 95% 乙醇 (若制备二硫醇, 硫脲、乙醇量加倍)、1mol 氯代烷或溴代烷, 或者 0.5mol 硫酸二烷酯。回流此混合物 6h。冷却, 析出 S-

烷基异硫脲盐加 300mL 0.5mol/L NaOH 溶液处理。将此混合物回流（最好用氮气保护，此时，含硫醇的氮气应通过高锰酸钾溶液）2h。冷却后，用 2mol/L HCl 酸化。分出硫醇以无水硫酸镁干燥。分馏或减压蒸馏（氮气保护）得成品。

5.4 单硫醚制备通法

在 1L 三颈烧瓶中加入 1.5mol $Na_2S \cdot 9H_2O$，溶于 250mL 水和 50mL 甲醇的溶液及 2mol 溴代烷。装上高效回流冷凝器、电搅拌器。剧烈搅拌回流 5h。冷却后，分出有机层。水层用乙醚提取几次。提取液合并有机层。依次用 10%氢氧化钠溶液和水洗涤后，用无水氯化钙干燥。蒸馏得成品。对于固体产物，洗涤后重结晶。

5.5 氢溴酸与醇反应制溴代烷的通法

在冷却下将 1mol 伯醇与 0.5mol 浓硫酸（伯、叔醇溴代不加硫酸）混合。加 1.25mol 氢溴酸（48%）。根据所制溴代烷挥发性的大小采用下列操作方法之一。

① 易挥发的溴代烷可从反应混合物中用分馏柱直接缓慢蒸出。

② 制备挥发性较低的溴代烷时，需将反应混合物回流 6h，然后进行水蒸气蒸馏。用分液漏斗从馏出液分出产物。

用粗品五分之一的浓硫酸或同体积的浓硫酸在分液漏斗中充分洗除副产物醚和烯。然后用水（若溴代烷的沸点高于 100℃，则用 75mL 40%的甲醇水溶液洗涤两次）和碳酸氢钠溶液洗去酸（HBr 和 H_2SO_4），再水洗至中性。用无水氯化钙干燥后，蒸馏得成品。

5.6 碘、红磷与醇反应制备碘代烷的通法

在装置中放置 1mol 碘粒，烧瓶中装入 2mol 无水乙醇和 0.66mol 红磷。将混合物加热至沸腾，从冷凝器中回流下来的醇使碘溶解。调节旋塞，使碘溶液流下的速度达到反应易于控制的程度。有时反应放出的热量足以让醇回流。若反应太剧烈，可同时关闭两个旋塞片刻。

反映完成后，按下述方法后处理：

① 如果产物的沸点低于 100℃，冷却后，在烧瓶的另一侧颈安蒸馏装置。接受瓶中放些水。关闭旋塞，堵住冷凝器的上端。用水浴加热蒸出碘代烷。用水洗涤（若产物有颜色，以硫代硫酸钠溶液洗至无色）后用无水氯化钙和少量硫代硫酸钠干燥（如为除酸，可用无水碳酸钾代替氯化钙）。重新蒸馏得纯品。

② 对沸点较高的碘代物，把冷却后的反应液用水稀释，分出有机层，水层用乙醚提取。合并有机层和提取液。洗涤和干燥同①。蒸除乙醚后，分馏得成品。

③ 在一般情况下，通入水蒸气将产物蒸出。用乙醚提取馏出液。提取液经洗涤、干燥和回收溶剂后，分馏得成品。

5.7 由卤代物制备腈的通法

① 强活性卤代物 在 2L 干燥的三颈烧瓶中，依次加入 1mol 卤代物、1.5mol 研细的氰化钠（在 105℃干燥过）、0.05mol 碘化钠和 500mL 干燥丙酮。装上电搅拌器和回流冷凝器（上端装氯化钙干燥管）。在水浴上搅拌回流 20h。冷却反应混合物并滤除析出的盐。该盐用 200mL 丙酮洗涤。合并滤液和洗液。回收丙酮后减压分馏得成品。

② 弱活性卤代物按第①法进行，但用 90%乙醇代替丙酮。回收溶剂时析出的盐，须在蒸馏产品之前滤除。

在装有搅拌器、回流冷凝器和温度计的 1L 三颈烧瓶中，加入 250mL 三甘醇、1.25mol 研细的干氰化钠和 1mol 氯或溴化物。强烈搅拌并小心加热。对较低级的卤代物，溶液剧烈沸腾标志强的放热反应开始，慢慢升温至 140℃（对苄卤只升至 100℃）并在该温度下继续搅拌 0.5h。

后处理的方法，因腈的沸点及在水中的溶解度不同而异。

① 易溶于水和易挥发的腈（烷基碳链小于 C_5）将腈从反应混合物中直接蒸出。必要时稍加减压。用饱和食盐水洗涤馏出液。用无水氯化钙干燥后，加分馏柱蒸馏。

② 高级腈将反应混合物倾入 1L 水中。用三氯甲烷提取（4×150mL），合并提取液并用水洗涤。经无水氯化钙干燥后蒸馏得成品。

生成腈的同时，总有少量剧毒、有特殊臭味的异腈生成。在洗涤粗品之前，将它与同体积的浓盐酸或 50％硫酸一起振摇 5min（必要时可温热），异腈水解而被除去。

$$RNC + H_2O + HCl \longrightarrow RNH_2 \cdot HCl + HCOOH$$

安全事项：

① 氰化钠剧毒。酸化放出的氰化氢（味苦）特别危险。因此，氰化钠不得与酸接触。沾有氰化钠的器具、场地和含氰化钠的残余物（如滤出的无机盐）须及时用高锰酸钾溶液处理到紫色不褪为止。此法迅速可靠，但不经济。

② 操作氰化钠应戴胶手套，特别是有伤口的部位要严加防护。粉碎氰化钠时要戴眼镜、口罩。氰化钠及其他剧毒氰化物可通过呼吸道和伤口进入人体，使血红素破坏。重者，在数秒钟内死亡；轻微的摄入也会引起头疼、耳鸣、呼吸短促等症状。

③ 腈也有毒，应避免吸入其蒸气和溅在皮肤上。

④ 操作完氰化物后，应马上洗澡和换洗工作服。

5.8 芳环溴化的实验通法

通过卤化反应制备有机试剂时，溴化反应用得最多，也最简单。因此，将其通法作一介绍。对于 0.5mol 芳香化合物，可使用装有搅拌器、回流冷凝器、温度计和滴液漏斗的 250mL 干燥三颈（通过"u"形管变为四颈）烧瓶。最好将原料溴与浓硫酸一起振荡使之干燥。反应中释出的溴化氢用水吸收，得到稀氢溴酸，通过短分馏柱进行蒸馏，收集 126℃的馏出液，即为 48％的氢溴酸恒沸物，可回收利用。

根据芳香化合物活性的差异，将反应条件的选择分为三种情况。同时，应注意到烷基芳烃溴化时，有侧链取代反应的竞争，生成相应的副产物。

(1) 低活性的芳香化合物 将 0.6mol 芳香化合物（如硝基苯、苯甲酸、对硝基苯甲酸……）和 4g 铁粉（最好是还原铁粉）搅拌加热至 100～150℃（不同活性的化合物控制不同的温度），经滴液漏斗（其颈口接近液面）加入 0.35mol 溴。加的速度控制在冷凝器中只有淡淡的红棕色为度。加完溴在规定的温度下搅拌 1h。然后按同样方式再加入 4g 铁粉和 0.35mol 溴。于 150℃搅拌 2h 后，用水蒸气蒸出产物（至少收集 2L 馏出液）。从馏出液分出有机层，水层用二氯甲烷或四氯化碳提取。合并有机层和提取液后，依次用 10％氢氧化钠溶液和水洗涤，蒸除溶剂后，将剩余物蒸馏或重结晶。

(2) 中等活性的芳香化合物 于室温和剧烈搅拌下，将 0.5mol 溴滴加至 0.5mol 芳香化合物（如苯、叔丁苯、均三甲苯、2-甲基萘……）和 1g 铁粉中。若加入少量溴并经过一段诱发期后还没有溴化氢放出，则可将混合物小心地加热至 30～40℃。反应一旦开始，便使它在室温下继续进行。将反应混合物放置过夜。依次用含有少量亚硫酸氢钠的水、10％氢氧化钠溶液和水洗涤。最后减压蒸馏。

(3) 活泼芳香化合物 将 0.5mol 芳香化合物（如苯甲醚、苯酚……）溶于 200mL 四氯化碳中。冷至 0℃，在剧烈搅拌下缓慢加入 0.4mol 溴和 50mL 四氯化碳所配置的溶液（若要引入多个溴，则按相应的倍数增加这一数量）。调节加溴速度使温度始终保持在 0～5℃。加完溴后，在此温度下继续搅拌 2h 使反应完全。后处理和（2）相似，但不能用氢氧化钠溶液洗涤。

(4) 芳胺的选择性单溴化　在搅拌下将 N-溴代丁二酰亚胺（NBS）的 DMF 溶液滴加至等摩尔的芳胺的 DMF（体积均为溶质摩尔数的 1.2 倍，即 1mol NBS 溶于 1.2L 经 4A 分子筛干燥过的 DMF）溶液中。于室温继续搅拌 24h。然后，把反应混合物倒至水中，析出的固体粗品用醋酸-水或乙醇-水重结晶得纯品。

本法的优点是：反应条件温和、操作简便、选择性好（优先在氨基对位，若对位被占据则在邻位溴代）、产率高（87%～100%，一般在 90% 以上）。

5.9　混酸硝化实验通法

混酸是用得最多的硝化剂。混酸的组成及硫酸脱水值决定于被硝化物的反应活性。硝化低活性芳香化合物一般用发烟硝酸和浓硫酸配制；中等活性芳香化合物则多用浓硝酸和浓硫酸配制。

一般操作法：

在 2.5L 三颈烧瓶中，放入 1mol 被硝化物。装上搅拌器、滴液漏斗和温度计（须留有空气隙）。在剧烈搅拌和冷却下，从滴液漏斗慢慢加入预先冷至 10℃ 或更低温度的混酸。用冰浴或水浴将温度控制再规定的范围。加料毕，在于室温继续搅拌 30min（对高活性芳香化合物）或 2～3h（对中、低活性芳香化合物，有时还需在较高温度下保持一段时间使反应完全），后处理视情况而定。

(1) 硝化产物是难溶于水的液体或低熔点固体。在搅拌下将硝化液小心地倒入约 3L 冰水中。分出或滤出（若有必要，水相可用有机溶剂，如乙醚提取。提取液合并于有机相）硝化产物，再用水和稀氢氧化钠溶液彻底洗除其中的无机酸和硝基酚杂质。如果硝化产物有几种异构体，还须利用它们的物理性质（沸点、熔点、相对挥发度和溶解度等）的差异彼此再分离。一般说来，对位体的沸点和熔点比邻位体的沸点和熔点高，而挥发度却较低。因此，多采用先蒸馏（除去邻位体的大部）后冷冻（控制温度）再结晶的办法分离出较纯的对位体。

(2) 硝化产物溶于废酸和水，如硝基磺酸类。在硝化液中加入氯化钠饱和溶液，盐析出粗品，再进一步提纯（通常是重结晶）。若废酸中硝酸的浓度较高，则不能用此法。因生成的王水及氯气可使硝基物氧化和氯化。

所有的硝基化合物（大多数为黄色或淡黄色固体，纯品近无色）都有毒、味甜并有苦杏仁气味，能损害皮肤、眼睛、呼吸道及神经中枢，还能随溶剂经皮肤渗进血液引起中毒。

大多数硝基化合物在一定条件（如高温、撞击）下能爆炸，尤其是多硝基化合物和硝基酚。有杂质存在时更容易爆炸。硝基酚的干燥铅盐和钠盐很不稳定。减压蒸馏某些硝基化合物之前，须用碱液彻底洗除无机酸和硝基酚。蒸毕，待剩余物稍冷后才慢慢撤去减压。

5.10　傅-克烷基化反应的实验通法

反应器为 1L 四颈（或通过"Ч"形管变三颈为四颈）烧瓶，装有搅拌器、温度计、滴液漏斗和带有氯化钙干燥管（其出口与吸收氯化钙的装置相连）的回流冷凝器。其中盛有：

(1) 以卤代烷为烷化剂，5mol 芳香化合物和 0.1mol 氯化铝（有时另加溶剂，下同）；

(2) 以醇为烷化剂，5mol 芳香化合物和 1mol 氯化铝；

(3) 以烯为烷化剂，5mol 芳香化合物和 1mol 浓硫酸。

由于烷化反应通常放热，需将反应物逐渐混合。一般的操作方法是：在搅拌下将 1mol 烷化剂滴加至瓶内的混合物中。先加入几毫升，反应开始温度上升后，在冷却下加入其余部分。调节滴加的速度，使温度维持在规定的范围内。加料毕，在水浴中继续搅拌、加热 30～60min（有时于室温放置过夜），使反应完全。然后，冷却混合物并将它慢慢地倒至冰和盐酸的混合物中。边倒边搅。分出或用溶剂提出产物。依次用水、碳酸钠溶液和水洗涤有机相至中性。以无水硫酸钠干燥。蒸除溶剂，剩余物经分馏或重结晶予以纯化。

5.11 用酰氯进行傅-克酰基化反应的操作方法

在1L干燥的三颈烧瓶（附"Ч"形管）中放入1.2mol无水氯化铝和400mL 1,2-二氯乙烷。置烧瓶于冰水浴中，装上搅拌器、温度器、滴液漏斗和带有氯化钙干燥管（其出口与吸收氯化氢的装置相连）的回形冷凝器。开始搅拌，从滴液漏斗滴入1.05mol酰氯。然后，改冰水为凉水冷却。滴入1mol芳香化合物，其速度控制温度在20℃左右。加完后继续搅拌1h。放置过夜。当卤代苯反应时，可将反应混合物在50℃加热5h。在芳香化合物本身作溶剂的情况下，将其全量与氯化铝一次混合。然后，在指定温度下滴加酰氯。

在搅拌下小心地将反应混合物倒入500g碎冰和70mL浓盐酸的混合物中，以分解芳酮与氯化铝形成的加合物。分出有机层，水层用二氯乙烷提取两次或多次。合并有机相依次用水、5%氢氧化钠溶液和水洗涤。经无水碳酸钾干燥后，蒸除溶剂。剩余物用减压蒸馏法或重结晶法提纯。

5.12 氯甲基化的实验通法

按芳香化合物的活性，将氯甲基化的方法分为三种类型。

（1）苯和一烷基芳香化合物 在装有搅拌器、回流冷凝管（带氯化钙干燥管）和气体导入管的三颈烧瓶中，加入4mol相应的芳烃（过量部分作溶剂）、1mol多聚甲醛和60g新熔融过并粉碎了的氯化锌。加热至60℃，再剧烈搅拌下快速通过干燥的氯化氢至饱和，约需20min，这时，大部分的多聚甲醛已消失。冷却至室温。分出有机层用冰水和冰冷却的碳酸氢钠溶液洗涤。加无水碳酸钾干燥。过滤，滤液加少量碳酸氢钠粉末进行减压蒸馏。

（2）二烷基和多烷基芳香化合物 在一个装有搅拌器、回流冷凝器和气体导入管的三颈烧瓶中，加入1mol相应的芳香化合物、5倍量的浓盐酸和1.3mol多聚甲醛或相当量的37%甲醛溶液。开始搅拌，在60~70℃通入氯化氢7h。用苯提取分离出的油状物、按（1）法作后处理。

（3）芳醚 在装有搅拌器、温度计、气体导入管和氯化钙干燥管的三颈烧瓶中，把1mol酚醚溶于60mL苯的溶液。在搅拌和冰冷下，通入干燥的氯化氢至饱和，温度控制在5~10℃。在继续强烈搅拌和通入氯化氢的同时，加入1.3mol多聚甲醛，温度不超过20℃。继续搅拌和通氯化氢1h后，将苯溶液从少许沉淀中倾出，按（1）法洗涤和干燥。最后加一匙碳酸氢钠粉末进行减压蒸馏。

安全事项：

氯甲基化试剂氯甲基醚与盐酸作用生成。在这种情况下因甲醛过量，还副产一些致癌物二氯甲基醚（沸点101℃），它强烈的刺激眼睛和呼吸道，能引起肺癌。

我国有人用二甲醇缩甲醛与等摩尔的氯磺酰来制备氯甲基醚。由于反应中没有甲醛，避免了二氯甲基醚的生成。

$$CH_2(OCH_3)_2 + SO_2Cl_2 \xrightarrow[\text{将}SO_2Cl_2\text{滴至}CH_2(OCH_2)_3\text{中}]{15\sim 25℃, 3\sim 4h} ClCH_2OCH_3 + CH_3OSO_2Cl$$

① 若不是用$CH_2(OCH_3)_3 + SO_2Cl_2$法来产生氯甲基醚，则反应的残余物和从提取液中分出氯甲基化产物后溶液，都须在搅拌下滴加40%氢氧化钠溶液，使其中的二氯甲基醚完全水解（放置24h）后才能排放。

② 许多卤甲基芳香化合物对皮肤有强烈的刺激性和催泪性，需在通风橱中进行，要带

橡胶手套和防护镜。

5.13　羧酸酯化的实验通法

（1）**共沸蒸馏酯化法**　将1mol羧酸（二羧酸减半）、1.75mol醇（不需无水的）、5g浓硫酸（或5g对甲苯磺酸、萘磺酸、强酸性阳离子交换树脂）和100mL带水基加热回流，共沸蒸馏除水到没有水分出为止。在羟基酸和α,β-不饱酸酯化或用仲醇酯化时，为了避免副反应最好不用浓硫酸作催化剂。当用离子交换树脂时，应加搅拌以免暴沸。

反应完毕，反应混合物冷却后，依次用水、碳酸氢钠溶液和水洗涤，或滤去离子交换树脂，然后蒸除溶剂并带走残余的水。剩余物重结晶或蒸馏。

（2）**脱水剂除水酯化法**　取1mol羧酸（二羧酸用0.5mol）、5mol无水醇［若醇比较贵，可把配比颠倒，或最好用（1）法］和0.2mol浓硫酸，在隔湿情况下加热回流5h。在酯化较活泼的仲醇时，最好不用硫酸催化，而是向沸腾的反应混合物中通入氯化氢至饱和，并将反应时间增至10h。反应完毕，将大部分过量的醇经分馏柱蒸除。（注意：不要使剩余物过热！）把剩余物倒入5倍体积的冰水中，分出有机层，水层用乙醚提取3次，合并有机层，用浓碳酸钠溶液中和、水洗至中性，以无水氯化钙干燥，蒸馏。

（3）**提取酯化法**　混合1mol羧酸、3mol甲醇（对每个羧基）、300mL四氯化碳、1,2-二氯甲烷或三氯乙烯和5mL浓硫酸［或当酯化的酸较活泼时，则用5g对甲苯磺酸或离子交换树脂，见（1）法］，在隔湿情况下加热回流10h。芳香酸酯化时应使用3倍量的催化剂。反应完毕，一般分为两层。反应水处于较少的一层中。

冷却后，依次用水、碳酸氢钠溶液和水洗涤有机层。蒸除溶剂后，剩余物重结晶或进行蒸馏。

5.14　制备缩醛（酮）的通法

（1）**二乙醇缩醛（酮）**　溶解1g硝酸铵于0.2mol热的无水乙醇中，加入0.2mol醛（酮）和0.2mol原甲酸乙酯。在隔湿情况下充分混合后放置反应：缩醛6~8h；缩酮（用0.1mL浓盐酸代替硝酸铵）16h。

滤除无机盐。滤液用哌啶或吡咯烷碱化。分馏，初馏分为甲酸酯。若缩醛的沸点与乙醇的沸点相近，在分馏前须用稀碳酸钠溶液洗涤并以无水碳酸钾干燥。

（2）**缩酮**　将1.5mol原甲酸乙酯、1.0mol酮、7.5mol沸点比乙醇高的醇和1.5g对甲苯磺酸混合后缓缓加热2.5h，以稳定的馏速分馏除去甲酸乙酯和乙醇，直至蒸馏头上的温度显示已完全蒸尽为止。稍冷，加入数毫升高沸点醇的醇钠稀溶液。用250mL水洗涤三次。以无水碳酸钾干燥后分馏。

（3）**乙二醇缩醛（酮）**　将1mol醛（酮）、1.2mol纯乙二醇、0.1g对甲苯磺酸或85%磷酸与150mL苯（或甲苯、二甲苯、三氯甲烷、二氯甲烷、三氯乙烷）加热回流（装分水器），共沸除水到没有反应水分出为止。冷却后用稀氢氧化钠溶液和水仔细洗涤。以无水碳酸钾干燥并蒸馏。

5.15　制备酰氯的通法

制备酰氯所用的原料和装置均须干燥并在隔湿条件下进行反应。

（1）**三氯化磷法**　将1mol羧酸和0.4mol三氯化磷置于250mL圆底烧瓶中。配上回流冷凝器（上装干燥管），加热回流3h。倾出上层液体进行分馏。若酰氯的沸点低于150℃，也可直接从反应混合物中蒸馏（必要时减压）出来。

（2）**二氯亚砜法**　混合1mol羧酸和1.5mol（每个羧基）二氯亚砜。隔湿、加热回流直到没有气体（吸收！）放出。蒸除过量的二氯亚砜（可用于下次合成），剩余物进行蒸馏（必要时减压）。若制得的酰氯直接用于合成，可将剩余物中残存的二氯亚砜在水浴上加热，用水泵减压抽去,但不要加热到酰氯沸腾。

5.16 醇醛缩合实验通法

(1) 脂肪醛自缩合　在 250mL 三颈烧瓶中,放入 1mol 醛(乙、丙或丁醛)和 75mL 乙醚。装上搅拌器、温度计和滴液漏斗。开动搅拌,滴加 0.02mol 15%氢氧化钾乙醇溶液。温度保持在 10~15℃。加毕,在室温继续搅拌 1.5h。然后,用等摩尔冰醋酸中和。分出乙醚层以无水硫酸钠干燥。在尽可能低的温度下蒸馏得 β-羟基醛。

(2) 除甲醛外的脂肪醛与酮交叉缩合(制备等摩尔醛-酮缩合产物)　在装有搅拌器、温度计和滴液漏斗的 500mL 三颈烧瓶中,放置 0.03mol 15%氢氧化钾乙醇溶液和 1mol(酮只有一个甲基或亚甲基)或 3mol(酮有甲基和亚甲基各一个或两个甲基)新蒸过的酮。在激烈搅拌和维持 10~15℃下,滴加 1mol 新蒸过的醛与 75mL 乙醚所配成的溶液。加毕,在室温继续搅拌 1.5h。以后的操作同(1),得 β-羟基酮。

(3) 芳醛与酮交叉缩合　在 1000mL 三颈烧瓶中溶解 1mol 醛和酮(制备单缩合产物,不对称酮用 3mol;制备双缩合产物,酮只需 0.5mol)于 200ml 甲醇中。装上搅拌器、温度计和滴液漏斗。在 20~25℃和剧烈搅拌下滴入 0.05mol 15%氢氧化钾水溶液。然后,继续搅拌 3h。用醋酸中和反应混合物。离析出的产物,若为固体,吸滤出并用水洗至中性;若为液体,用水稀释反应混合物并用乙醚提取。提取液经水洗、硫酸钠干燥和蒸馏,得 α,β-不饱和酮。它对皮肤和黏膜有强刺激性,溅上时要用稀乙醇洗去。

在以上的缩合中,喜欢用甲醇而不用乙醇作助溶剂,为的是避免可能发生的变色现象和生成醇醛高聚物。在反应过程中只要有一点乙醇被氧化成乙醛就会出现这些情况。当加热碱的乙醇溶液或把它放置一个相当长的时间时,尤其容易发生变色和生成高聚物。

(4) 醛和酮的羟甲基化(制备单羟甲基化产物)　在 500mL 三颈烧瓶中,放入 1mol 聚甲醛和 1mol 只有一个活泼 α-氢的醛或酮,或者放入 1mol 聚甲醛和 5mol 含多个活泼 α-氢的醛或酮。装上搅拌器、温度计。开动搅拌,加入 15%氢氧化钾乙醇溶液,使反应混合物的 pH 值达到 10~11。在 40~45℃反应直至检不出(酮作反应物时,可用银氨溶液作试剂)甲醛为止。约需 0.5~1h。其间要经常检查 pH 值。若低于规定值,要及时补加碱。反应毕,用醋酸中和。吸滤出固体产物,用水洗至中性;或分出有机层进行蒸馏。

改变甲醛的配比,按同样方法可制备二或三羟甲基化产物。

5.17 酯缩合的实验通法

反应所用的原料、仪器均须无水并在隔湿条件下进行。

在使用金属钠的全部操作中须戴防护罩。含钠反应混合物不能用水浴加热。钠的残渣用足量乙醇彻底处理后才能弃之。

反应所用的酯和酮要用五氧化二磷干燥并蒸过。

(1) 用无醇醇钠作缩合剂　在 500mL 干燥的三颈烧瓶中,加入 0.5mol 除去外皮并切成大片的金属钠和 250mL 甲苯。将烧瓶置砂浴中。装上回流冷凝器(上端插氯化钙干燥管)、滴液漏斗和搅拌器。加热至甲苯近沸。快速搅拌,保持微沸直至钠被粉碎形成灰白色悬浮液。撤除砂浴,停止搅拌。静置冷却让钠固化成粉状。在剧烈搅拌下,分次加入 0.5mol 无水乙醇。溶液温度不超过 85℃(必要时加以冷却),以免钠再熔化和聚结。然后,在 100℃左右加热 1h,得到乙醇钠的甲苯悬浮液(A)。

① 酯自缩合制 β-酮酸酯　在搅拌下将 1.5mol 酯加入 A 中。用沸水浴加热 15h。

② 酯-酮缩合制 β-二酮　在水冷却和搅拌下,将 1mol 酯和 0.5mol 酮的混合物加至 A 中,在沸水浴上加热 4h。

③ 异酯缩合制 β-羰基草酰酯和 α-甲酰酯　将 0.5mol 草酸二乙酯或甲酸乙酯和 0.5mol

羧酸酯的混合物加到 A 中，搅匀后在室温放置过夜。

反应毕，从混合物中蒸出 100℃ 以下的馏分。冷却剩余物至室温后，将它加至 0.6mol 冰醋酸和冰的混合物（约含 33% 醋酸）中。分出有机层，水层用乙醚提取数次。合并提取液和有机层。充分水洗、无水硫酸钠干燥和蒸去溶剂后，用蒸馏或结晶法提纯剩余物。

（2）用氢化钠作缩合剂　在 1000mL 干燥的三颈烧瓶中，放入 0.5mol 氢化钠的环己烷悬浮液。装上搅拌器、滴液漏斗和带排气管的回流冷凝器。开动搅拌，滴加（1）法中规定数量的反应混合物。加毕，回流 3h。冷却。后处理同（1）法。

（3）狄克曼环化酯缩合　按（1）法制成 0.5mol 钠的甲苯热悬浮液。在剧烈搅拌下加入含 1mL 无水乙醇的 0.5mol 二元羧酸酯。反应趋于缓和后，加热回流 6h。冷却至室温。将反应混合物小心地、分次加到 200g 含 0.5mol 浓盐酸的冰中，边加边搅。分出有机层。水层用乙醚或苯提取数次。合并有机层和提取液，用少量水洗几次。以无水硫酸钠干燥和蒸除溶剂后，减压蒸馏剩余物得成品。

（4）用含醇醇钠作缩合剂　在装有回流冷凝器（带氯化钙干燥管）和滴液漏斗底 500mL 三颈烧瓶中，放入 0.3mol 除去外皮并切成细条的金属钠。经滴液漏斗先一次加入 300mL 无水乙醇。反应平缓后再滴加其余部分。调节其速度使溶液呈微沸态。钠全溶后（必要时稍加热），冷却至室温。在搅拌和冰冷却下滴加各 0.3mol 的酯和酮或腈的混合物。加毕，在室温放置过夜。用等摩尔冰醋酸中和并倒入 1L 冰水中。产物用乙醚提取几次或吸滤。提取液用水洗涤、无水硫酸钠干燥并蒸除溶剂后，剩余物用蒸馏或结晶法纯化。

5.18　β-二羰基化合物的烷基，酰化和酰基乙酸乙酯裂解通法

（1）烷基化（在无水，隔湿条件下进行）　在装有搅拌器、滴液漏斗和回流冷凝器的 1L 三颈烧瓶中，制备 500mL 无水醇（对原料酯而言，则是与它相同的醇）和 1mol 金属钠的醇钠的溶液。在搅拌下趁热滴入 1mol β-二羰基化合物。滴完后继续搅拌 10min，再滴加 1.05mol 烷化剂。调节其速度使反应液呈微沸态。然后，搅拌加热至反应液几乎呈中性反应（2～6h）。搅拌、减压（低真空）蒸除大部分醇（在此过程中，由于析出钠盐，烧瓶跳动），可回收用于同一试验。瓶内物冷却后，加入足量的蒸馏水使钠盐溶解。分出有机层。水层用乙醚提取两次以上。把提取液与有机层合并，以无水硫酸镁干燥。蒸除溶剂，分馏剩余得成品。

进行双烷基化时，将未取代的 β-二羰基化合物与 2mol 烷化剂在烧瓶中混合。在搅拌下滴入 2mol 新制备的醇钠溶液。或者将单烷基取代物与稍过量烷化剂放入烧瓶，在滴加 1mol 醇钠的醇溶液。

（2）酰基化　在装有搅拌器、带氯化钙干燥管的高效冷凝器和滴液漏斗的 2L 干燥的三颈烧瓶中，放入 1mol 除净氧化膜和油渍的镁屑、50mL 无水乙醇和 5mL 干燥四氯化碳。生成乙醇镁的反应一旦剧烈发生，就在强烈搅拌下滴加由 1mol β-二羰基化合物、100mL 无水乙醇和 400mL 无水乙醚配成的溶液。调节滴加反应速度使反应液保持剧沸。镁全溶后得无色的镁化合物。用水冷却至室温。然后在冰冷下滴加 1mol 新蒸过的酰氯的乙醚（100mL）溶液。继续搅拌，冰冷 1h。放至过夜。在冰冷下分别加入 400g 冰和 25mL 浓硫酸配置成的溶液。分出醚层，水层用乙醚提取两次以上。把提取液与醚层合并，用水洗至中性。加无水硫酸镁干燥。回收溶剂，剩余减压蒸馏。

（3）酰基乙酸乙酯的裂解　将 1mol 酰基乙酸乙酯和 1.05mol 苛性碱与 500mL 乙醇或甲醇（用乙醇到乙酯，而在甲醇中因酯交换则得甲酯）中，静置过夜。然后倒入 3kg 冰和 37mL 浓硫酸中。用乙醚提取（4×200mL）。合并提取液，用水洗至中性，硫酸镁干燥。减压蒸除溶剂，剩余减压蒸馏。

5.19 迈克尔加成的实验通法

将 1mol 活泼 α-氢化合物放入装有搅拌器、温度计、滴液漏斗和回流冷凝器的 1L 干燥的三颈烧瓶中，加入由 0.5g 钠和 10mL 乙醇制成的催化剂溶液，在剧烈搅拌下滴加 1.1mol 新蒸过的 α,β-不饱和化合物。调节滴加速度使温度维持在 30～40℃之间，加完后静置过夜。析出固体产物时，吸滤出来并用水洗涤。以重结晶法纯化。产物为液体时，用等体积的二氯甲烷或乙醚提取，提取液以冰醋酸中和后再水洗。加无水硫酸镁干燥，蒸馏得成品。

要制备二、三和四加成物，则每摩尔活泼 α-氢化合物分别用 2mol、3mol、4mol α,β-不饱和化合物。如果亚甲基化合物有两个活泼氢，要制备单烷化产物，则每摩尔 α,β-不饱和化合物要用 2mol 亚甲基化合物。

在进行迈克反应时，必须保证在加入少量 α,β-不饱和羰基化合物后反应就开始进行（温度上升）。否则，就要加入更多的催化剂。

许多 α,β-不饱和羰基化合物有毒和催泪性，反应要在通风橱中进行。

5.20 酰胺降解反应的实验通法

（1）次溴酸钠溶液的制备　在 0℃下，将 1.2mol 溴滴至 6mol 氢氧化钠与 2L 水所成的溶液中。

（2）次氯酸钠溶液的制备　在室温下，将 84g 氯气通入 2.4L 10% 氢氧化钠溶液中，便得到含 1.2mol 次氯酸钠的溶液。

将 1mol 酰胺加至前面制备的次溴酸钠或次氯酸钠溶液内，搅拌混合物直到完全澄清为止，然后，把它在 60℃的水浴中加热 15～20min。

（3）后处理

① 挥发性的胺用水蒸气蒸馏，馏出液收集在盐酸中。减压浓缩得到胺的盐酸盐。

② 不挥发性胺，用苯提取数次、提取液以无水硫酸钠干燥，蒸去溶剂后，减压蒸馏得成品。用次溴酸钠溶液降解酰胺的优点是容易处理；用次氯酸钠溶液时，通常产率较好，也经济。

5.21 格氏反应的一般操作法

进行格氏反应时，通常将另一原料的醚、甲苯溶液，在搅拌下滴至格氏试剂溶液中。若该原料或格氏反应产物能被一价镁的化合物还原，则需用倾泻法或吸滤法除去过剩的镁后再进行反应。如果要使反应物中格氏试剂的量不足，可将它滴加到另一原料液中。这时也要过滤，以免堵塞滴液漏斗。

格氏反应一般都较剧烈，通常在冰冷或室温下进行。对少数不剧烈的反应无须冷却，甚至要在回流条件下才能进行。在乙醚沸点下难以发生的反应，需用高沸点醚作溶剂或蒸除乙醚后，再加热剩余物使反应完全。

反应完成后，水解生成的镁盐和未反应的格氏试剂，一般用 10%～15% 硫酸或盐酸，其用量按镁量来计算。水解时，在搅拌和冷却下小心地滴加酸液。也有反过来加料进行水解的。若产物对酸敏感（如叔醇），则用饱和氯化铵溶液代替稀酸。水解后分为两层。分出有机层，必要时水层用溶剂提取。将有机层和提取液合并、干燥后，蒸除溶剂，视剩余物的性质而确定纯化的方法。

在制备格氏试剂和进行格氏反应中，电器设备必须防爆；操作现场要通风良好，周围不得有火源；操作者不能穿钉子鞋；开乙醚桶盖的扳手不能是铁质的。

1. Lund and Bjerrum [*Chem Ber* **64** 210 *1931*]
2. Smith [*J Chem Soc* 1288 *1927*]
3. Lund and Bjerrum [*Chem Ber* **64** 210 *1931*]

4. [Werner Analyst (London) **58** 335 1933]

5. [Jaeger et al. *J Am Chem Soc* **101** 717 *1979*].

6. "Physical Constants of Organic Compounds", in *CRC Handbook of Chemistry and Physics*, 90th Edition (*Internet Version 2010*), David R. Lide, ed., CRC Press/Taylor and Francis, Boca Raton, FL.

附录6　英文实验报告的参考

EXP NUMBER	EXPERIMENT	DATE	
1	Organic Chem 2 Lab	2/29/00	1
NAME	LOCKER NO.	COURSE & SECTION NO.	
John Doe (TA: Gregg N. Yard)	55	Chem 3341-111	

The Preparation of Aspirin

The purpose of this experiment is to synthesize aspirin (acetyl salicylic acid) from salicylic acid and acetic anhydride.

$$\underset{\substack{\text{salicylic acid}\\\text{2g}\\\text{0.014mole}}}{\text{C}_6\text{H}_4(\text{OH})\text{CO}_2\text{H}} + \underset{\substack{\text{acetic anhydride}\\\text{5mL}\\\text{0.05mole}}}{(\text{CH}_3\text{CO})_2\text{O}} \xrightarrow[\text{ethyl acetate}]{\text{H}_2\text{SO}_4} \underset{\text{acetyl salicylic acid}}{\text{C}_6\text{H}_4(\text{OCOCH}_3)\text{COH}_2} + \underset{\text{acetic acid}}{\text{H}_3\text{C-COOH}}$$

The limiting reagent is <u>salicylic acid</u>. The theoretical yield of acetyl salicylic acid is <u>2.25g</u>.

Physical Data

	MW	mp	bp	density	solubility	hazards
salicytic acid	138	157.9	—	—	al. eth. ace	taxic
acetyl salicylic acid	180	135.6	—	—	al. eth. chl	irritant
acetic anhydride	102	—	138	1.08	—	corrosive lachrymator
acetic acid	60	—	117.8	1.049	—	corrosive
sulfuric acid	98	—	—	1.84	—	corrosie
ethyl acetate	88	—	—	77	0.09	flammable

* Data from the CRC, 70th ed.

Calculations

　　2g salicylic acid(1mole/138g)=0.014moles

　　5mL acetic anhydride(1.08g/mL)=5.4g then,

　　　　　　5.4g(1mole/102g)=0.05moles

Thus salicylic acid is present in the lesser molar amount and is the limiting reagent, therefore the theoreticlyield of acetyl salicylic acid is 0.014moles, or

　　0.014moles(180g/mole)= 2.52g

SIGNATURE	DATE
John Doe	2/29/00

EXP NUMBER	EXPERIMENT	DATE	
1	Organic Chem 2 Lab	2/29/00	2
NAME	LOCKER NO.	COURSE & SECTION NO.	
John Doe (TA: Gregg N. Yard)	55	Chem 3341-111	

The Preparation of Aspirin (con't)

Procedure	Data/Observations
1) Mix salicylic acid and acetic anhydride in a 125mL Erlenmeyer flask, add 5 drops H_2SO_4.	1) On mixing, it took a few minutes for everything to go into solution. The addition of sulfuric acid caused some fizzing.
2) Heat on steam bath for 10 min, then cool.	2) Heated for about 15 min instead of the planned 10 min.
3) Add 50mL water and cool on ice.	3) After adding the water and cooling, no crystals appeared. On the suggestion of my TA, I scratched the flask with a glass rod, chilled it on ice for 10 more min, and finally a lot of slightly tan crystals appeared.
4) Collect product by vacuum filtration.	4) Quite a lot of solid, lightly tan, was collected on the filter paper.
5) Air dry the crude product crystals and determine a crude yield.	5) Let dry 10 min, Crude product + watchglass: 32.02g
6) Purify as in the flow chart on the next.	6) When I followed the scheme in the flow chart for purification of the crude product, I noticed that when I added the sodium bicarbonate, the product turned yellow. I suspected a contaminated (dirty) beaker. So, I treated the mixture with Norite pellets. A clear solution resulted. The purification scheme was followed without mishap through the recrystallization from ethyl acetate. crude product + watchgalss: 31.80g watchglass: 30.10g crude product: 1.70g % yield of crude product: 1.70g/2.52g=67% mp=133-135℃

SIGNATURE	DATE
John Doe	2/29/00

EXP NUMBER 1	EXPERIMENT Organic Chem 2 Lab	DATE 2/29/00	3
NAME John Doe (TA: Gregg N. Yard)	LOCKER NO. 55	COURSE & SECTION NO. Chem 3341-111	

The Preparation of Aspirin (con't)

Flow chart for purification of crude product

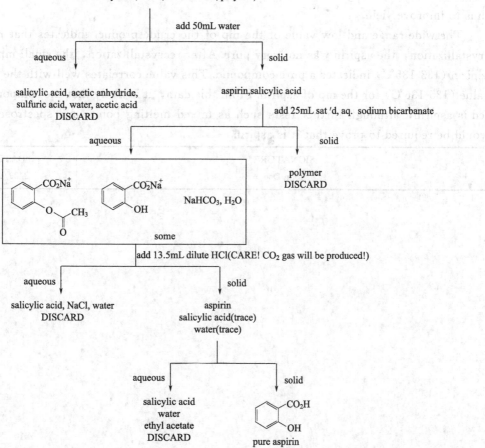

SIGNATURE John Doe	DATE 2/29/00

EXP NUMBER	EXPERMENT	DATE	
1	Organic Chem 2 Lab	2/29/00	4
NAME	LOCKER NO.	COURSE & SECTION NO.	
John Doe (TA: Gregg N. Yard)	55	Chem 3341-111	

The Preparation of Aspirin (con't)

Conclusion:

    The yield of purified aspirin was 1.70g or 67% yield. Although an acceptable value, future experimenters could take steps to better the yield, perhaps by running the reaction for longer than 15 min to encourage more product formation, or by more carefully rinsing the flask when transferring crystals. Also, some product may have been lost by the Norite step (added to remove the colored contaminant). I'd suggest carefully checking the cleanliness of all glassware before beginning the purification step to eliminate the need for this step and thus to improve yield.

    The wide range and low value of the mp of the crude product indicates that before recrystallization, the aspirin was not very pure. After recrystallization, the small mp range of aspirin (133-135℃) indicates a pure compound. This value correlates well with the literature value (135-136℃) for the mp of aspirin. From this data, it is likely that the compound isolated is aspirin, although further tests such as mixed melting points and spectroscopic data would be required to prove that it is aspirin.

SIGNATURE	DATE
John Doe	2/29/00

参 考 文 献

［1］李妙蔡. 大学有机化学实验. 上海：复旦大学出版社，2007.
［2］张奇涵. 有机化学实验. 第2版. 北京：北京大学出版社，2015.
［3］唐玉海. 有机化学实验. 北京：高等教育出版社，2002.
［4］赵建庄. 有机化学实验. 第3版. 北京：高等教育出版社，2017.
［6］程青芳. 有机化学实验. 第3版. 南京：南京大学出版社，2019.
［7］丁长江. 有机化学实验. 第2版. 北京：科学出版社，2019.
［8］郭书好. 有机化学实验. 第2版. 武汉：华中科技大学出版社，2008.
［9］James W. Zubrick. The Organic hem Lab Survival Manual：A Students' Guide to Techniques. 9th Edition. New York：John Wiley & Sons，2012.